马铃薯食品加工技术与质量控制

主　编　巩发永　王广耀　彭　徐
副主编　李　静　曾英男　潘玲玲
　　　　钟　宝　荆淑芬　李　雪

西南交通大学出版社
·成都·

图书在版编目（ＣＩＰ）数据

马铃薯食品加工技术与质量控制 / 巩发永，王广耀，彭徐主编. 一成都：西南交通大学出版社，2018.7
ISBN 978-7-5643-6287-4

Ⅰ. ①马… Ⅱ. ①巩… ②王… ③彭… Ⅲ. ①马铃薯－食品加工 Ⅳ. ①TS215

中国版本图书馆 CIP 数据核字（2018）第 158311 号

马铃薯食品加工技术与质量控制

主编　巩发永　王广耀　彭 徐

责任编辑	张宝华
封面设计	严春艳

出版发行　西南交通大学出版社
（四川省成都市二环路北一段 111 号
西南交通大学创新大厦 21 楼）

邮政编码	610031
发行部电话	028-87600564　　　87600533
官网	http://www.xnjdcbs.com
印刷	成都中永印务有限责任公司

成品尺寸	185 mm×260 mm
印张	11.5
字数	307 千
版次	2018 年 7 月第 1 版
印次	2018 年 7 月第 1 次
书号	ISBN 978-7-5643-6287-4
定价	45.00 元

前　言

我国是马铃薯生产大国，种植面积和总产量均居世界第一位，然而，目前我国马铃薯加工比例不足总量的 10%。2016 年农业部发布的《关于推进马铃薯产业开发的指导意见》指出：到 2020 年我国马铃薯种植面积要扩大到 1 亿亩以上，因此应大力推进马铃薯食品加工，其潜力巨大、前景广阔。本书是根据国内外马铃薯食品加工技术与质量控制现状，结合目前生产实际编写而成的，它在概述马铃薯及加工现状的基础上，介绍了马铃薯粉类及粉条（丝）加工技术、马铃薯面食品加工技术、马铃薯休闲产品加工技术、马铃薯调味品加工技术、马铃薯饮品类加工技术、马铃薯淀粉糖品、马铃薯副产物综合利用以及马铃薯食品质量控制等多个方面的内容。为了保留原始数据，书中没有对"亩""斤"等单位进行换算。

本书编写分工如下：第一章由巩发永（西昌学院）、李静（西昌学院）、彭徐（西昌学院）编写，第二章由巩发永（西昌学院）、钟宝（吉林农业科技学院）编写，第三章、第八章由潘玲玲（泸州职业技术学院）编写，第四章、第七章、第九章由王广耀（吉林农业科技学院）编写，第五章由曾英男（吉林农业科技学院）编写，第六章由荆淑芳（军事科学院）、李雪（吉林农业科技学院）编写，全书由巩发永、王广耀统稿。

本书的科学性、实用性、可读性较强，可作为马铃薯食品加工企业、食品科研机构有关人员参考用书，亦可作为各大专院校相关专业师生参考书。在编写过程中，参考了国内外许多著作和文章，在此向这些著作和文章的作者表示衷心的感谢。

限于编写人员的水平和经验有限，书中难免有缺陷甚至错误之处，恳请同行、专家和广大读者批评、指正。

作　者
2018 年 4 月

目 录

第一章　绪　论

第一节　马铃薯概述

一、马铃薯概念

马铃薯（Solanum tuberosum；potato），又名"洋芋""土豆""山药蛋""荷兰薯"等，是茄科茄属多年生草本植物，但可作一年或一年两季栽培。地下块茎呈圆、卵、椭圆等形状，有芽眼，外皮呈红、黄、白、紫色，多为块茎繁殖。与番茄、胡椒、茄子、矮牵牛、龙葵颠茄等同属一科，但在上百种茄科植物中，只有马铃薯和少数几种植物结块茎。马铃薯是世界上仅次于小麦、水稻和玉米的第四大粮食作物，其适应能力强，分布广泛，种植面积广，生长周期短，具备产量高、营养丰富、粮菜兼用等特点，有"第二面包"和"植物之王"的美誉。

二、马铃薯的发现与传播

马铃薯是 14 000 年以前由南美洲的原始人发现的，后经当地居民印第安人驯化，其栽培历史约有 8 000 年了，当时印第安人称其为"巴巴司"。马铃薯从原产地南美洲传播到世界各地经过了一个漫长的过程，先后到西班牙、俄罗斯等地，再经欧洲殖民者开辟的海上船路，传播到世界各地。我国的马铃薯是经明代丝绸之路传播进来的，当时，郑和七次下西洋，开辟了"海上丝绸之路"，不少士卒沿途定居下来，后人因逃避国内战争和饥荒，使海上丝绸之路成了华侨往来东南亚的通道，顺便也引进了"荷半截薯""爪哇薯"，从此，马铃薯在中国进入了一个崭新的时代。

三、马铃薯的产地分布及产量

马铃薯最早产于南美洲安第斯山区的秘鲁和智利一带，目前，全世界共有 150 多个国家和地区种植马铃薯。中国已经成为世界上最大的马铃薯生产国之一，年种植面积多达 500 多万 hm²，约占世界的 25%，亚洲的 60%，总产量高达 9 000 万 t。

马铃薯生长喜沙质土壤、强光照、气候冷凉、昼夜温差大的地区，要根据自然条件确定耕作制度、栽培特点和品种类型。随着我国马铃薯种植业的迅速发展，马铃薯生产迅速向优势区域集中，主产区面积不断扩大，优势区域基本形成。我国马铃薯产区分为四个优势区域：北方一季作区，中原二季作区，西南一二季混作区和南方冬作区。

（一）北方一季作区

主要包括东北地区的黑龙江、吉林和辽宁省除辽东半岛以外的大部，华北地区的河北北部、山西北部、内蒙古全部，以及西北地区的陕西北部、宁夏、甘肃、青海全部和新疆的天山以北地区。本区的气候特点是无霜期较短，一般在 110 ~ 170 天，年平均温度在-4 ~ 10 ℃，最热月平均温度在 24 ℃，最冷月平均温度在-8 ~ -28 ℃，大于 5 ℃ 的积温在 2 000 ~ 3 500 ℃，年降雨量 50 ~ 1 000 mm。本区一些地区气候较为冷凉，为我国马铃薯的最大主产区，种植面积占全国的 49%，已经成为我国主要的种薯产地和加工原料薯的生产基地。主要代表性省份有：

1. 黑龙江省

黑龙江省是北方一季作物马铃薯主产区，是国家重要的种薯和商品薯生产基地，马铃薯常年种植面积 26.7 万 hm^2 左右，约占黑龙江省农作物总面积的 2%。2010 年，黑龙江省马铃薯种植面积达到 24 万 hm^2，马铃薯种植户约 400 万户。黑龙江省绥化和齐齐哈尔（讷河、克山）是马铃薯主产地，主要品种是荷兰系列。

2. 吉林省

吉林省全省都种植马铃薯，但基本没有集中连片种植的。2015 年，吉林省马铃薯种植面积 15.75 万 hm^2，总产量 601.9 万 t，总产值 60.2 亿元，平均产量 2 547 kg/667 m^2。主栽品种有早熟品种"费乌瑞它""尤金""富金"等，晚熟品种多为吉林省科研院所育成品种，如延薯系列、春薯系列、吉薯系列，以鲜食品种为主。东部地区主要为马铃薯种薯繁育区域，中西部地区主要为商品薯、原料薯种植区。

3. 辽宁省

辽宁省位于东北地区南部，马铃薯种植分为一季作区和二季作区两个栽培区，一季作区种植面积占全省的 25% 左右，种植方式以裸地种植为主，种植品种主要为"克新 1 号"；二季作区种植面积占全省的 75% 左右，种植方式主要有三膜覆盖、双膜覆盖、地膜覆盖和裸地种植四种，种植品种主要有"早大白""费乌瑞它""尤金""中薯 5 号"和"富金"。近年来，随着国家对马铃薯产业重视程度的提升，辽宁省马铃薯产业取得了长足的发展。

2015 年，辽宁省马铃薯种植面积 6 万 hm^2，单产 1 659 kg/667 m^2，总产量 149.32 万 t。辽宁省的马铃薯主产县为建平县、新民县、绥中县、昌图县和本溪县，这几个县的种植面积占总面积的 50%以上。建平县种植面积 1.01 万 hm^2，产量 31.2 万 t；新民县种植面积 0.67 万 hm^2，产量 16 万 t；绥中县种植面积 0.57 万 hm^2，产量 18.7 万 t；昌图县种植面积 0.67 万 hm^2，产量 19.3 万 t；本溪县种植面积 0.37 万 hm^2，产量 8.3 万 t。

2015 年，辽宁省马铃薯商品薯销售价格总体高于 2014 年。二季作区马铃薯早期主要销往本地和东北地区，后期销往全国各地；一季作区马铃薯主要销往辽宁省及全国各地。鲜薯外销 50.1 万 t，金额 70 140 万元；当地销售 81.1 万 t，金额 13 540 万元；加工专用薯 13.91 万 t，金额 18 083 万元；种薯 18.1 万 t，金额 31 752 万元。辽宁省马铃薯的加工企业少，多数以家庭作坊式加工为主，加工产品主要为粗淀粉和粉条，产品在当地市场销售，生产规模小、生产力水平及科技含量低，产品附加值低。

4. 内蒙古自治区

内蒙古自治区马铃薯常年种植面积和总产量均排在全国前三位，均占到全国的10%以上，已基本形成以乌兰察布市为中心的中部马铃薯产业优势区和以呼伦贝尔市为中心的东部马铃薯产业优势区。

马铃薯在内蒙古自治区各地均有种植，但优势区域主要分布在阴山南北麓和大兴安岭岭东南区。主产区马铃薯种植面积在30万亩以上的地区有呼和浩特市、乌兰察布市、包头市、呼伦贝尔市、兴安盟、鄂尔多斯市，占全区马铃薯种植面积的92.4%；种植面积在30万亩以下的地区有赤峰市、锡林郭勒盟、巴彦淖尔市、通辽市、乌海市、阿拉善盟等，占全区马铃薯种植面积的7.5%。

优势区域：中西部阴山沿麓和东部大兴安岭沿麓共42个马铃薯优势旗县。其中：中部优势区主要分布在呼和浩特市的武川县、和林县、清水河县，乌兰察布市的四子王旗、察右中旗、察右后旗、商都县、卓资县、丰镇市、察右前旗、凉城县、兴和县、化德县、集宁区，锡林郭勒盟的多伦县、正蓝旗、正镶白旗、太仆寺旗等三个盟市的18个旗县；西部优势区主要分布在包头市的达茂旗、固阳县，鄂尔多斯市的达拉特旗、准格尔旗、杭锦旗、伊金霍洛旗等两市的6个旗县；东部优势区主要分布在呼伦贝尔市的阿荣旗、扎兰屯市、牙克石市、海拉尔区、莫力达瓦旗、鄂伦春旗、鄂温克旗；兴安盟的科右前旗、扎赉特旗、突泉县、阿尔山市，赤峰市的克什克腾旗、林西县、巴林左旗、松山区、翁牛特旗、敖汉旗、喀喇沁旗等三个盟市的18个旗县。就内蒙古武川县而言，马铃薯面积已达75万亩，总产量15亿斤以上，可供销售、加工用的鲜薯达10亿斤以上，并有进一步扩大的趋势。以上42个重点旗县市区，2006—2009年年均马铃薯种植面积和鲜薯产量，均占全区年均的90%以上。

5. 甘肃省

从区域分布来看，甘肃省87个县（区）中有60个种植马铃薯。定西市安定区是集中种植区，2007年马铃薯种植面积366万亩、产量503万t，分别占全省马铃薯播种面积、产量的三分之一和一半左右，已成为全国三大马铃薯种薯及商品薯生产基地之一；其次分别是白银、陇南、临夏、天水和平凉等地区。2012年白银市马铃薯种植面积达103万亩，产量14.54万t。

（二）中原二季作区

主要包括辽宁、河北、山西三省的南部，河南、山东、江苏、浙江、安徽和江西等地区。本区的无霜期较长，一般在180～300天，年平均温度在10～18 °C，最热月平均温度在22～28 °C，最冷月平均温度在1～4 °C，大于5 °C的积温在3 500～6 500 °C，年降雨量500～1 750 mm。由于本区夏季时间长，温度高，不利于马铃薯的生长，因此一般为春、秋两季种植。代表性省份有：

1. 山东省

山东省马铃薯的种植面积占全国的5%，其中春季种植面积近300万亩，单产高，品质好，在淡季上市，在全国马铃薯产业中具有重要地位。

山东省是中国蔬菜产销大省，也是中原地区马铃薯种植面积最大的省份之一，马铃薯在山东一直作为蔬菜进行生产和管理。近年来，随着山东省农业经济的不断发展，种植业结构随之调整，市场需求进一步扩大，马铃薯种植面积及单产水平也呈现稳步上升趋势，脱毒种薯应用量及良种普及率逐步提高。目前，在山东省许多地区，马铃薯已成为当地农业支柱产业，大批规模化、集约化、专业化马铃薯生产基地及马铃薯产业成为实现农业增效、农民增收的有效途径。

相关数据统计显示，1997—2012 年 16 年间，山东省马铃薯种植面积和总产量均呈稳定增长的趋势。1997 年，全省马铃薯播种面积为 6.71 万 hm²，总产量 191.17 万 t；1997—2004 年，得益于山东省政府 1995 年的专项"脱毒两薯（马铃薯、甘薯）的研究和推广"项目，使马铃薯产业整体发展较快，并在 2003 年种植面积达到历年来最高，达 15.09 万 hm²，2004 年总产量又达到 491 万 t 的历史最高水平。2004 年后，山东省马铃薯产业进入平稳发展阶段，播种面积和总产量稳步提升，至 2012 年，全省马铃薯种植面积为 11.14 万 hm²，总产量达 449.40 万 t，单位面积产量 40.34 t/hm²，再创历年来最高。

2. 山西省

长期以来，山西是我国马铃薯生产大省，是全国马铃薯生产的 10 个大省之一。根据山西省统计年鉴（2001—2010 年）资料，山西省马铃薯平均年播种面积 363 万亩（2002 年最高 471 万亩，2006 年最低 228 万亩），总产量 234.45 t，平均产量 647 kg/亩。

2010 年山西省种植马铃薯 255.3 万亩，总产量达 212 万 t，平均亩产 830 kg。山西马铃薯主要分布在吕梁市、朔州市、忻州市和大同市的 20 个县（市、区），其平均种植面积超过 5 万亩，分为三大生态区，即雁门关生态区、太行山生态区和吕梁山生态区，这些地区也被称为山西省马铃薯生产带。主产县（区）的种植规模都比较大，一般种植面积都在 5 万亩以上，其中种植 20 万亩以上的县有两个，即临县和平鲁区；10 万~15 万亩的县有 3 个，即岚县、神池、天镇；5 万~10 万亩的县有 15 个，分别是：兴县、右玉、朔城、岢岚、静乐、五寨、左云、武乡、保德、浑源、方山、偏关、河曲、灵丘和五台。

近年来，晋中、晋东南和晋南地区也在不断发展马铃薯生产产业，种植面积 30 万亩左右。晋中、晋东南为一二季薯混作区，主要种植菜用型马铃薯，提高土地单产；晋南为双季薯作区，以前种植马铃薯不多，近年由于市场的拉动作用，早熟品种推广较快，种植面积有扩大趋势。

3. 江苏省

江苏省在区划上为中原二季作区。近年来，全省马铃薯种植面积 4 万 hm² 左右，鲜薯单产 1.5 万 kg/hm²，总产量 60 万 t。主要分布在淮安、徐州、宿迁、连云港、盐城等市，苏南、苏中仅有零星种植。种植品种以"早大白""克新一号""荷兰十五""中圆五号""费乌瑞它""丰乐""特丰 2 号"等为主。种植方式以露地春播为主，以设施栽培为辅。近年来，马铃薯在江苏的种植面积逐年减少，加上品种问题、自然灾害等原因，致使马铃薯的总产量呈逐年下降态势。从单产情况来看，徐州、连云港等地的波动比较大（具体范围数据列出来），其他地区有降有升，比较平稳。

（三）西南一二季混作区

主要包括云南、贵州、四川、重庆和西藏等地，湖南和湖北西部地区，以及陕西的安康市。在高寒山区，气温低、无霜期短、四季分明、夏季凉爽、云雾较多、雨量充沛，多春种秋收，一年一作；而在低山河谷或盆地，气温高、无霜期长、春早、夏长、冬暖、降雨多、湿度大，可进行二季栽培。本区是近年来我国马铃薯种植面积增速最快的产区之一，种植面积占全国的39%。代表性省份有：

1. 贵州省

贵州是我国马铃薯生产大省，种植面积位居全国前列，全省常年种植面积在800万亩以上。贵州省处于低纬度、高海拔地区，境内海拔差异较大，小气候特点明显，一年四季均可栽培。主要是冬、春播种，夏、秋收，栽培方式主要为单作，也有部分间套作，大多属于粗放栽培。根据贵州省农业委员会统计数据，2013年，贵州省马铃薯的种植面积约为77.1万hm^2，总产量1 234.5万t，平均单产1 067 kg/667 m^2。由于受冬春干旱的影响，黔中地区冬作马铃薯种植面积和产量都有所减少，但黔北、黔西北等地气候适宜，春种马铃薯的产量有所增加。总体来看，2013年贵州马铃薯的种植面积、总产量、单产均比2012年有所提高。

贵州省马铃薯主要分布区包括：黔南区域，马铃薯种植面积最大的是瓮安，其次是福泉、惠水、独山和山都等；黔东南区域，马铃薯种植面积最大的是黄平，其次是镇远、剑河、施秉和岑巩等；贵阳区域，马铃薯种植面积最大的是修文，其次是开阳、息烽、清镇和乌当等；安顺区域，种植面积最大的是平坝，其次是普定、西秀区、紫云和关岭等；遵义区域，马铃薯种植面积最大的是正安县，其次是播州区、务川、桐梓和习水等；毕节区域，种植面积最大的是毕节市，其次为威宁、织金、大方和纳雍等。

2. 云南省

马铃薯是云南省主要的优势农作物之一，分布在16个州市的128个县市区，总种植面积48.58万hm^2，总产量950.8万t。以曲靖市、昆明市和昭通市为主产区，三个主产区的生产面积和产量分别是34.78万hm^2和762.1万t，占全省的71.6%和76.4%。全省10大马铃薯主产县的生产面积为25.92万hm^2，总产量547.6万t，分别占全省的53.4%和57.6%。大春马铃薯主要集中在宣威市、会泽县、镇雄县和昭阳区等县（市）种植，种植面积和产量分别占全省的66.1%和66.3%；小春马铃薯主要集中在陆良县、宣威市、广南县和腾冲市等县（市），种植面积和产量分别占全省的18.5%和19.6%；冬季马铃薯种植面积呈现逐年增加的态势，主要在巧家县、盈江县、建水县和泸水市等县（市），种植面积和产量分别占全省的8.6%和8.8%；而秋作马铃薯种植面积变化不大，主要集中在宣威市和陆良县种植，种植面积和产量分别占全省的6.8%和5.3%。

（四）南方冬作区

主要包括江西南部、湖南和湖北东部、广西、广东、福建、海南和台湾地区。本区的无霜期在300天以上，最长可达365天，年平均温度在12~24 ℃，最热月平均温度在28~32 ℃，最冷月平均温度在12~16 ℃，大于5 ℃的积温在6 500~9 500 ℃，年降雨量1 000~3 000 mm。本区属海洋性气候，夏长冬暖，四季不分明，日照短。

本区利用水稻收获后的冬闲田种植马铃薯，多在2~4月淡季上市，在出口和早熟菜用方面效益显著，近年来种植面积迅速扩大，具有较大潜力，种植面积占全国的7%左右。主要代表性省份有：

1. 湖南省

湖南省马铃薯按播种季节分为春播、冬播和秋播马铃薯，其中，春播马铃薯主要集中在湖南西部的湘西土家族苗族自治州、张家界和怀化市的高海拔山区，种薯多为自留种，非脱毒种薯种植方式以裸地种植为主，种植较粗放，产量较低，面积约占 40%；冬播马铃薯和秋播马铃薯在全省都有种植，冬播马铃薯种植方式以地膜覆盖为主，种薯多从北方购买，产量较高，面积约占 50%；秋马铃薯多种植在城镇周边，由于高温和种薯多为非脱毒种薯，产量较低，面积约占 10%。2013 年，湖南省马铃薯年播种面积 11.7 万 hm^2，平均单产 19.5 ~ 27.0 t/hm^2，这是由于 2013 年夏季高温少雨，水稻大面积失收或减产，湖南各州市补种秋马铃薯以增加粮食产量，加上 2013 年秋季雨水较充沛，气温适宜，光照充足，早霜迟，产量高，单产超过 19.5 t/hm^2，远高于往年。

2. 福建省

福建省马铃薯种植在秋冬季节，期间全省的大部分地区气候温和，雨水充足，有霜期短，适合马铃薯生长。全省 9 个区市均种植马铃薯，其中种植面积在 6 667 hm^2 以上的有宁德、泉州、南平、三明、福州和龙岩 6 个市；种植面积在 3 333 hm^2 以上的县市有 5 个，分别是福安市、永春县、安溪县、德化县和龙海市；种植面积在 667 ~ 3 333 hm^2 的县市有 33 个，种植面积在 667 hm^2 以下的县市有 25 个，没有种植的县市有 5 个。

2013 年，福建省马铃薯种植面积为 7.2 万 hm^2，比 2012 年减少 6.83%；总产量 145.70 万 t，比 2012 年减少 1.52%；单产 1.34 $t/667 m^2$，比 2012 年增产 7.42%。主要原因有两个：一是受 2012 年种薯价格低迷影响，使得 2013 年种薯经销商较保守，经销的种薯比往年有所减少；二是 2012 年福建省春收商品薯价格低迷，使得广大种植户的种植积极性受挫，部分地区，特别是闽东的宁德地区以及闽西地区种植面积下降较多。

3. 台湾地区

最近 30 年，我国台湾马铃薯种植面积徘徊在 1 500 ~ 2 500 hm^2，总产量随着单产水平的提高稳定增加。台湾地区马铃薯进出口贸易一直很活跃，以 1993—1997 年为界，之前以鲜薯出口为主，之后以鲜薯进口为主。1986 年起，台湾地区开始进口马铃薯冷冻产品，数量逐年增加，2013 年达到 5.4 万 t。1982 年台湾地区年人均马铃薯消费量仅为 1.3 kg，2010 年增加到 7.8 kg（含加工产品折鲜薯量）。

第二节 马铃薯的生长条件及结构

一、马铃薯的生长发育与环境条件

1. 温度

马铃薯性喜冷凉，平均气温 17 ~ 21 ℃ 最为适宜。块茎萌发的最低温度为 4 ~ 5 ℃，增长的最适温度为 15 ~ 18 ℃,30 ℃ 左右时,块茎完全停止生长。芽条生长的最适温度为 13 ~ 18 ℃,

茎叶生长的最低温度为 7 ℃，最适温度为 15～21 ℃，土温在 29 ℃ 以上时，茎叶即停止生长。块根形成的最适应温度是 20 ℃，低温时块茎形成较早，27～32 ℃ 高温时则引起块茎发生生长，形成畸形小薯。

太低的温度对马铃薯常常造成危害，当气温降到-0.8 ℃ 时，幼苗和植株的叶片即受到冷害，降到-1.5 ℃ 至-2 ℃ 时，幼苗或植株出现明显的冻害，部分茎叶枯死，降到-3 ℃ 时，茎叶全部枯死；开花期遇到-0.5 ℃ 低温时花朵受害，-1 ℃ 时花朵死亡。一般植株处于低温下结薯早，高温下结薯延迟。在夜间温度低（12 ℃ 左右）的情况下，块茎因植株呼吸作用消耗养分少、积累养分多而产量高，而夜间高温（23 ℃ 左右）致使有的品种不能结薯。总之，结薯期对昼夜气温差的要求是越大越好，白天温暖，夜间冷凉，昼夜温差大的地区，种植马铃薯最为适宜。

2. 光照

光照直接影响马铃薯的生长，光照的强度和光照周期都影响结薯。光照强度大，叶片光合强度高，块茎产量和淀粉含量均高。光周期对马铃薯植株生育和块茎形成及增长都有很大影响。每天日照时数超过 15 h，茎叶生长繁茂，匍匐茎大量发生，但块茎延迟形成，产量下降；每天日照 10 h 以下，块茎形成早，但茎叶生长不良，产量下降。一般日照时数为 11～13 h 时植株发育正常，块茎形成早，同化产物向块茎运转快，块茎产量高。早熟品种对日照反应不敏感，晚熟品种则必须在短日照条件下才能形成块茎。

3. 水分

水分是马铃薯吸收营养、运输和转化各种物质的媒介。水分能维持马铃薯各个器官的形态，防止枯萎。在马铃薯的整个生长期间，必须提供足够的水分，一般土壤湿度保持水量的 60%～80% 为最适量。幼苗期占一生总需水量的 10%～15%，土壤保持田间持水量的 65% 左右为宜。块茎形成期需水量占全生育期总需水量的 30% 左右，土壤保持田间持水量的 70%～75% 为宜。块茎增长期，需水量大，是马铃薯需水临界期，土壤保持田间持水量的 75%～80% 为宜。要保证水分均匀供给，后期水分过多，易造成烂薯和降低耐储性，影响产量和品质。

4. 土壤

马铃薯对土壤的要求不十分严格，但以表土深厚、结构疏松和富含有机质的土壤为最适宜。冷凉地方沙土和砂质土壤最好，温度地方砂质土壤最好。马铃薯要求微酸性土壤，以 pH 5.5～6.5 为最适宜。土壤含盐量达到 0.01% 时，植株表现敏感，产量随土壤中氯离子含量的增高而降低。

5. 营养

马铃薯是高产喜肥物，对肥料反应非常敏感。生产 500 kg 块茎需吸收纯氮 3.3 kg、纯磷 3.23 kg、纯钾 4.15 kg。需要钾最多，氮次之，磷最少，幼苗需肥较少。块茎形成至块茎增长期吸收养分速度快，数量多，是马铃薯一生需要养分的关键时期。淀粉积累期吸收养分速度减慢，吸收数量也减少。

二、生长周期

1. 休眠期

马铃薯收获以后，放到适宜发芽的环境中而长时间不能发芽，属于生理性自然休眠，是一种对不良环境的适应性。块茎休眠始于匍匐茎尖端停止极性生长和块茎开始膨大的时刻。休眠期的长短关系到块茎的贮藏性，关系到播种后能否及时出苗，因而关系到产量的高低。马铃薯休眠期的长短受储藏温度影响很大，在 26 ℃ 左右的条件下，因品种不同，休眠期从 1 个月左右至 3 个月以上不等。在温度为 0 ~ 4 ℃ 的条件下，马铃薯可长期保持休眠。马铃薯的休眠过程，受酶的活动方向决定，与环境条件密切关联。

2. 发芽期

马铃薯的生长从块茎上的芽萌发开始，块茎只有解除了休眠，才有芽和苗的明显生长。从芽萌生至出苗是发芽期，进行主茎第一段的生长。发芽期生长的中心在芽的伸长、发根和形成匍匐茎，营养和水分主要靠种薯，按茎叶和根的顺序供给。生长的速度和好坏，受制于种薯和发芽需要的环境条件。生长所占时间因品种休眠特性、栽培季节和技术措施不同而长短不一，从 1 个月到几个月不等。

3. 幼苗期

从出苗到第 6 叶或第 8 叶展平，即完成 1 个叶序的生长，称为"团棵"，是主茎第二段生长，为马铃薯的幼苗期。幼苗期经过的时间较短，不论春作或秋作只有短短半个月。

4. 发棵期

从团棵到第 12 叶或第 16 叶展开，早熟品种以第一花序开花；晚熟品种以第二花序开花，为马铃薯的发棵期，为时 1 个月左右，是主茎第三段的生长。发棵期主茎开始急剧拔高，占总高度的 50% 左右；主茎叶已全部建成，并有分枝及分枝叶的扩展。根系继续扩大，块茎膨大到鸽蛋大小，发棵期有个生长中心转折阶段，转折阶段的终点以茎叶干物质量与块茎干物质量之比达到平衡为标准。

5. 结薯期

即块茎的形成期。发棵期完成后，便进入以块茎生长为主的结薯期。此期茎叶生长日益减少，基部叶片开始转黄和枯落，植株各部分的有机养分不断向块茎输送，块茎随之加快膨大，尤在开花期后 10 天膨大最快。结薯期的长短受制于气候条件、病害和品种属性等，一般为 30 ~ 50 天。

三、马铃薯的结构

马铃薯植株按形态结构可以分为根、茎、叶、花、果实和种子，马铃薯的许多经济性状与其植物学形态结构密切相关。如早熟品种的茎秆比较矮小，晚熟品种的茎秆高大粗壮，分枝多的品种薯块结得多而小，块茎皮孔大而周围组织疏松的品种常易感染病害等。充分了解各个品种的形态结构，对指导马铃薯农业生产和产品加工具有实际意义。

马铃薯由外向里包括薯皮和薯肉两部分：它的最外面是薯皮即周皮，周皮被木栓质充实，具有高度不透水性和不透气性，所以周皮的主要功能是保护块茎，避免水分流失以及不良外部环境的影响，防止外界微生物的入侵。周皮的内部是薯肉，含有皮层、维管束环和髓部。皮层和髓部由薄壁细胞构成，里面充满淀粉颗粒。皮层和髓部之间的维管束环是跨境的输导系统，也是含有淀粉最多的地方。

（一）根系

马铃薯的根是吸收水分和营养的器官，还具有固定作用。马铃薯的纤维的根系统分布在土壤表层 30 cm 左右。用块茎繁殖所生成的根系均为不定根，没有主、侧之分，统称为须根系。根据根系发生的时期、部位、分布状况及功能的不同，又可把根分为两类：一类是在出生芽的基部靠种薯处紧缩在一起的 3~4 节上的中柱鞘所发生的不定根，称为芽眼根或节根，这是马铃薯在发芽的早期发生的根系，分支能力强、入土深而广，是马铃薯的主体根系。马铃薯的芽眼根发生在幼芽基部，根系一般为白色，只有少数品种是有色的。主要根系分布在土壤表层 30 cm 左右，然后向下垂直生长，根系的数量、分支的多少、入土深度和分布的幅度因品种而异，并受栽培条件影响。根的横切面为圆形，除保护组织外，明显地区分为皮层和中柱两部分。马铃薯由种子萌发产生的实生苗根系具有主、侧根之分，称为直根系，其横切面为圆形，与块茎繁殖的根系的横切面相似，也明显地区分为皮层和中柱部分，不过幼根的中柱较块茎繁殖的幼根中柱部分的比率大。

（二）茎

根据不同的作用、不同的部位和不同的形态，马铃薯茎分为地上茎、地下茎、匍匐茎和块茎，它们均起源于同一器官。

1. 地上茎

马铃薯地上茎是由块茎芽眼萌发的幼芽发育成的地上枝条，大多数直立，有些品种在生育后期略带蔓性或倾斜生长，最终达到 0.6~1.5 m 甚至更高。茎的横切面在节处为圆形，节间部分有三棱、四棱和多棱之分。茎的棱上，由于组织的增生而形成突起的翼，翼与棱等长，并有宽翼和窄翼之别，茎翼的形态常常是识别品种的重要特性之一。茎的皮层细胞内有叶绿体，因此茎秆呈绿色。一些品种茎上的绿色常被花青素所掩盖，因而茎常呈现紫色或其他颜色。地上茎支撑枝叶，运输养分、水分和进行光合作用。

2. 地下茎

地下茎就是主茎地下结薯部位，其表皮为外壁已木栓化的周皮所代替，皮孔大而稀，无色素层。地下茎是养分水分运输枢纽，起承上启下的作用。

3. 匍匐茎

在生育初期，地下茎各节上均生鳞片状小叶，每个叶腋间通常有一个匍匐茎。匍匐茎是形成块茎的器官，一般为白色，因品种不同，也有呈现紫色的。匍匐茎数目的多少因品种而异，匍匐茎愈多，形成的块茎愈多，但不是所有的匍匐茎都能形成块茎。用块茎繁殖的植株其匍匐茎一般在出苗后开始形成，但因品种、播种期和播种方式不同而有很大差异。

4. 块茎

马铃薯块茎是由地下匍匐茎顶端逐渐膨大而形成的,因为是茎的变态,所以叫作块茎。它既是营养器官,又是繁殖器官,种植马铃薯的最终目标就是收获高产量的块茎。块茎以无性繁殖的方式繁衍后代,用作播种的块茎叫作种薯。块茎既然是变态的茎,必然保留了茎的基本特征,因此,在块茎上也有变态的叶痕和腋芽,分别称之为芽眉和芽眼。每个芽眼里有3个或3个以上的芽,其中一个是主芽,其余的为副芽。块茎萌发时,主芽先萌发,如果主芽受伤死亡,副芽才萌发生长。块茎上芽眼的颜色有的和表皮相同,有的不同。不同品种的芽眼,有深浅和凸凹的区别。块茎有头尾之分,与匍匐茎连接的一头是尾部,也叫脐部;另一头是头部,也叫顶部。顶端的一个芽眼较大,所含的芽也多,称之为顶芽,块茎萌动时,顶芽最先萌发,而且幼芽生得壮,长势旺盛,这种现象叫作顶端优势。在生产上,利用小种薯作种的目的,就是要充分发挥块茎的这种顶端优势,获得壮苗和壮秧,以提高块茎的产量。

马铃薯是块茎类农作物,生活上所说的马铃薯主要是指它的块茎,块茎是在生长过程中储存营养物质的重要仓库。马铃薯的种类有很多,按块茎的形状分为圆形、椭圆形、扁球形和其他不规则形状;按块茎成熟期分为早熟期、中熟期和晚熟期;按块茎颜色分为白肉种和黄肉种,食用品种以黄肉、淡黄肉和白肉占大多数;按块茎皮颜色分有白色、黄色、白黄色、粉红色、红色和紫色,块茎若经过长时间的日光照射,表皮则变为绿色,皮肉色也是鉴别品种的重要依据之一。

(三)叶

马铃薯无论用种子还是用块茎繁殖,最先长出的初生叶均为单叶,全缘。马铃薯叶的叶面大而薄,叶肉细胞有间隙,叶子内可以合成有机物质。用块茎繁殖的马铃薯的初生叶为单叶或不完全叶,叶片肥厚、颜色浓绿,叶背上往往有紫色,叶面密生茸毛。第1片叶为单叶,全缘;第2片至第5片也皆为不完全复叶,以后陆续长出2对、3对直到7对小叶和一个顶生小叶的复叶。复叶的小叶对数因品种而异,一般从第5片或第6片叶开始即为该品种固有的奇数羽状复叶,多数品种有7~9片(最多可达15片)小叶组成的奇数羽状复叶。除复叶顶端小叶只有1片称为顶小叶外,其余的小叶都是成对着生的,一般的品种有3~4对,称侧小叶。多数品种复叶叶柄很发达,其横断面为半圆形,上方凹陷而下方突出,靠近基部延展成扁平状,包围茎部。马铃薯的复叶互生,在茎上呈螺旋状排列,叶面光滑或有皱褶,叶面上有茸毛或有光泽,叶片有厚、薄和深绿、浅绿之分,叶背面有突出的叶脉网,叶片在空间的位置接近于水平排列,有些品种的叶片略竖起或稍向下垂。

(四)花

花由花萼、花冠、雌蕊和雄蕊四部分组成。花萼基部联合为筒状,顶端五裂、绿色,其顶端的形状因品种而异。花冠基部联合呈漏斗状,顶端五裂,由花冠基部起向外伸出与花萼其他部分不一致的色轮,其色泽因品种而异。某些品种在花冠内部或外部形成附加的花瓣,分别称为"内重瓣"和"外重瓣"花冠。花冠的颜色有白色、浅红色、紫红色及蓝色等。雄蕊5枚,与合生的花瓣互生,短柄基部着生于冠筒上。5枚花药抱合中央的雌蕊。由于雄、雌蕊发育状况和遗传特性,形成不同形状的雄、雌蕊。花冠及雄蕊的颜色,雌蕊花柱的长短及姿态(直立或弯曲),柱头的形状等,皆为品种的特征。

（五）果实

马铃薯的果实为浆果，呈圆形或椭圆形。皮绿色、褐色或紫色。开花授粉后 5~7 天子房开始膨大，发育 30~40 天，浆果果皮逐渐变成黄色或白色，由硬变软，并散发出香味，这时果实就成熟了。每个成熟浆果中一般有 100~300 粒种子，多者可达 500 粒。马铃薯的种子体积较小，干粒重只有 0.3~0.6 g。种皮外覆盖一层胶膜，阻碍种子的萌发，给直接播种实生种子带来了不便。用实生种子种出的幼苗叫实生苗，结的块茎叫实生薯。绝大多数的马铃薯品种都是杂合体，它们在自然条件下所获得的浆果是自交果实，其种子的分离度较大，基本上不能用于生产。

第三节 马铃薯的营养成分和药用价值

一、马铃薯的营养成分

马铃薯有低脂肪、高碳水化合物、高维生素、高钾等特点，有"地下苹果"之美誉。马铃薯中的淀粉含直链结构和支链结构，相较于禾谷类淀粉更易被人体吸收。马铃薯中所含的蛋白质属于完全蛋白质，其赖氨酸含量高于谷物，可与各种谷物互补，可作为弥补"赖氨酸缺乏症"的优质食物。马铃薯属于碱性食品，其中的矿物质多为碱性，这是其他蔬菜无法比拟的。

马铃薯的块茎中含有 76.3% 的水分和 23.7% 的干物质，干物质包括 17.5% 的淀粉和 0.5% 的糖类，1.6%~2.1% 的蛋白质，以及 1% 的无机盐。相对而言，由于马铃薯含有的脂肪较少，膳食纤维较高，因此马铃薯是营养全面、低脂肪、高热量的健康食物，可以满足人体所需的基本营养，作为主粮后，可优化居民膳食结构，促进居民健康情况的改善。

马铃薯和其他主粮食物营养成分比较
（每 100 g 可食部分）

食物名称	能量（千焦）	蛋白质（g）	脂肪（g）	碳水化合物（g）	水（g）	锌（mg）	钾（mg）	维生素 B_2（mg）	维生素 C（mg）
马铃薯鲜薯	77	2.0	0.2	17.2	79.8	0.4	342	0.04	27.0
马铃薯全粉	355	8.4	0.5	79.2	5.6	12.5	980	0.25	25.9
马铃薯丁	344	5.7	0.5	79.2	11.4	0.4	267	0	20.0
大米	347	7.4	0.8	77.9	13.3	1.7	103	0.05	0
小麦	339	11.9	1.3	69.9	10.0	2.3	289	0.10	0
玉米	350	8.8	3.8	70.3	12.5	1.8	281	0.10	0

1. 蛋白质

马铃薯中蛋白质的质量较好，属于完全蛋白质。从蛋白质的氨基酸组成来看，马铃薯蛋白质的氨基酸构成平衡，马铃薯中含有人体所需的 8 种氨基酸，且富含谷类食物中相对不足的赖氨酸和色氨酸，每 100 g 鲜薯中含赖氨酸 93 mg，色氨酸 32 mg，因而马铃薯与谷类混合食用可提高蛋白质的利用率。在马铃薯的鲜薯块茎中蛋白质含量高达 2.7% 以上，全粉中蛋白质含量 8% ~ 9%，并且质量与动物蛋白相近，可媲美于鸡蛋，利于消化吸收。在马铃薯中共含有 18 中氨基酸，包括人体不能合成的必需氨基酸，如苯丙氨酸、亮氨酸、异亮氨酸、缬氨酸、精氨酸、组氨酸、赖氨酸以及色氨酸等。

2. 脂肪

马铃薯中脂肪含量较低，一般在 0.04% ~ 0.94%，平均在 0.2% 左右，相当于粮食作物的 1/2 ~ 1/5，主要成分是甘油三酯、棕榈酸、豆蔻酸和少量的亚油酸和亚麻酸。

3. 碳水化合物

马铃薯的碳水化合物含量丰富，包括单糖（蔗糖和果糖）和多糖（淀粉），以淀粉为主。虽然马铃薯鲜薯碳水化合物含量仅为 17.2 g/100 g，但是全粉中含量为 79.2 g/100 g，高于大米、小麦和玉米（分别为 77.9、69.9、70.3 g/100 g）。马铃薯鲜薯能量密度仅为 77 kJ/100 g，远低于大米、小麦及玉米（347、339、350 kJ/100 g）。但是，脱水马铃薯及马铃薯全粉能量密度与稻米、小麦及玉米相当，分别为 344、355 kJ/100 g。马铃薯主食产品多以全粉加工而成，所供能量也以碳水化合物为主，符合人体能量供给模式。

马铃薯淀粉含量为 12% ~ 22%，占块茎干物质的 70% ~ 80%，由 72% ~ 82%的支链淀粉和 18% ~ 28%的直链淀粉组成。块茎淀粉的含量随着块茎的生长而逐渐增加。马铃薯还含有葡萄糖、果糖和蔗糖，占 1.5%左右。新收获的马铃薯块茎中含糖分较少，经过一段时间的储藏后逐渐增加，尤其是低温储藏时对还原糖的累积比较有利。

4. 维生素

马铃薯是所有粮食作物中维生素含量最全的，与蔬菜相当，主要分布在块茎的外层和顶部，主要包括维生素 A、维生素 B_1、维生素 B_2、维生素 B_3、维生素 B_6、维生素 PP 以及维生素 C。其中马铃薯中含有的 B 族维生素含量是苹果的 4 倍，含有其他禾谷类粮食所没有的胡萝卜素和维生素 C，主要分布在块茎的顶部和外层，其所含的维生素 C 是苹果的 10 倍，且耐加热。另外含有营养学实验表明，若每天食用 0.25 kg 的新鲜马铃薯够一个人 24 h 消耗所需的维生素。

5. 矿物质

马铃薯块茎中矿物质元素含量占干物质总量的 2.2% ~ 7.8%，平均在 4.6%左右，含有人体所需的矿物质元素，其中磷、钾含量较高。钾的含量约占灰分总量的 2/3，对于高血压和中风有很好的防治作用；磷约占灰分总量的 1/10。磷元素的含量与淀粉的黏度有关，磷含量越高，淀粉黏度就越大。另外，马铃薯块茎中还含有钙、镁、硫、氯、硅、钠等元素。

6. 纤维素

马铃薯块茎的纤维素含量在 0.2% ~ 3.5%。当加工含有大量的纤维素的马铃薯时，将会产生废渣，国外利用薯渣通过发酵方法制成燃料级酒精、酶、精饲料以及可降解塑料，国内利用薯渣主要制成醋、酱油、白酒、膳食纤维、果胶、饲料等。

7. 酶类

马铃薯中含有淀粉酶、蛋白酶、氧化酶等。氧化酶有过氧化酶、细胞色素氧化酶、酪氨酸酶、葡萄糖氧化酶、抗坏血酸氧化酶等。这些酶主要分布在马铃薯能发芽的部位，并参与生化反应。马铃薯在空气中的褐变就是其氧化酶的作用。通常防止马铃薯变色的方法是破坏酶类或将其与氧隔绝。

二、马铃薯的药用价值

马铃薯不但营养价值高，而且还有较广泛的药用价值。我国传统医学认为，马铃薯有和胃、健脾、益气的功效。可以预防和治疗十二指肠溃疡、慢性胃炎、习惯性便秘和皮肤湿疹等疾病，还有解毒、消炎之功效。多吃马铃薯可以防止口腔炎，更有预防维生素 C 缺乏病及结肠癌之作用，对肾脏病、高血压也有良好的食疗效果，同时还能有效改善人脑的记忆功能。

煮熟的马铃薯对脾虚泄泻、大便干燥、虚劳久咳、尿频、乳汁稀少等有辅助治疗功效，其功能为利水消肿、和中养胃，因其丰富的营养和易消化性，适宜脾胃气虚，营养不良之人食用。另外，马铃薯含有较多的钾元素，它也是心脏病、肾病患者的有益食品。

此外，马铃薯藤叶中含有丰富的胡萝卜素、VC、VB_1、VB_2、V_{PP} 和无机盐等，营养成分明显优于芹菜、菠菜等，特别是胡萝卜素的含量，比萝卜还高 36 倍，马铃薯藤叶具有补虚乏、益气力、健脾胃、生肌肉、抗癌、美容、延年益寿等多种保健作用。

第四节 马铃薯产品开发与利用

一、马铃薯产品开发利用现状

通过近十年来的研究与开发，以马铃薯为原料的加工产品得到了空前的发展。目前全世界的马铃薯加工产品有：薯片、薯条、雪光粉、颗粒粉、薯块、全粉、淀粉、罐头、去皮薯、薯粒、沙拉及化工产品，如乙醇、茄碱、乳酸等。但最主要的加工产品仍为淀粉、薯片（再塑薯片），薯条和全粉（颗粒粉和雪花粉）。总之，全世界有 50% 的马铃薯用作鲜食，10% 用于加工，20% 用于饲料，10% 用于种薯。

（一）国外马铃薯产品开发利用现状

发达国家马铃薯的加工量占总产量的比例较高，美国一半以上的马铃薯用于深加工；荷兰 80% 的马铃薯用于深加工后进入市场；日本每年加工用的鲜马铃薯占总产量的 86%，利用淀粉已开发出 2 000 多种新产品，加工产品主要有冷冻马铃薯产品、马铃薯条（片）、马铃薯泥、薯泥复合制品、淀粉以及马铃薯全粉等深加工制品和全价饲料等；德国每年进口的马铃薯食品，主要是干马铃薯块、丝和膨化薯块等，每年人均消费马铃薯食品 19 kg，全国有 135 个马铃薯食品加工企业，加工比例占 13.7%；英国马铃薯加工比例占 40%，每年人均消费马铃薯近 100 kg，以冷冻马铃薯制品最多；瑞典的阿尔法·拉瓦-福特卡联合公司，是生产马铃薯食品的著名企业，年加工马铃薯 1 万多吨，占瑞典全国每年生产马铃薯食品 5 万 t 的 1/4；法国马铃薯加工比例占 59%，以马铃薯泥为主；波兰成为世界上最大的马铃薯淀粉、马铃薯干品及马铃薯衍生品生产国，并在加工工艺、机械设备制造方面积累了丰富的经验，具有独特的生产技术手段。因此，欧共体成员国引进的现代化马铃薯加工技术设备大多来自波兰，发达的加工业为波兰各项工业特别是食品加工业的发展打下了基础。由此表明，当前全球马铃薯加工产业的发展正进入兴旺发达阶段。

（二）国内马铃薯产品开发利用现状

中国对马铃薯的加工尚属起步阶段，加工比例仅有 5%，其中绝大部分用于鲜食和淀粉加工，其他产品大多仍属于初期阶段，数量都十分有限。

在我国，马铃薯多限于鲜储、鲜运、鲜销、鲜食。在传统的膳食结构中，除部分地区作为主食直接食用，95%以上的马铃薯是作为蔬菜鲜食，并且近年来直接消费量不断下降。马铃薯工业加工多限于加工成粗制淀粉，制作粉丝、粉皮、粉条、酒精、休闲食品（薯片）等，不仅数量少，而且加工深度不够，经济效益不高，消化能力有限。在广大的马铃薯种植产地，由于缺乏相应的加工技术，加之受交通运输条件所限，收获后的鲜薯大多以作薯干或饲料为主。由于受市场限制，马铃薯在当地的销售价格低廉，马铃薯高产优势的发挥受到极大的制约。而且由于没有现代化的储藏设备和科学的加工技术，每年全国因此而损失的马铃薯为 25%～30%，其余的也基本用于鲜食或者加工成粉丝、粉条及淀粉，使马铃薯的营养价值没有得到充分的发挥，也使其综合经济效益受到了极大的限制。

关于我国马铃薯淀粉及其深加工制品的进出口情况，进口马铃薯淀粉及其深加工制品量占据了进口总量的 30%，出口马铃薯淀粉及其深加工制品量仅占据了出口总量的 3%。近年来，在党和国家政策的推进下，全国各地区为马铃薯产业化采取了各种措施和办法，云南润凯公司曾与世界最大的马铃薯淀粉生产企业——荷兰艾维贝公司合资成立了云南艾维贝润凯淀粉有限公司。内蒙古已建成的马铃薯大型加工企业有 8 家，年产马铃薯淀粉——马铃薯全粉 2 万 t、雪花粉 1 万 t，全区马铃薯加工总量约为 100 万 t，工业利用率达 15%。宁夏回族自治区全区马铃薯加工企业有 22 家，形成了 8.8 万 t 的加工能力，其中粗淀粉 2.4 万 t，精制淀粉 6.4 万 t，以精制淀粉再加工的予糊化淀粉 3.4 万 t，在广大农村还有 2 000 多家生产粉条、粉丝的小作坊，年产 2 万 t 左右，全年加工量达 70 万 t。四川省马铃薯加工产品主要有马铃薯淀粉、粉丝、薯片等初级产品，加工数量极为有限，近年来与国际马铃薯中心等合作开发了马铃薯精制淀粉、马铃薯全粉、油炸薯片等品种。

2015 年年初，我国开展了马铃薯主粮化发展战略研讨会。所谓马铃薯主粮化，是用马铃薯加工成适合中国人消费习惯的馒头、面条、米粉等主食产品，实现马铃薯由副食向主食消费转变、由原料产品向产业化系列制成品转变、由温饱消费向营养健康消费转变，以作为我国三大主粮的补充，并逐渐成为第四大主粮作物。目前已有马铃薯馒头上市销售。

二、马铃薯的工业应用

马铃薯是一种营养成分较全面的食物，含有大量的淀粉以及蛋白质、维生素、矿物质、脂肪等营养物质，是一般的粮食和蔬菜所不能比拟的，因此，以马铃薯为原料开发一系列加工产品，具有广阔的市场应用前景。马铃薯既可作为食品加工原料或添加剂，也可作为工业生产辅料用于印染、浆纱、造纸、铸造、医药、化工、轻工、皮革等多种工业领域。而且随着科学技术的发展，以马铃薯淀粉为原料，经物理、化学方法及酶制剂的处理，用途更加广泛，不但提高了淀粉的经济价值，而且各种新产品的性质更加适用于工业生产的需要。据测算，国内对马铃薯淀粉及其衍生物的潜在年需求量在 100 万 t 以上，主要用途有：

（一）食品工业

目前，我国居民马铃薯日常膳食多为鲜薯，马铃薯在食品工业应用中具体有以下几个方面：

1. 马铃薯粉类、粉条（丝）

主要包括马铃薯全粉、淀粉以及粉丝、粉条、粉皮等。

2. 主食类产品

马铃薯主食开发产品则是先研制马铃薯全粉，再以马铃薯全粉与小麦面粉或大米面粉按照一定比例混合配比后加工制成，即可以开发成馒头、面包、包子、油饼、油条、面条、丸子、饼干、月饼等系列产品。2016 年，内蒙古首条马铃薯主粮化馒头生产线在乌兰察布市兴和县建成投产。目前，仅乌兰察布市就有兴隆食品等 6 家专门从事马铃薯主食产品加工的企业，产品已经推向市场，在全市大小型超市销售，并辐射到周边地区。目前，国家马铃薯主粮化项目组已成功开发出马铃薯全粉占比 35% 的马铃薯面条、40% 的马铃薯馒头、15% 的马铃薯米粉等主食产品的配方及加工工艺。另有一些适宜户外特殊环境下稍微加热或是开水冲调后即可食用的速食类制品。

3. 马铃薯休闲食品

马铃薯休闲食品以薯条、薯片为主，还有马铃薯泥、马铃薯罐头、薯脯、薯酱、糖果等。据中国食品协会不完全统计，我国冷冻薯条生产量近年来逐年递增，2007 年至 2009 年年增长从 1 万 t 跨上了 2 万 t 的新台阶，达到年产 9.8 万 t，同比增长 25.6%，表现出高速增长的可喜态势。国内已建成的规模化薯条加工能力大约 10 万 t 以上。据估算，全世界冷冻马铃薯薯条的总产量约为 800 万 t。国内消费市场中约有 20 万 t 马铃薯薯条为进口商品。马铃薯薯片分为切片型薯片和复合薯片。目前生产薯片的企业有百事公司、福建达利集团、上好佳（中国）有限公司、好丽友食品有限公司等，代表性产品分别为"乐事薯片""可比克薯片""上好佳薯片"、"薯愿薯片"。

4. 马铃薯调味品

马铃薯调味品主要有马铃薯黄酒、马铃薯食醋、马铃薯酱油、味精等。

5. 马铃薯饮品

目前市场上开发的马铃薯饮品主要有马铃薯白酒、马铃薯乳酸菌饮料、马铃薯格瓦斯、马铃薯果醋、马铃薯复合饮品等。

6. 马铃薯淀粉

马铃薯淀粉是目前马铃薯深加工的主要产品，在食品工业中，马铃薯变性淀粉主要用作增稠剂、黏结剂、乳化剂、充填剂、赋形剂等。变性淀粉的开发应用已经有 150 多年历史，工业化较早的是欧美国家。在美国，马铃薯淀粉约 30% 应用在食品上。特别是在汤料中大量使用，这是因其具有较高的初始黏度，能有效分散各种成分，且在随后的高压消毒处理时，最终产品的黏度可以达到所要求的程度。同时，它还用于焙烤特殊食品；制成颗粒作为"布丁"；香肠的扎线和填充料；适于口味极温和的水果清水罐头；添加在糕点面包中，可增加营养成分，还可防止面包变硬，从而延长保质期；添加在方便面中，增强柔软度、改善口感。另外，还可作为制作造型糖果的成形剂；作为稠化剂以增加焦糖和果汁软糖的光滑性和稳定性；作为馅饼、人造果冻的增稠剂，浇模糖果如雪花软糖的凝胶料，乳脂糖或果汁软糖的黏合剂，胶姆糖、口香糖等糖果的撒粉剂。作为胶粘剂，主要是糊精化马铃薯淀粉。在美国约有 19% 的马铃薯淀粉用于制备胶粘剂。糊精化马铃薯淀粉具有高的糊黏性和柔韧性的最终膜，还具有极容易再显胶的特性，使它可用于生产涂胶商标、贴标签、包装胶纸和胶带纸等。另外，宾馆、饭店、粉丝厂等，均需要质量好、黏度大的马铃薯淀粉。

（二）医药行业

马铃薯淀粉和衍生物可用于制药和临床医疗行业等。在制药行业，广泛用于药膏基料、药片、药丸中，如抗炎药物、胶囊软壳等，能起到黏合、赋形等作用。在临床医疗中，广泛用于牙料材料、接骨黏固剂、电泳凝胶、医药手套润滑剂等。压制药片是由淀粉作为赋形剂，将淀粉稀释后压制成片起到黏合和填充的作用。另外，马铃薯淀粉可用于生产葡萄糖，还可以转化为柠檬酸、乳酸、醋酸、丁酸、维生素类、甘油、酶制剂等发酵产物。

（三）造纸业

主要用在四个方面：打浆机上胶，在薄纸成形之前，将纤维组织凝结在一起；桶上胶，浸透稀胶液，预形成薄纸；轧光机上胶，上光整修；表面上胶。美国的马铃薯淀粉约有 33% 用于造纸工业，使用的主要产品是阳离子衍生物。阳离子马铃薯淀粉能改善填充剂和细纤维的固定能力以及纸张的其他化学性质。

（四）纺织业

主要用于棉纱、毛织物和人造丝织物的上浆，以增强和保持经纱在编制时的耐磨性、光洁度。经马铃薯淀粉上浆的纱具有另一个优点就是染色后能得到鲜艳的色泽。用马铃薯淀粉精梳的棉纺品具有良好的手感和光滑的表面。经过接枝改性后的马铃薯淀粉作为替代进口的上浆料，每吨市场价达到 1.1 万元以上，一个中型纺织企业使用接枝马铃薯淀粉可每年节约成本 100 万元以上。

（五）饲料工业

马铃薯的块茎、蔓、叶都具有丰富的营养，可直接用作牲畜的饲料。甲鱼、鳗鱼有机肥是浮漂在水中供食用的，作为水产养殖饲料应该具有不怕水、易于消化、无毒等特点，而马铃薯精淀粉的变性产物预糊化淀粉是鳗鱼饲料的最好黏结剂，一般添加量占 20%。马铃薯扩大了饲料的来源，有利于促进畜牧养殖行业的发展。

（六）铸造业

预糊化淀粉在高温状态下失去黏性并碳化为粉末，这一特性使其在铸造业上得到广泛应用。用预糊化淀粉作黏结剂制作的砂芯，不仅清砂容易，而且具有表面光洁等特点。国外已广泛采用此技术，国内也开始应用。

（七）石油行业

马铃薯淀粉具有抗高温和耐高压的特性，国外用作石油钻井中的稠度稳定剂，能有效控制泥浆水分的滤失。美国马铃薯淀粉在油田中的使用约占它总消费量的 15%。一般情况下，钻一口深油井需预糊化淀粉 2～5 t。国内目前钻井用预糊化淀粉只是试用阶段，预计以后会大幅度增长。

（八）其他领域

其他方面的应用：在烘焙粉末状物料时作为吸水辅助剂；发酵制品的原辅料；片状制品凝固剂；肥皂填充剂；化妆品稳定剂；干电池中隔离剂；硝基淀粉制造原料；农药混合吸附剂；锅炉用水净化剂；采矿作业用水澄清剂等。

三、马铃薯加工产品的宏观效益

马铃薯在工业生产中具有广泛的用途，国内外经验已证明，对马铃薯进行精深加工，能够获得较好的经济效益，可促进和带动当地经济的发展。我国马铃薯资源丰富，加工历史悠久，但发展缓慢，深加工产品较少，在马铃薯的生产中存在规模小、技术落后、产量低、经济效益不高的问题。从马铃薯的加工量来看，在发达国家的马铃薯产地，未用于加工的马铃薯仅占马铃薯总产量的 40% 左右，而我国则有高达 90% 的马铃薯未进行加工。从马铃薯制品的种类上来看，发达国家的马铃薯加工产品种类多达上千种，淀粉深加工产品有 2 000 多种。在工业生产中，采用发酵技术对马铃薯进行处理后，可广泛应用于医药、纺织、化工等领域。另外，马铃薯全粉、薯泥、薯条、脆片等产品的生产工艺先进、加工技术机械化程度高。因此，对马铃薯进行精深加工，不仅能够获得较好的经济效益，还可促进和带动当地经济的发展。

马铃薯的加工程度越高，加工工艺越优化，加工机械化程度越高，马铃薯的经济效益越高。也就是说，加工产品的产值比直接利用鲜薯提高数倍甚至数十倍，如马铃薯加工成粉面，比直接出售增值 30%，加工成粉条可增值 80%；马铃薯加工成乳酸，原料和乳酸的比例为10：1，产值为 1：3。马铃薯加工成柠檬酸，原料与柠檬酸的比例为 6：1，产值为 5：1；马铃薯加工成精淀粉，原料与环糊精的比例为 12：1，产值为 1：21。1 000 t 马铃薯经过深加工，可生产味精 28 t、柠檬酸 110 t、乳酸 140 t，再加上葡萄糖、山梨醇等产品，其产值比直接出售原料增加 13 倍。再如，1 t 马铃薯可提取干淀粉 140 kg，或糊精 100 kg，或 40 度酒精 95 L，或合成橡胶 15～17 kg，其深加工后产品价值比鲜薯要高 20 倍以上。在食品加工方面，马铃薯加工链亦具有很大增值潜力，新鲜马铃薯加工成麦当劳的薯条升值 50 倍；加工成肯德基的薯泥升值 40 倍；加工成油炸薯片升值 25 倍；加工成薯类膨化食品，升值 30 倍。由此可见，马铃薯的加工利用是延伸马铃薯产业链条、创造高附加值产品、获得良好经济效益的极其重要和必需的手段。

第二章　马铃薯粉类、粉条（丝）加工技术

受传统食用习惯和观念的影响，我国人民还不习惯大量食用马铃薯作为主食，同时随着人们生活水平的提高，马铃薯作为主要蔬菜的地位在下降，致使其鲜食量在短时期内难以大幅度提高。在这种情况下，合理开发利用马铃薯资源，探讨马铃薯加工技术，提高其经济价值，越来越受到人们的重视。马铃薯具有很好的营养价值和经济价值，可被广泛地加工制成多种产品，其中包括马铃薯全粉和马铃薯粉条、粉丝类产品。

第一节　马铃薯全粉类

中国人对马铃薯淀粉并不陌生，包括对马铃薯淀粉的种类、性能、用途及加工工艺，而对作为在食品加工业中有着广泛应用的一种重要原料，也就是马铃薯全粉，较为陌生，实际上马铃薯全粉在马铃薯加工产业链中有着特别重要的地位。马铃薯全粉是马铃薯加工食品中不可缺少的中间原料。由于其能够长期保存，且能够保持鲜马铃薯的风味，便于制作各种食品，因此它作为马铃薯深加工的基本产品在国外得到迅速发展。本节重点概述马铃薯全粉的含义、种类、性能及用途，使人们对马铃薯全粉有更加全面的了解和认识，并在食品产业链中积极而广泛地应用马铃薯全粉，从而进一步发挥马铃薯全粉的作用。

一、马铃薯全粉定义

马铃薯全粉是以马铃薯块茎为主要原料，经过清洗、去皮、切片、漂烫、冷却、蒸煮、混合、调质等工艺处理，再经脱水干燥筛分所获得含水率在 10% 以下的颗粒状、粉末状或者片状产品。因为马铃薯初级加工主要采用的是回填、调质、微波烘干等先进工艺，使马铃薯块茎果肉的组织细胞最大限度地不被破坏，而且最大限度地保留了新鲜马铃薯的干物质营养成分（糖类、蛋白质、脂肪、维生素以及矿物质），因而复水后的马铃薯全粉可呈现新鲜马铃薯块茎熟后捣成的泥状，并基本保持了新鲜马铃薯块茎的营养、天然风味和口感。另外，随着现代技术的发展，在原有马铃薯全粉的基础之上，利用科学合理配方，再额外添加相应营养成分，可制得多风味、多品种的方便营养食品。

二、马铃薯全粉种类

马铃薯全粉主要包括马铃薯颗粒全粉和马铃薯雪花粉这两种产品，它们是因加工工艺过

程的后期处理不同，而派生出的两种不同风格的产品。马铃薯颗粒全粉外观呈浅黄色沙粒状，细胞完好率在 90%以上；马铃薯雪花粉外观呈白色薄片状，细胞被破坏较多，保持养分及风味物质在 40%～60%。相比较而言，马铃薯颗粒全粉的口感更接近马铃薯原有的风味。生产实际中以马铃薯颗粒全粉和马铃薯雪花全粉这两个种类的生产量最大，应用也最为广泛。另外，随着肯德基、麦当劳等快餐食品行业的迅速发展，马铃薯颗粒粉的需求量也相对增加。目前从市场的全景来看，高质量的马铃薯全粉仍然供不应求。

三、马铃薯全粉的生产工艺

（一）马铃薯颗粒粉传统生产工艺

马铃薯颗粒粉是以马铃薯块茎的单细胞或细胞团经脱水干燥制成含水量在 6%～7%的产品。马铃薯颗粒全粉生产的最大优点是保持了薯体细胞的完整，由于在工艺中采用了气流/流化床干燥和大量回填的路线，使薯块在筛分过程中自然碎裂为粉状，因此马铃薯颗粒全粉细胞破裂少，黏度较低，所获得的浅黄色颗粒粉直径一般在 0.25 mm 以下。

马铃薯颗粒粉是马铃薯经过清洗后再去皮、蒸煮、干燥后得到的细小颗粒状产品，这种颗粒形状主要是在回填拌粉、干燥的工艺阶段形成的。马铃薯颗粒粉作为原料可制得多种产品，如油炸食品（复合薯片）；马铃薯全湿制品（马铃薯泥、马铃薯糊精）；食品添加剂、调味剂（冰激凌、烘焙食品、冷冻食品）；膨化食品等。

1. 工艺流程

马铃薯原料→清洗→去皮→分离→修整→切片→漂洗→预煮→冷却→蒸煮→回填拌粉→调质→一级干燥→筛分→二级干燥（灭菌）→冷却→筛分→包装→成品。

2. 操作要点

（1）原料选择。马铃薯原料选择的标准为品种单一、纯净；干物质含量高，一般在 20%以上；还原糖含量低，最好在 0.2%以下；薯果肉色浅，白色或淡黄色；其外形圆滑，芽眼少而浅；单个薯块质量在 70 g 以上。同时，应严格除去发芽、冻伤、发绿及病变腐烂的马铃薯。

（2）原料预处理。将马铃薯洗涤干净，利用去皮机去皮后，为使蒸煮熟化效果均匀，切片机将去皮后的马铃薯切成厚度为 8～15 mm 的片块状，以保证薯片在蒸煮时尽量保持一致。切片愈薄，风味物质和干物质损失愈多。在切片过程中，受切刀机械作用而被破坏的细胞将游离出淀粉，为不影响后道工序颗粒粉的成形效果，马铃薯切片须再经清水喷淋冲洗，除净附着在切片上的淀粉。

（3）漂烫。漂烫的目的不仅是破坏马铃薯中的过氧化氢酶和过氧化酶，防止薯片的褐变，而且还要有利于淀粉凝胶化，保护细胞膜，因改变了细胞间力，使蒸煮后的马铃薯细胞之间更易分离，在混合制泥中得到不发粘的马铃薯泥。薯片在热水中预煮，水温必须保证使淀粉在马铃薯细胞内形成凝胶，一般控制在：温度 72 ℃ 左右，时间 20 min 左右。

（4）冷却。用冷水清洗预煮后的薯片，可适当增加马铃薯细胞壁的弹性，并进一步把游离淀粉除去，以降低马铃薯泥的黏度。冷却时间应满足使薯片的中心温度降到 20 ℃ 以下。

（5）蒸煮与搅拌。将预煮、冷却后的薯片在常压下用蒸汽蒸煮，使其充分熟化，蒸煮后的薯片应软化程度均匀。一般控制在：时间 25～35 min，温度 95～98 ℃。将蒸煮后熟化的薯片送入制泥机中捣制成薯泥，与回填的马铃薯颗粒混合，根据工艺文件规定配制的添加剂，也在此处进入搅拌机，三者在搅拌棒的机械作用下进行充分的混合。回填粉的粒径可在 1 mm 以下，回填粉量可视薯泥含水量适时调整，一般在薯泥量的 3 倍左右。随着搅拌时间的延长，薯泥逐渐离散，呈松散、潮湿的薯粉。

（6）调质。经过蒸煮和搅拌后，采用保温静置的方法调质：将松散、潮湿的薯粉在低温的调质机内相对静置 25～35 min，可以使其内部水分均衡，且使混合物的水分含量由 45%降到 35%，以利薯粉颗粒表里干燥均匀，还可以减少其可溶性淀粉，降低淀粉的膨胀力。调质后的薯粉将通过筛分机剔除未能熟化的薯块及黏结成团块的薯泥。

（7）干燥。产品进入气流干燥机进行干燥，进行干燥脱水。这种气流干燥的原理是利用产品与干燥的热空气流形成非稳状态的、有相对速度差的同向快速运动，使潮湿薯粉得以快速干燥，由于气流速度较小，所以对薯粉细胞的破坏也小。当产物第一次用干燥机烘干到含水量为 12%～13%时，用 60～80 目筛子分级，大于 80 目的颗粒粉或筛下的细粒均可作回填物料，另一部分筛下物，需进一步用流化床干燥机干燥至含水量 6% 左右。

（8）冷却和筛分。经干燥后的马铃薯颗粒全粉在线产品在气流输送装置中，与冷空气充分混合、传质，其内储的高温得以有效散失，并迅速降到适宜包装的温度，再经过筛分装置剔除不符合粒度要求的部分在线产品及混入的杂物，使合格的在线产品进入包装袋后，不会因其内储的高温及因内储高温而继续挥发出的水分和其他杂物而影响产品质量。

（二）马铃薯颗粒粉真空冷冻工艺

1．工艺流程

新鲜马铃薯→去皮、清洗→切片→熟制→冷却→预冷冻→真空冷冻干燥→磨粉→过筛→包装→成品。

2．操作要点

（1）选择新鲜马铃薯，去皮、清洗后切成 5 mm 厚的片，用保鲜盒乘装或保鲜膜包裹，放入微波炉中加热 3 min，冷却待用。

（2）将熟制的马铃薯平铺至干燥盘上，在-35 ℃ 的条件下进行预冷冻，之后调节真空仓压力为 50 Pa 的条件下，进行冻干。

（三）马铃薯雪花粉

马铃薯雪花粉是马铃薯经清洗、去皮、蒸煮后，以滚筒干燥工艺方式生产，产品呈大小不规则的片屑状，因其外观像雪花，所以称为马铃薯雪花全粉（简称"雪花粉"）。在生产过程中，雪花粉细胞破坏率高于颗粒粉，为 21% 左右，因而有较多游离淀粉分离出来，使其口感和风味均不如颗粒粉。但雪花粉的优点是能耗较低，成本较低，复水速度稍慢，水量易控制，复水均匀。因此雪花粉一般用作复合薯片、膨化薯条以及其他食品原料。

1．工艺流程

原料→清洗→去皮→切片→清洗→漂烫→冷却→蒸煮→制泥→输送→滚筒干燥→破碎过筛→粉碎→收集除尘→包装→成品。

2. 操作要点

雪花粉的原料处理、漂烫、蒸煮工艺与加工颗粒粉相同，后续工序操作不同点如下：

（1）制泥。采用旋风式粉碎机或搅拌机将蒸煮熟的薯片打浆成泥。要尽可能使游离淀粉率低于 1.5%，以保护产品原有的风味和口感。采用搅拌机时，要注意搅拌桨叶的结构与造型以及转速。打浆后的马铃薯泥应吹冷风使之降温至 60～80 ℃。

（2）干燥。将糊状的马铃薯送给单滚筒干燥机烘干，温度为 150 ℃左右，回转速度为 0.25～0.45 m/s，20 s 即可将含水量 80%的马铃薯糊降低至 5%左右。

（3）粉碎与收集。干燥后的马铃薯薄片经破碎成 2～8 mm 的雪花粉。由于雪花粉容重很小，不利于储存和运输。将雪花粉粉碎到 60 目筛下除尘收集，以降低储运成本，同时也方便食品加工业厂家使用。

四、马铃薯全粉的用途

马铃薯全粉，一方面可作为最终产品直接使用；另一方面，也是其更主要的应用，是多种食品深加工的基础原料，并作为中间配料可制成各种各样的其他产品，这样不但丰富了马铃薯产品的种类，还多层次提高了马铃薯产品的附加值。因此，采用马铃薯全粉为主要原料或中间配料生产的快餐食品、调理食品、休闲食品等都得到了消费者的普遍认可。其主要用途如：20%的奶粉加入 80%的马铃薯全粉可制成"奶式马铃薯糊"。此产品除具有牛奶的香味之外，还具有马铃薯的特殊风味，不但营养丰富，口味还香酥；若用 80 ℃以上的热开水冲泡，体积可增大 3 倍左右，是一种值得推广的方便食品。30%～50% 的面粉加入 50%～70% 的马铃薯全粉制成的糕点，外观形状与单面粉制成的糕点基本相似，特别是葱油酥和奶式桃酥，不但块形端正，内部结构为均匀小蜂窝，大小厚薄、表面色泽也一致；除有葱油或奶油香味之外，细嚼还略带马铃薯香味，且口味还酥松适口。若用马铃薯全粉直接做各种月饼的浆皮馅，其结构紧密，不但能很好地保持馅中水溶性或油溶性物质，使之不向外渗透、馅心不干燥、不走油、不变味，而且表面丰满光润，造型美观，品质松软适口，储存时间也明显延长。

在制作面包、蛋糕、饼干等食品中，若加入 5%～10%的马铃薯全粉，可使其表面不起黑泡、不塌脸、不崩顶、口感绵软滋润，富有弹性，可在温度 8～15 ℃的条件下保存 15 天以上，且与新鲜产品基本无差别；而在同等条件下只用面粉制作的面包、蛋糕、饼干等早已发硬，品质下降，口感与新鲜产品相比，差异也较大。

第二节　马铃薯淀粉

马铃薯淀粉是从马铃薯块茎中提取的淀粉，也是重要的植物淀粉，属于优质淀粉，它的生产量和商品量仅次于玉米淀粉，在所有植物淀粉中居第二位。它具有高黏性，能调制出高稠度的糊液，进一步加热和搅拌后黏度快速降低，能生产透明柔软的薄膜，具有粘合力强、糊化温度低的特点。其次，马铃薯淀粉的口味相当温和，不具有玉米、小麦淀粉那样典型的谷物味，即使风味敏感型产品也可使用。目前，我国的马铃薯淀粉加工业处于发展阶段，以马铃薯淀粉为原料的加工生产量和商品量在不断增加，同时马铃薯淀粉的利用也必将趋于专用化，具有良好的市场前景。

一、马铃薯淀粉结构

马铃薯淀粉形状不规则，大粒径呈椭圆形，小粒径呈圆形，表面光滑，无裂纹。其颗粒较大，粒径一般为 25 ~ 100 μm，平均粒径为 30 ~ 40 μm，比玉米淀粉、红薯淀粉和木薯淀粉的粒径都要大。马铃薯品种不同，淀粉颗粒的大小也不同，即使是同一品种的马铃薯，在不同的营养条件下，其淀粉粒径大小也会发生变化。

二、马铃薯淀粉性质

马铃薯淀粉与其他种类的淀粉相比较，其优良性能主要体现在以下几个方面：

一是糊化特性：马铃薯淀粉具有较长的直链和支链淀粉，其淀粉的糊化温度平均为 56 ℃，比玉米淀粉（64 ℃）、小麦淀粉（69 ℃）以及薯类淀粉的木薯淀粉（59 ℃）和甘薯淀粉（79 ℃）的糊化温度都低，说明马铃薯淀粉具有区别于其他淀粉的优良的糊化特性。也就是说，马铃薯淀粉糊化温度低的特点，会使其黏度的增加速度加快，这有利于节省能耗。

二是黏性：马铃薯支链淀粉含量高达 80% 以上，其直链淀粉的聚合度也很高，导致马铃薯淀粉糊的黏度很高。马铃薯淀粉糊浆黏度峰值平均达 3000 BU，比玉米淀粉（600 BU）、木薯淀粉（1000 BU）和小麦淀粉（300 BU）的糊浆黏度峰值都高。这说明，马铃薯淀粉具有较高的黏性，可作为增稠剂，而且小剂量使用时，已能获得适合的黏稠度。

三是膨胀性：马铃薯淀粉颗粒较大，其内部结构较弱，分子结构中磷酸基电荷间相互排斥，导致马铃薯淀粉具有很好的膨胀性。当温度达到 50 ~ 62 ℃，马铃薯淀粉粒均吸水膨胀，当完成糊化时，马铃薯淀粉能吸收比自身质量多 400 ~ 600 倍的水分。这说明，马铃薯淀粉具有高膨胀度，保水性能优异，适用于膨化食品、肉制品及方便面等产品。

另外，马铃薯淀粉的溶解度较高，淀粉糊的透明度较好，远高于绿豆淀粉和玉米淀粉糊的透明度，凝沉性也高于豆类淀粉。

三、马铃薯淀粉生产工艺

（一）马铃薯粗淀粉的生产工艺

1. 工艺流程

原料→清洗→粉碎磨浆→薯渣分离→沉淀→干燥→成品→包装。

2. 操作要点

（1）原料选择。生产淀粉要求马铃薯块茎完整，无发芽腐烂部分；块茎的最大断面直径要求大于 30 mm；块茎淀粉含量要高，大于 15%。

（2）清洗和去杂。将马铃薯原料清洗干净，通过去杂处理，将原料中的砂石、金属和其他杂质如木块、杂草等去除。

（3）粉碎。粉碎的目的是尽可能地使马铃薯块茎细胞破碎，从而释放淀粉颗粒，以便于将淀粉和其他成分分离。清洗后的马铃薯放入磨碎机，边加入边磨碎，将原料彻底破碎后成为马铃薯浆。

（4）薯渣分离。将马铃薯浆分别用粗、细筛过筛，将薯渣和淀粉乳分离。

（5）沉淀。将淀粉乳放入沉淀槽内，充分搅拌均匀，然后静止 5 h 以上，使淀粉能够沉淀于槽的底部，出去上清液后即为马铃薯淀粉。若第一次分离的淀粉杂质较多，则需要进行清洗，即在洗涤槽中，加水搅拌，再静止数小时，出去上清液，如此重复以上步骤 3~4 次，即可获得较为纯净的淀粉。

（6）干燥。将淀粉块切成小片，然后放在竹筛上，在室外晾晒，直到淀粉块一触即破为止，即可包装。

（二）工业化马铃薯淀粉生产工艺

生产工业化马铃薯淀粉时，一般采用连续性的机械作业。其加工工艺为：

1. 加工工艺

马铃薯→清洗→粉碎→分离→精制→脱水→干燥→粉碎→包装→成品。

2. 操作要点

（1）清洗。生产厂根据生产能力设置相应的原料仓，马铃薯从原料仓出来通过流水槽和清洗机，在运输的过程中得到洗涤，以除去表面附着的泥灰、沙子等杂质。经清洗后，马铃薯的杂质含量不应大于 0.1%。

（2）粉碎。马铃薯粉碎的目的在于尽可能地使块茎细胞破裂，并从中释放出淀粉颗粒。将薯块放到磨碎机中磨碎，粉碎后，薯块细胞中所含的氢氰酸会释放出来，氢氰酸能与铁质反应生成亚铁氰化物，呈淡蓝色。因此，凡是与淀粉接触的粉碎机和其他机械及管道都是用不锈钢或其他耐腐蚀的材料制成的。此外，在粉碎时或打碎后，细胞中的氧化酶释出后会在空气中发生氧化，所以为防止淀粉变色，在打碎浆料过程中需加入亚硫酸或通入二氧化硫来抑制氧化酶的作用。

（3）筛分。淀粉浆除含有大量的淀粉以外，还含有纤维和蛋白质等组分，这些物质不除去，会影响成品质量，通常是先通过筛分除去薯渣纤维等不溶性杂质，然后再分离蛋白质。采用筛分设备进行筛分，包括平面往复筛、六角筛（转动筛）、高频惯性振动筛、离心筛和曲筛等。

（4）分离。从筛分出来的淀粉乳中分离淀粉的方法主要有离心分离法、静置沉淀法和流动沉淀法。

离心分离法：离心分离不仅利用淀粉与蛋白质比重的差异进行分离，还借助分离机高速旋转产生更大的离心力，使淀粉沉降，而与蛋白质等轻杂物质分离。将淀粉乳加入离心机中，经过离心处理后，液体从离心机的溢流口排除，淀粉从底流口出料。

静置沉淀法：将淀粉乳灌到沉淀槽中，静置 6~7 h 后，物料分层，上面的部分为红色的液体薯汁，薯汁中含有蛋白质和可溶物，称为蛋白水，下面部分为淀粉，此时淀粉沉淀在槽底。另外，在蛋白水的上层经常存在一层较厚的白色泡沫，在生产中可添加消泡剂来减少泡沫。

流动沉淀法：将淀粉乳加入斜槽中，使淀粉在流动的途中逐渐沉淀下来，获得粗淀粉。

（5）洗涤。洗涤的目的是进一步洗涤淀粉中细小的杂质，获得纯净的淀粉。将淀粉放入到洗涤槽内，同时加入清水并不断搅拌，然后静止，出去澄清水后，获取淀粉。

（6）脱水。经过精制的淀粉乳水分含量为 50%～60%，不能直接进行干燥，应先进行脱水处理。脱水处理的主要设备是转鼓式真空吸油机或卧式自动刮刀离心脱水机，经脱水后的湿淀粉含水量可降低到 37%～38%。

（7）干燥。为了便于运输和储存，对湿淀粉必须进一步干燥处理，使水分含量降至安全水分以下。中、小型淀粉厂使用较广泛的带式干燥机，大型淀粉厂一般使用气流干燥工艺。马铃薯淀粉干燥温度一般不能超过 55～58 ℃。干燥淀粉往往粒度很不整齐，需要经过磨碎、过筛等操作，进行成品整理，然后作为商品淀粉供应市场。带式干燥机得到淀粉后，采用筛分方法处理，而气流干燥机得到的淀粉为粉状，可直接作为成品出厂。

四、马铃薯淀粉应用

1. 在糖果生产过程中的应用

在糖果生产过程中，马铃薯淀粉主要用作填充剂，参与糖体组织结构的形成。在奶糖生产过程中，马铃薯淀粉可增加糖果的体积，改善产品的口感和咀嚼性，增加产品的弹性和细腻度，还能有效防止糖体变形和变色，延长产品货架期；在明胶糖果生产过程中，马铃薯变性淀粉因其良好的透明度和较强的持水作用，在一定的比例下能够和明胶很好地配合，形成韧而不硬、滑而不粘、具有良好口感和弹性的凝胶，同时可大幅度降低成本。采用生物工程方法用马铃薯淀粉生产的葡萄糖果、葡萄糖浆等，可以作为饮料等的调味料，也可以用来制作糖衣。

2. 在面食生产过程中的应用

马铃薯淀粉的蛋白质含量低，颜色洁白，具有天然的磷光，能有效改善面团的色泽和外观。同时它具有黏度高、弹性好和抗老化性强等特点，能显著改善面条的复水性，提高面团的弹性和筋韧度，改变面团的流变性，降低面团的含油率。用马铃薯淀粉制作的面条和粉丝等产品，不仅颜色好，而且不易断条。在方便面中添加马铃薯淀粉，生产的面条不会形成白色的硬芯，弹性较好。

将马铃薯淀粉添加在糕点面包中，既可增加营养成分，还可防止面包变硬，从而延长保质期。在新开发的蜡质马铃薯淀粉中，支链淀粉含量高达 99% 以上，不易产生老化现象，因此是一种优良的裹粉原材料。

3. 在肉制品生产过程中的应用

在肉制品生产过程中，马铃薯淀粉也发挥着重要作用。马铃薯淀粉糊化后的透明度非常高，可使肉制品的肉色鲜亮，外观悦目，能够防止产品颜色发生变化，减少亚硝酸盐和色素的使用量，同时对于改善产品的保水性、组织状态均有明显的效果。在灌肠产品中，将添加的玉米淀粉改为马铃薯淀粉，可大大减少淀粉的用量，提高主料肉的用量，这样既提高了灌肠的口味及口感，又提高了产品的档次。这是因为新鲜肉在受热时会失去部分水分，而淀粉能够吸收部分这些水分并与其发生糊化反应。因此选择吸水性好、膨胀率高的淀粉，对肉制品的影响是非常大的。还可在鱼丸中添加马铃薯淀粉，以改善鱼丸的流变学特性和感官品质。

另外，在鸡肉火腿中加入马铃薯淀粉，可增加产品的弹性和切片性。

4. 在乳制品生产过程中的应用

酸奶是马铃薯变性淀粉在乳制品中最典型的应用范例。在酸奶生产过程中，一般要经过高压均质、高温杀菌工序，处理后会使蛋白质变性，从而失去对水分的控制能力，也丧失了其优良的乳化功能，易出现水分离现象。而经过交联酯化处理的马铃薯淀粉具有很好的抗高温、强剪切和降低 pH 值的能力，同时还能防止产品脱水分层。此外，马铃薯变性淀粉还能增加酸奶的黏度，使其口感更加稠厚、浓郁。因马铃薯变性淀粉糊的透明度较佳，因此不会影响酸奶的色泽。此外，由于马铃薯淀粉的口味温和，可使酸奶保持清淡风味和细腻的口感。在奶酪制品中，马铃薯淀粉可部分替代酪蛋白，并能改善产品的成型性和熔融性。

5. 在其他行业中的应用

马铃薯淀粉的理化指标及性质非常优越，使其在其他工业领域有着不可替代的作用。马铃薯淀粉可以使印染浆液成为稠厚而有黏性的色浆，不仅易于操作，而且可将色素扩散至织物内部；在造纸工业中，马铃薯淀粉正逐步取代玉米淀粉而被大量广泛使用，它可以增加纸的弹性，改善其物理性质；用马铃薯淀粉与丙烯腈、丙烯酸、丙烯酸酯、丁二烯、苯乙烯等单体接枝共聚，可制取一种超强吸水剂，吸水量可达其本身质量的几百倍甚至 1 000 倍以上，可用于沙土保水剂、种子保水剂和卫生用品等；将马铃薯淀粉添加在聚氨酯塑料中，既起填充作用，又起交联作用，可增强塑料产品的强度、硬度和抗磨性，所生产的材料可用于高精密仪器，以及航天和军工等特殊领域。马铃薯淀粉由于其低热量特点，可用在维生素、葡萄糖、山梨醇等治疗某些特殊疾病的药品中。

因此，利用马铃薯淀粉的优良品质和独特性，可使其广泛地应用在方便食品、休闲食品、膨化食品、低糖食品、药品，以及印染、造纸、航天航空等领域。

第三节 马铃薯粉条（丝）类

一、马铃薯粉条（丝）

马铃薯粉条和粉丝均是以马铃薯淀粉为原料，经过生产加工后，直径大于 0.7 mm 的产品为粉条，直径小于 0.7 mm 的产品为粉丝。其营养成分主要是碳水化合物，还包括蛋白质、膳食纤维以及钙、镁、铁、钾等多种矿物质元素。马铃薯粉条和粉丝的生产原理主要是使淀粉适度老化，使直链淀粉束状结构合理排列。粉条按形状又可分成圆粉条、粗粉条、细粉条、宽粉条及片状粉条等数种。马铃薯粉条和粉丝具有良好的附味性，能吸收各种鲜美汤料的味道，再加上粉条本身的柔润嫩滑，更加爽口宜人，所以在我国深受人们的喜爱。由于生产方法简单，投资较小，也适合生产专业户或者小型加工厂生产。

（一）瓢漏式粉条

瓢漏式粉条加工在我国已有数十年的历史，传统的手工粉条加工使用的漏粉工具是刻上漏眼的大葫芦瓢，以后逐步演变成铁制、铝制、铜制和不锈钢制的金属漏瓢。

1. 工艺流程

马铃薯→提粉→淀粉→冲芡→调粉→漏粉→冷却→干燥→成品。

2. 操作要点

（1）提粉。选用淀粉含量高、新鲜的马铃薯作为原料，经清洗、破碎、磨浆、沉淀等工序处理，提取淀粉。

（2）冲芡。将马铃薯淀粉和温水混合调成稀状，100 kg 的含水量 35% 以下的湿淀粉加水 50 kg，再用沸水从中间猛倒入容器内，按一个方向快速搅拌 10 min，使淀粉凝成团状产生较大黏性即为芡。

（3）调粉。为增加淀粉的韧性，一般添加食品添加剂——明矾以改变淀粉的凝沉性和糊黏度。先在芡中加入 0.5% 的明矾，搅拌后再加入湿淀粉，混合后和面，使和好的面的含水量在 48%~50%，面温保持在 40~45 ℃。考虑长期过量食用明矾对人体有害，生产也可利用氯化钠或 β-葡聚糖等替代，使粉条达到稳定性能。

（4）漏粉。将面团放入漏粉机内，然后挂在锅上，锅内保持一定的水位，水温在 97 ℃~98 ℃，使水面和出粉口平行，即可开机漏粉。根据生产实际情况和需求调整漏粉机的孔径、漏粉机与水面的高度，一般粉条的直径为 0.6~0.8 mm，粉条的直径小于 0.7 mm。粉条在锅内熟化的标志是漏入锅中的粉条由锅底再浮上来。如果强行把粉条从锅底拉出或捞出，会冈糊化不彻底而降低粉条的韧性；如果粉条煮时间过长则易折断。

粉条和粉丝的主要区别在于芡用量、漏粉机的筛孔。加工粉丝时，芡的用量多于粉条，即面团稍稀；生产粉丝时，漏粉机用圆形筛孔，而粉条用的筛孔则为长方形。

（5）冷却和清洗。其目的是将糊化过的淀粉变成凝胶状，洗去表层的黏液，降低粉条之间的黏性。当粉条浮出水面后即可将捞出，放在低于 15 ℃ 水浴 5~10 min，进行冷却、清洗。

（6）冷冻。冷冻是加速粉条老化最有效的措施，是国内外最常用的老化技术。冷冻的第一个目的是通过冷冻，使粉条中的分子运动减弱，直链淀粉和支链淀粉的分子都趋向于平行排列，通过氢键重新结合成微晶束，形成有较强筋力的硬性结构。冷冻的第二个目的是防止粉条粘连，起到疏散作用。粉条沥水后通过静置，粉条外部的浓度较内部低，在冷冻时外部先结冰，进而内部结冰。在结冰时粉条脱水阻止了条间粘连，故通过冷冻的粉条疏散性很好。冷冻的第三个目的是促进条直。由于粉条结冰的过程也是粉条脱水的过程，冰融后粉条内部水分大大减少，晾晒时干燥速度加快，加之粉条是在垂直状态下老化而定型，干燥后能保持顺直形态。

将清洗后的粉条在 3~10 ℃ 环境下阴凉 1~2 h，来增加粉条的韧性。在 -9~-5 ℃ 条件下，缓慢冷冻 12~18 h，冻透为宜。

（7）干燥。将冷冻后的粉条浸泡在水中一段时间，待冰溶化后轻轻揉搓散条，然后晾晒干燥，环境的温度以 15~20 ℃ 为最佳，当含水量降到 20% 即可保存，降到 16% 即可打捆包装作为成品销售。

（二）挤压式普通粉条（丝）生产技术

挤压法是用螺旋挤压机，将淀粉挤压成形，经煮沸后，冷水浸泡，最后晾晒干燥即为成品。我国马铃薯挤压式粉条的生产是从 20 世纪 90 年代初开始的。在此之前挤压式粉条生产多用于玉米粉丝和米线的生产。在 20 世纪末的最后几年，马铃薯挤压式粉条的生产发展较快，机械性能也有了较大的改进，单机加工量由原来的 30～60 kg/h 发展到 150 kg/h 以上。挤压式粉条（丝）生产的最大优点是：① 占地面积小，一般 15～20 m² 即可生产；② 节省劳力，2～3 人即可；③ 操作简便；④ 一机多用，不仅可生产粉丝（条），还可以生产粉带、片粉、凉面、米线，能提高机械利用率；⑤ 用挤压法加工的粉条较瓢漏式加工的透明度高。

1. 工艺流程

配料→打芡→和面
↓
粉条机清理→预热碎→开机投料→漏粉→鼓风散热→粉条剪切→冷却→揉搓散条→干燥→包装入库。

2. 操作要点

（1）原料要求。

用于粉条加工的淀粉要求色泽鲜而白，无泥沙、无细渣和其他杂质，无霉变、无异味。湿淀粉加工的粉条优于干淀粉，这是因为干淀粉中往往有许多硬块，在自然晾晒中除了落入灰尘外，还容易落入叶屑等植物残体。对于杂质含量多的淀粉要经过净化，即加水分离沉淀去杂、除沙，吊滤后再加工粉条。若加工细度高的粉条，要求芡粉必须洁净无杂质。对色度差的淀粉要结合去杂进行脱色。吊滤的湿淀粉要利用湿马铃薯淀粉加工粉条，淀粉的含水量应低于 40%，先要破碎成小碎块再用。

（2）挤压式粉条添加剂配方。

用挤压法加工粉条的粉团，其含水率较瓢漏式面团高，而且经糊化后黏度较大，粉条间距很近，容易粘连。为了减少粘连，改善粉条品质，需要在和面时加入一些添加剂。提倡使用无明矾配料，根据淀粉纯净度、黏度可适当加入以下食用配料：食用碱 0.05%～0.1%，可中和淀粉的酸性，中性条件有利于粉条老化；在和面时按干淀粉质量加入 0.8%～1.0% 的食盐，使粉条在干燥后自然吸潮，保持一定的韧性；加入天然增筋剂，如 0.15%～0.20% 的瓜尔胶或 0.2%～0.5% 的魔芋精粉：为了便于开粉，再加 0.5%～0.8% 的食用油（花生油、豆油或棕榈油等）。

（3）打芡。

制粉条和面时，需要提前用少量淀粉、添加剂和热水制成黏度很高的流体胶状淀粉糊，制取淀粉面团所用淀粉稀糊的过程被称为打芡。打芡方法有手丁打芡和机械打芡。打芡的基本程序是先取少量淀粉调成乳，并加入添加剂，加开水边冲边搅，熟化为止。

① 如果是干淀粉，将干淀粉加入温水调成淀粉乳，加水量为淀粉的 1 倍左右；如果是湿淀粉，加水量为淀粉的 50%，水温以 55～60 ℃ 为宜，在 52 ℃ 时，淀粉开始吸水膨胀，60 ℃ 时开始糊化。如果调粉乳用水温度超过 60 ℃，会过早引起糊化，将使再加热水糊化成芡的过程受到影响。调粉乳所用容器应和芡的糊化是同一容器，一般用和面盆或和面缸。制芡前应先将开水倒入和面容器内预热 5～10 min，倒掉热水，再调淀粉乳，以免在下道工序时温度下降过快，影响糊化。在调淀粉乳时，将明矾提前研细，用开水化开，晾至 60 ℃ 时再加入制芡所需的淀粉。调淀粉乳的目的是让制芡的淀粉大颗粒提前吸水散开，为均匀制芡打好基础。

② 加开水糊化。若制 100 kg 芡，需开水 90 ~ 95 kg，加入 5 ~ 10 kg 淀粉。实际操作时，加水量应包括调粉乳时的用水，也就是在加开水时，应减去调粉乳的用水量。人工制芡时，一人执干净木棒，在盛有上述调好的淀粉乳的容器里，不停地朝同一方向搅动，另一人持盆或桶从沸水锅里起水，迅速倒入容器内，直到加水量达到要求为止。搅芡时手要稳，转速要快，以使粉乳稀释与受热均匀，迅速糊化。机械制芡时，先将调好的淀粉乳置于容器内，再开动机器，带动搅杠转动，将开水慢慢加入。无论人工制芡或机械制芡都要小心操作，防止芡溅出。

打芡质量要求：打好的芡，晶莹透明，劲大丝长，如用手指挑起，向空中一甩，可甩出 1 m多长的黏条而又不断。如果水温低，则芡糊化差，黏度降低；加水过多，芡稀黏性也差；加水少，芡流动性差，团聚淀粉能力也下降。芡制好后，盛入专用的盆内或缸内备用。

（4）和面。

和面过程实际上是用制成的芡，将淀粉黏结在一起，并揉搓均匀成面团的过程。和面的方法分人工和面和机械和面。

芡同淀粉和加水的比例：用干淀粉和面时，每 100 kg 干淀粉加芡量应为 20 ~ 25 kg，加水量为 60 ~ 65 kg；若用湿淀粉（含水量 35% ~ 38%）和面，加芡量为 10 ~ 15 kg，加水量为 15 ~ 20 kg。不论是人工还是机械和面，用湿粉或干粉和面，和好的面团含水率应为 52% ~ 55%。有些挤压式粉条加工，不打芡，把添加剂和温水溶在一起，直接和面，不过没有经用芡和面后加工的粉条质量好。不论哪种和面方法，各种添加剂都应在加水溶解后加入，但食用油是在和面时加入。

和面方法：先把淀粉置于盆内，再将芡倒入。用木棍搅动，边搅边加芡，芡量达到要求后，再搅一阵，用手反复翻搅、搓揉，直至和匀为止。机械和面的容器为和面盆或矮缸，开动机器将淀粉缓慢倒入盆内或缸内，并且不断地往里面加芡和淀粉，直到淀粉量和芡量达到要求为止。机械搅拌时，应将面团做圆周运动和上下翻搅运动，使面团柔软、均匀。

和面的要求：挤压式制粉条的要求是淀粉乳团表面柔软光滑，无结块，无淀粉硬粒，含水量控制在 53% ~ 55%。和好的面呈半固体半流体，有一定黏性，用手猛抓不粘手，手抓一把流线不断，粗细均匀，流速较快，垂直流速为 2 m/s。

（5）挤压成型。

电加热型挤压式粉条自熟机工作时，先将水浴夹层加满水，接通电源，预热约 20 min，拆下粉条机头上的筛板（又称粉镜），关闭节流阀，启动机器，从进料斗逐步加入浸湿了的废料或湿粉条，如无废料，则用 1 ~ 2 kg 干淀粉加水 30%，待机内发出微弱的鞭炮声，即预热完毕。待用来预热机器的粉料完全排出后，用少量食用油擦一下粉条机螺旋轴，装上筛板。再开动粉条机，从进料斗倒入和好的淀粉乳团，关闭出粉闸门 1 min 左右，让粉团充分熟化，再打开闸门，让熟粉团在螺旋轴的推力下，从钢制粉条筛板挤出成型。生产时要控制节流阀，始终保持粉丝既能熟化，又不夹生，使水保持沸腾状态。

用煤炉加热的，先将浴锅外壳置炉上，水浴夹层内加热水，再按上述方法生产。在生产过程中，要始终保持水浴夹层的水呈微沸状态，随时补充蒸发的水。机械摩擦自然升温的粉条机，先开机，待机械工作室发热后再将淀粉乳倒入进料斗内，这类粉条机不需打芡，将吊滤后的粉团（含水量 40% ~ 45%）捣碎掺入添加剂后直接投入机内可出粉条。还可将熟化后的粉头马上回炉作成粉条，减少浪费，提高成品率。

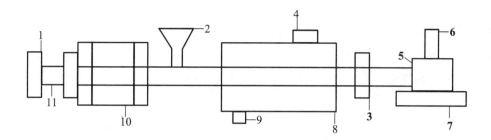

1-螺旋轴；2-进料口；3-电热器；4-加水口；5-三通；6-调节螺杆；
7-筛底；8-水箱；9-放水闸；10-轴承支架；11-皮带轮

（6）散热与剪切。

粉条从筛板中挤出来后，温度和黏度仍然很高，粉条会很快叠压黏结在一起，不利于散条。因此，在筛板下端应设置一个小型吹风机（也可用电风扇代替），使挤出的热粉条在风机的作用下迅速降温，散失热气，降低黏性。随着机械不停地工作，粉丝的长度不断增加，当达到一定长度时，要用剪刀迅速剪断放在竹箔上，由于此时粉条还没有完全冷却，粉条之间还容易粘连。因此，在剪切时不能用手紧握，应一手轻托粉条，另一手用刃薄而锋利的长刃剪刀剪断，亦可一人托粉，一人剪切。剪刀用前要蘸点水，切忌用手捏或提，避免粘连。注意切口要齐，每次剪取的长度要一致，以利晒干后包装。剪好的粉条放在干净的竹席上冷却，一同转入到冷却室内。

（7）冷却老化。

初挤压出来的粉条在机内经过糊化后，淀粉还未凝沉，韧性较差，必须经过冷却，否则引起断条。冷却老化有自然冷却和冷库冷却两种：

自然冷却老化：将粉条置于常温下放置，使其慢慢冷却，逐渐老化。晾粉室的温度控制在 15 ℃ 以下，一般晾 8~12 h。在自然冷却老化过程中，要避免其他物品挤压粉条或大量粉条叠压，以免粉条相互黏结。同时，要避免风吹日晒，以免表层粉条因失水过快而干结、揉搓时断条过多。粉条老化时间长，淀粉凝沉彻底，粉条耐煮，故一般应不低于 8 h。温度低时老化速度快，时间可短些；温度高时，老化速度慢，时间宜长些。

冷库冷却老化：把老化后的粉条连同竹箔移入冷库，分层置放于架上，控制冷库温度-10~-5 ℃，冷冻 8~10 h。

（8）搓粉散条。

老化好的粉条晒前应先进行解冻，环境温度大于 10 ℃ 时，可进行自然解冻；当环境温度低于 10 ℃ 时，用 15~20 ℃ 的水进行喷水（淋水）解冻。把老化的粉条搭在粉竿上，放入水中浸泡 10~20 min，用两手提粉竿在席上左右旋转，使粉条散开，对于个别地方仍粘连不开的，将粉条重新放入水中，用力搓开直至每根粉条都不相互粘连为止，也可以在浸泡水中加适量酸浆，以利于散条。散条后一些农户为使粉条增白防腐，将粉条挂入硫熏室内，用硫黄熏蒸，此法是不可取的。硫熏法的主要缺点：一是亚硫酸的脱色增白只作用于粉条表层，约 15 d 后随时间推移，脱色效果会逐渐减退，直至现出原色；二是粉条中残留的有害物质严重超标，人们食用这种粉条多了会引起呼吸道疾病。在原料选择时，如果提前选用的就是精白淀粉或对原料淀粉进行净化，这时根本不需再用硫黄熏，以尽量减少对粉条不必要的污染。

（9）干燥。

粉条干燥有自然干燥、烘房干燥和隧道风干三种。当前，我国多数加工厂家和绝大多数加工的农户采用的是自然干燥，其优点是节约电能，减少成本。

自然干燥：要求选在空气流通、地面干净、四周无污染源的地方，晒场地要清扫干净，下面铺席或塑料薄膜，以免掉下的碎粉遭受泥土污染。切忌在公路附近、烟尘多的地方晒粉，以免污染物料。天气适宜，搭建粉架，挂晾粉竿的方向应与风的方向垂直，初挂上粉架以控水散湿为主，不要轻易乱动，因为此时粉条韧性最差，容易折断，避免碎粉过多。20 min后，轻轻将粉条摊开，占满粉竿空余位置，便于粉条间通风。晾至四五成干时，将并条粉和下面的粉条结轻轻揉搓松动使其分离散开；晾至七成干时，将粉竿取下换方向，将迎风面换成背风面，使粉条干燥均匀，直至粉条中的水分降到14%以下即可打捆包装。

二、马铃薯精白粉丝

（1）选料。选用淀粉含量高、无腐烂的马铃薯。一般每5~6 kg鲜薯，可加工1 kg精白淀粉或粉丝。

（2）洗薯。将鲜薯直接倒入洗薯机料斗，开动机器供水，通过机器搅拌冲洗、输送，自动进入磨浆分离机。

（3）磨浆。通过磨浆分离机将鲜薯粉碎，再冲洗过滤，使薯中的淀粉充分洗脱出来。

（4）脱色。将食用脱色剂1号加入淀粉乳中，加水，用1 000目过滤机过滤一次，沉淀，去水，起粉，再加水搅匀，用140目筛网过滤，沉淀后起粉，即得精白淀粉。

（5）成型。取适量的水和淀粉倒入和面机中，再加耐煮剂搅匀；然后将和好的面剂倒入开动的粉丝中，使粉丝成型。

（6）晾晒。将成型的粉丝摊晾在阴凉处，避免阳光直射和风吹。摊5~8 h后，即可开粉上架晾晒。晾晒至含水量为16%时，即可收粉，包装后即为成品。

三、马铃薯鱼肉粉丝

马铃薯鱼肉粉丝是一种以鱼和马铃薯淀粉为主要原料经调配、混合、熟化和成型等工序加工而成的粉丝。产品的特点是含矿物质较多，营养丰富，食用方便快捷。

1. 工艺流程

鱼的预备处理→配料→熟化成型→冷冻开条→烘干→包装→成品。

2. 操作要点

（1）原料要求。选用质量较好、洁白、干净的马铃薯淀粉；鲢鱼或草鱼要求鲜活，每尾重2 kg左右。冲洗干净鱼的外表，剖去内脏、鳃鳞。把鱼切成块状，连鱼皮、鱼骨破碎，再经胶体磨把鱼浆里大颗粒肉、骨磨碎，以便更好地与马铃薯淀粉混合均匀，使鱼粉丝不易断条。

（2）配料。鱼浆用量为马铃薯淀粉的30%~40%，加入3%~5%的明矾、少许食盐和食用油，再加入与马铃薯淀粉等量的水混合，调成糊状备用。

（3）熟化成型。将调好的鱼淀粉糊加入粉丝成型机中，经机内熟化、成型后便得到鱼肉粉丝。用接粉板接着放入晒垫中冷却至室温。

（4）冷冻开条。将冷却至室温的鱼肉粉丝放入冷冻机中在-5 ℃的温度条件下冷冻4~8 h，取出鱼肉粉丝放入冷水中解冻开条。

（5）烘干。开条后的鱼肉粉丝放在40~60 ℃的烘箱里热风干燥或在室外晒干至含水量为15%左右。注意干燥不能过快，否则鱼肉粉丝外表发干，而内部水分还没有蒸发掉，导致容易断条。

（6）包装。把干燥后的鱼肉粉丝放在地上或晒垫上让其回潮几小时后再打扎，以免太干断条。打扎时以每根长60 cm、粗0.1 cm为最佳，100 g为一扎。用塑料袋装好即为成品。

四、蘑菇-马铃薯粉丝

从马铃薯中提取淀粉，然后选用优质的蘑菇，用水洗净，晾干后选用干净干蘑菇粉，过筛，得到蘑菇粉，接着将准备好的淀粉、水、干蘑菇粉等生产原料、辅料按比例混合，加入水进行搅拌，然后将粉丝机通电加热，将水箱内的水加热到95 ℃左右，再把和好的淀粉倒入粉丝机的斗中开始生产。当粉丝从粉丝机中出来后，让其达到一定长度，并经过出口风扇吹晾后再用剪刀将其剪断，平放在事先准备好的竹席上，于阴凉处静置6~8 h，然后稍洒些凉水或热水，略加揉搓，晾晒至干后为蘑菇-马铃薯粉丝。

五、无冷冻马铃薯粉丝

1. 原料配方
马铃薯淀粉、明矾。

2. 工艺流程
马铃薯淀粉→打芡→和面→漏粉→冷漂→晾晒→包装→成品。

3. 操作要点

（1）将少量马铃薯湿淀粉用50 ℃水调成稀糊状（淀粉和水比例为1∶2），再加入少量沸水使其升温，然后用大量沸水猛冲，并用木棍或竹竿不断搅拌，也可用搅拌机器搅拌约10 min，粉糊被搅拌成透明的糊状体，即为粉芡。

（2）待粉芡稍冷后，加入0.5%的明矾（配成水溶液）和其余的马铃薯淀粉，利用和面机进行搅拌，将其揉成均匀细腻、无疙瘩、不粘手、能拉成丝状的软面团。粉芡的用量占和面的比例：冬季为5%，春、夏、秋季为4%左右，和面温度以30 ℃左右为宜，和成的面团含水量在48%~50%。

（3）将锅中水温加热至97~98 ℃后，将和好的面团放入漏粉机的漏瓢内，漏瓢距水面55~65 cm，开动漏粉机，借助于机械的挤压装置使面团通过漏瓢的孔眼不间断地被拉成粉丝落入锅内热水中凝固，待粉丝浮出水面时，随即捞入冷水缸内进行冷却。漏粉过程中应勤加面团，使面团始终占漏瓢容积的2/3以上，以确保粉粗细均匀，外观好看。

（4）粉丝从锅中捞出，放入冷水缸内进行冷却，以增加粉丝的弹性。粉丝冷却后用小竹竿卷成捆，放入加有5%~10%酸浆的清水中浸泡3~4 min，捞起晾透。再用清冰浸漂一次。酸浆的作用是漂去粉丝上的色素和降低黏性，增加粉丝的光滑感。

（5）浸漂好的粉丝，送至晒场挂晒或晒杆上晾晒，随晒随抖开。当粉丝晾晒到快干而又未干时（含水量为 13%~15%），即可入库包装，然后继续干燥后即为成品。

六、马铃薯方便粉丝

方便粉丝要求直径在 1 mm 以下，并能抑制淀粉返生，使粉丝具有较好的复水性，满足方便食品的即食要求。

1. 工艺流程

马铃薯淀粉→打芡→和面→制粉→老化→松丝→干燥→包装→成品。

2. 操作要点

（1）为了改变传统粉丝的生产方法，即在和面时加入占原淀粉质量 0.1% 的聚丙烯酸酯，既可增稠，使粉料均匀，又可增强粉丝筋力。制成的粉丝久煮不断，效果好，可达到传统方法生产的产品品质。

（2）在传统工艺中，原料淀粉加入芡糊后用手或低转速和面机搅拌和面。采用高转速（600 r/min）搅拌机，不用加芡糊或聚丙烯酸酯，可直接和面。其方法是：

按原料淀粉质量加 0.5% 食用油、0.5% 食盐和 0.3% 单甘酯乳化剂类物质，并用乳化剂乳化食用油。先将原料淀粉及食盐装入机后加盖、开机，再将经乳化后的食用油、水从机体外的进水漏斗中加入，粉料中的含水量约为 400 克/kg。每次和面仅需 10 min，而且和好的面为半干半湿的块状，手握成团，落地不散。但采用此工艺和面须配合使用双筒自熟式粉丝机，不宜采用单筒自熟式粉丝机。

（3）采用传统工艺方法制约了方便粉丝生产的连续化、机械化，也无法达到即食方便食品的卫生要求，而且耗能大，次品、废品多。为此，专门设计、定制了一套粉丝熟化、切断、吊挂、老化、松丝系统的设备。其粉丝从机头挤出后由电风扇快速降温散热，下落至一定长度时，经回转式切刀切断，再由不锈钢棒自动对折挑起，悬挂于传送链条上，缓慢输送并进行适度老化，至装有电风扇处，由 3 台强力扇吹风，在 20 min 内将粉丝吹散、松丝。松丝后的粉丝只需在 40 ℃ 的电热风干燥箱内吊挂烘干 1 h，便可将粉丝中的含水量降到 110 g/kg 以下。出箱冷却包装，即为成品。

七、马铃薯粉皮

粉皮是淀粉制品的一种，其特点是薄而脆，烹调后有韧性，具有特殊风味，不但可配制酒宴凉菜，也可配菜作汤，物美价廉，食用方便。粉皮的加工方法较简单，适合于土法生产和机器加工。所采用的原料是淀粉和明矾及其他添加剂制成的产品。

（一）圆形粉皮

圆形粉皮是我国流传下来的作坊粉皮制品，优点是加工工艺简单，适合小型作坊加工；缺点则是劳动强度较大，工作环境较差，不适合批量生产。

1. 工艺流程

马铃薯淀粉→调糊→成型→冷却→漂白→干燥→包装→成品。

2.操作要点

（1）调糊。取含水量为 45%～50% 的湿淀粉或小于 13% 的干淀粉，用干淀粉量 2.5～3.0 倍的冷水慢慢加入，并不断搅拌成稀糊，加入明矾水（明矾 300 g/100 kg 淀粉），搅拌均匀，调至无粒块为止。

（2）成型。量取调成的粉糊 60g 左右，放入旋盘内，旋盘为铜或白铁皮制成的直径约 20cm 的浅圆盘，底部略微外凸。先在盘内表面刷上一层薄薄的植物油（以便粉皮成片撕下），将粉糊加入后，即将盘浮于锅中的开水上面，并拨动使之旋转，使粉糊受到离心力的作用随之由底盘中心向四周均匀地摊开，同时受热而按旋盘底部的形状和大小糊化成型。待粉糊中心没有白点时，粉皮呈半透明且充分熟透时拿出，即可连盘取出，置于清水中，冷却片刻后再将成型的粉皮脱出放在清水中冷却，粉皮的直径控制在 200～215 mm。在成型操作时，调粉缸中的粉糊需要不时地搅动，使稀稠均匀。成型是加工粉皮的关键，必须动作敏捷、熟练，浇糊量稳定，旋转用力均匀，才能保证粉皮厚薄一致。

（3）冷却。粉皮成熟后，可取出放入冷水缸内，浮旋冷却，冷却后捞起，沥去浮水。

（4）漂白。将制成的湿粉皮，放入醋浆中漂白，也可加入适量的亚硫酸漂白。漂白后捞出，再用清水漂洗干净。

（5）干燥。把漂白、洗净的粉皮摊到竹匾上，放到通风干燥处晾干或晒干。要求粉皮的水分含量不超过 12%；干燥、无湿块、不生、不烂、完整不碎为宜。

（6）包装。待粉皮晾干后，再略经回软后叠放到一起，即可包装上市。

（二）机制粉皮

机制粉皮不仅提高了生产效率，改善了劳动环境，还改变了粉皮形态，提高了产品质量，是淀粉制品的一次技术革命。

（1）调糊。取含水量为 45%～50% 的湿淀粉或小于 13% 的干淀粉（马铃薯淀粉、甘薯淀粉各 50%），加入黏度较高的甘薯淀粉（占总粉量的 4%）。用 95 ℃ 的热水打成一定稠度的熟糊，40 目滤网过滤后加入淀粉中，再用干淀粉质量的 1.5～2 倍的温水慢慢加入，并不断搅拌成糊，加入明矾水（明矾 300 g/100 kg 淀粉）、食盐水（食盐 150 g/100 kg 淀粉）搅拌均匀，调至无粒块为止。将制备好的淀粉糊置于均质桶中待用。

（2）定型。机制粉皮的成型是利用一环形金属带，淀粉糊由均质桶流入漏斗槽（木质结构槽宽 350～400 mm），进入运动中的金属带上（粉皮的厚薄可调整带速和漏斗槽处的金属带的倾斜角度），淀粉糊附在金属带上进入蒸箱（用金属管组成的加热箱，可利用蒸汽或烟道加热使水升温至 90～95 ℃ 成型，水温不能低于 90 ℃，以免影响粉皮的产量和质量，但温度不能过高，否则将使金属带上的粉皮起泡，影响粉皮的成型。

（3）冷却。采用循环的冷水，利用多孔管（管径为 10 mm，孔径为 1 mm）将水喷在金属带粉皮的另一面上，起到对粉皮的冷却作用（从金属带上回流的水由水箱流出，冷却后循环使用）。冷却后的湿粉皮与金属带间形成相对的位移，利用刮刀将湿粉皮与金属带分离进入干燥的金属网带。为了防止粉皮粘在金属带上，需利用油盒向金属带上涂少量的食用油。

（4）烘干。湿粉皮的烘干是利用一定长度的烘箱（20～25 m）、多层不锈钢网带（3～4 层，带速同金属带基本同步），利用干燥的热气（125～150 ℃，采用散热器提供热源），通过匀风板均匀地将粉皮烘干，水分控制在 14% 以下。由于网带的叠置使粉皮在干燥中不易变形。

（5）切条。粉皮在烘箱中烘至八成干时（在第三层），其表面黏度降低，韧性增加，具有柔性，易于切条。可利用组合切刀（两组合或四组合），根据粉皮的宽窄要求，以不同速度切条，速度高为窄条，速度低为宽条，切条后的粉皮进入烘箱外的最后一层网带冷却。粉皮机的传动均采用磁力调速电机带动，可根据产量和蒸箱、烘箱的温度高低控制金属带和不锈钢网带以及切刀的速度。

（6）成品包装。将冷却后的粉皮，按照外形的整齐程度、色泽好坏，分等包装。

第三章　马铃薯面食品加工技术

目前，中国马铃薯面积和产量均位居世界首位，约占全球的 1/4。马铃薯具有热量较低，营养全面，蛋白中含有多种人体必需氨基酸，膳食纤维含量高等特点，其营养成分能够适应现代居民对消费的新需求、新期待。随着我国"马铃薯主粮化战略"的提出，马铃薯有望作为我国三大主粮的补充，成为继大米、小麦、玉米之后的第四大主粮作物，实现其由副食消费向主食消费的转变。

马铃薯面食主要是以马铃薯全粉与小麦粉或大米粉按照一定的比例加工制成的产品。一类是居民"一日三餐"的主食产品，主要是以小麦面粉、稻米米粉等与马铃薯全粉、生粉、湿粉等不同比例混配，加工形成的马铃薯馒头、面条、米线等；另一类是居民"即时即食"的休闲及功能型产品，如小麦面粉、稻米米粉等与马铃薯泥、全粉不同比例混配，再添加蛋类或肉类等材料，研发出蛋糕、面包、饼干、月饼以及猪肉饼等多种产品等。通过集中研发传统大众型、地域特色型和休闲功能型产品，为马铃薯面食类产品奠定坚实的基础，供居民长期使用。

第一节　马铃薯主食类

一、马铃薯面条

面条是人们日常生活中的主要食品，在我国北部、中部以及西南的食品结构中占有重要的地位。随着人们生活水平的提高，消费观念也在发生变化，消费者更加注重保健性、功能性和营养性的食品。马铃薯营养成分丰富，含多糖、维生素、矿物质等营养物质，是一种不可或缺的食品原料。利用马铃薯为原料加工制成的面条，不仅清香可口，适合各个年龄段人群，而且原料来源丰富，价格低廉，工艺也比较简单，是一种新型营养面食。马铃薯面条的加工生产也符合我国马铃薯由副食消费向主食消费转变、由原料产品向产业化系列制成品转变。

1. 工艺流程

（1）薯泥的制作工艺：

马铃薯→清洗→蒸煮→自然冷却→去皮→称重→马铃薯泥冷藏备用；

（2）马铃薯面条的制作工艺：

马铃薯泥、面粉、谷朊粉、食用碱、食盐→复配→称重→和面→醒发→压延→切条、切断→保鲜包装（速冻或干燥包装）→成品面条。

2. 操作要点

（1）马铃薯预处理。挑选新鲜、无病害的马铃薯原料，用清水冲洗表面的泥土，沥干水分，称重备用。

（2）蒸煮。将处理过的马铃薯放入锅内，加水蒸煮 30～60 min。

（3）打浆。经过蒸煮的马铃薯冷却去皮后称重，然后制成马铃薯泥，冷藏备用。

（4）和面。马铃薯泥和面粉以一定的比例混合，加入 2.1%谷朊粉、0.45%食盐、0.064%食用碱。和面搅拌成面絮，手握时成团、松开后散开即可（面团感官上要求干潮适当），面絮颗粒直径约在 5 mm。在马铃薯面条制作过程中，食用盐和食用碱都是常添加的辅料物质：食用盐溶于水后主要以钠、氯离子形式存在，两种离子会分布在面团中的面筋蛋白质周围，增加其吸水性能，使面筋蛋白形成稳定的面筋网络结构；而食用碱能改善面条的颜色和口感，两者都能增加面条的韧性和弹性，在烹煮时降低面条的断条率和损失率。

（5）压延。将和面处理后的面团用电动压面机压延成面带，面带表面要求均匀光滑。

（6）切面。将面带用切刀均匀切成宽 10 mm、厚 0.5 mm 的长面条。

（7）保鲜包装。将马铃薯面条速冻或干制，从而利于产品的储藏和销售。

二、马铃薯馒头

马铃薯馒头是将马铃薯薯泥与小麦粉混合制成的产品。其产品不仅外观较好、不粘牙、韧性和口感适宜，而且具有抗氧化、抗衰老的功能。马铃薯营养全面，通过实现马铃薯主食化的项目，来改善居民膳食营养，而马铃薯馒头作为最主要的主食开发形式之一，符合中国国民特色的主食食品。

1. 工艺流程

马铃薯清洗→去皮制泥→和面→压面成型→醒发→蒸煮→冷却→成品。

2. 操作要点

（1）预处理。将马铃薯洗净去皮后浸入水中防止发生褐变，切成 1～1.5 cm 厚的薄片，并将其蒸熟，蒸煮时间为 30～40 min；将蒸熟的马铃薯制成薯泥。

（2）和面。将小麦粉、马铃薯薯泥、糖、盐、酵母与水搅拌均匀，和面采用和面机进行，其转速为 200 r/min、时间为 20 min。

（3）压面成型。将和好的面团在压面机上对折挤压 8～12 次，压面成型，直至表面光滑，并揉搓成型后进行分割。

（4）醒发。将成型的馒头在发酵箱中进行发酵，发酵温度 35～45 ℃，湿度为 70%，醒发时间为 30～40 min，获得发酵好的面团。

（6）蒸煮。发酵好的面团在蒸锅中蒸熟，蒸煮时间为 20～30 min，冷却后即得馒头成品。

三、马铃薯方便面

1. 工艺流程

马铃薯全粉→和面→压延→蒸煮→冷却→成品。

2. 操作要点

（1）全粉的制作。选择优质马铃薯用清水洗净去皮，然后用盐水浸泡。浸泡好以后，切成薄片，并加入护色液对马铃薯进行颜色保护。接着把马铃薯蒸煮，捣烂成泥，再进行干燥，使之成为马铃薯全粉。

（2）和面。将面粉和马铃薯全粉按照 35：65 比例充分混合均匀后，添加剂为食盐 2%、谷朊粉 5%、复合磷酸盐 0.3%、食用碱 0.15%、褐藻酸钠 0.3%，加入调配好的添加剂浆液适量，搅拌成面絮，使面絮颗粒直径约为 5 mm，进行密封，在 30 ℃下静置 20 min。

（3）压延。熟化后的面絮，用电动压面机，先在 1 mm 轨距处压延 1 次，然后将面折叠成 3 或 4 层后，在 3.5 mm 轨距下再反复压延 6~7 次，重复上述步骤，最后用刀切成 2 mm 宽、0.7 mm 厚的长面条。

（4）蒸煮。接着在常压下蒸熟，蒸煮时间为 4~5 min，糊化程度为 8.5% 以上，再放在 70~80 ℃的热风干燥箱中进行干燥。

（5）成品。最后通过冷却和包装，制成马铃薯方便面产品。

四、马铃薯干脆面

1. 制作工艺

原料、配料→混合→和面→熟化→轧片→切条→蒸煮→冷却→油炸→自然冷却→包装→成品。

2. 操作要点

（1）和面。称取 1 500 g 面粉放入和面机中，将盐水均匀倒入和面机中（加水 30%，加盐量 1.5%），和面 15 min（先低速和面 1 min，再高速和面 13 min，最后低速和面 1 min）。

（2）熟化。将和好的面絮在 25 ℃ 条件下熟化 20 min，使面絮充分吸水，形成良好的面筋网络结构。熟化时要用保鲜袋盖住面絮，防止面絮内水分过度蒸发。

（3）压片和切条。熟化好的面团用小型压面机压成 1 mm 厚的光滑薄片，然后切成光滑、无并条、波纹整齐、长短适宜的面条。

（4）蒸面。将成型的面条放入蒸面机中，温度 100 ℃，蒸煮时间为 2 min。

（5）油炸。装盒进行油炸，油炸后的干脆面自然冷却放置 8 h，即可包装为成品。

五、马铃薯人造米

马铃薯、甘薯、小麦、高粱及碎米等杂粮，可以加工成"人造米"，其形状和食味均可与天然大米媲美。

1. 原料配方

马铃薯淀粉 40%，面粉 40%，碎米粉 20%，并可根据需要加入营养强化剂。

2. 工艺流程

原料→混合→轧片→制粒→分离→筛选→蒸煮成型→烘干→冷却→成品。

3. 操作要点

（1）原料混合。按配比将原料用器皿混合，加入适量温水及食盐（10.2%），使面团含水量为35%~37%。混合和面时可加入适量维生素 B、钙和赖氨酸。

（2）轧片制粒。面团和好后，用辊筒式压面机轧成宽面带，接着送入具有米粒凹模的制粒机中，压制成粒。

（3）分离筛选。制粒后，用分离机和筛选机将米粒和粉状物分离开。米粒送去蒸煮成型，粉状物送回混合。

（4）蒸煮成型。将含水量 40%的米粒送入蒸煮设备，使米粒通过蒸汽蒸 3~5 min，表层淀粉糊状形成保护膜，稳定米形状。蒸煮为连续作业。

（5）烘干。将成型的米粒，送入烘干机内烘干。在缓慢冷却过程中，让水分继续蒸发，把人造米水分控制在 11%~11.5%，即为成品。

4. 食用方法

人造米可单独蒸食，也可加入 20%大米同煮，将人造米加入水稍泡一会儿，沥水后再加适量水煮 15 min 即成干饭。

六、马铃薯栲栳

栲栳为食界一绝，是山西人的主食之一，传统方法为手工制作，其原料为北方莜面，经手艺高超的加工者手工推卷成面筒，整齐地排在笼上，它薄如纸，柔如绸，食之筋。在传统工艺制作的基础上糅合马铃薯粉，并用加工机械制作成的栲栳，不但口感更趋完美，而且保质期长，食用方便。相信这一地方特色食品会尽快走向全国市场。

1. 工艺流程

和面→制馅→压片→包馅→卷筒→蒸制→包装→成品。

2. 操作要点

（1）和面。将马铃薯全粉和莜麦粉按比例加入适量沸水，在和面机中迅速搅拌，调制成软硬适度的面团。

（2）制馅。精选无脂羊肉，在绞肉机中绞成肉泥，再加入适量的葱、姜、蒜、盐、五香粉等调料，在锅中微炒。

（3）压片。在滚压式压片机中，趁热将面团压成薄片，再切成长方形片状。

（4）包馅。在片上均匀涂上羊肉馅，然后一边折起卷成圆筒状。

（5）蒸制。把卷成筒状的栲栳，竖立放在蒸笼中蒸 20 min 左右。

（6）包装。蒸熟后趁热装入保鲜盒内，封口要严，常温下保质期为 1 周，冷藏可达 2 月之久。

七、马铃薯清真烤饼

清真烤饼是我国西北地区广受欢迎的传统风味面食。通过开发马铃薯清真烤饼不仅丰富了我国的传统主食文化，保障了粮食安全，同时提升了传统主食的营养价值，优化了国民膳食结构。

1. 工艺流程

采用二次和面、二次醒发生产工艺：

主辅料→称量→过筛→第一次和面→发酵→加小苏打→第二次和面→切块→整形→醒发→装模（盘）→烘烤→冷却→出模→成品。

2. 操作要点

（1）调制。按配方用量称量取各种主辅料。将马铃薯全粉、小麦粉按3∶7比例混合，过筛；面肥中加少量温水，于35 ℃下活化15～20 min；鸡蛋用打蛋机搅成蛋液；白砂糖、小苏打用热水溶解。

（2）第一次和面。投入马铃薯全粉和小麦粉混合粉、面肥及35 ℃左右温水于和面机中搅拌混合，然后加入适量白砂糖溶液、蛋液、植物油，和面15～20 min，直至形成光滑面团。拌料时应先拌固态物料，然后加入液体物料。

（3）发酵。将和好的面团放入醒发箱，保持温度35 ℃，发酵时间为120 min。

（4）第二次和面。发酵好的面团中加入小苏打溶液，于和面机中搅拌5～10 min。加入小苏打可中和面肥中酵母菌发酵产生的酸味。

（5）整形。将和好的面团在室温下静置5～10 min后切成质量600 g的面坯，揉制擀压成2 cm厚圆饼状，表面刷油撒上少量芝麻，金属盘涂油放入面饼，醒发箱中醒发20～30 min。

（6）烘烤。从醒发箱中取出面饼放入电饼铛中烘烤。烘烤面火温度230 ℃，底火温度210 ℃，烘烤10～20 min颜色金黄即可。出模后室温自然冷却。

第二节　马铃薯糕点类

一、马铃薯全粉面包

马铃薯全粉面包是指将5%～15%的马铃薯全粉掺入面粉制成面包产品。在面包制作过程中添加一定量的马铃薯全粉可以有效改善面包的烘焙品质，因为面包品质与面粉中面筋蛋白的含量有很大关系，它加快了酵母的活化速度，增加了面团涨发力，改善了加工工艺性能，增加了面包体积、白度及含水量，口感柔软，延长了保鲜期。

1. 工艺流程

原料、配料→调制→静置→整形→发酵→醒发→烘烤→冷却→成品。

2. 操作要点

（1）调制。在干酵母中加少量温水，于35 ℃下活化15～20 min；白砂糖、食盐先用热水溶解；15%的马铃薯全粉和面粉过筛；鸡蛋打散。将固态物料加入搅拌机，缓慢搅拌，然后加入酵母、鸡蛋、白糖、食盐等液体物料，快速搅拌。待面筋初步形成后，最后才拌入起酥油，揉面 15～20 min，此时面团细腻、延展性较好。

（2）静置。面团放入醒发箱，于 27 ℃、相对湿度为 75%的条件下静置。温度过低，则发酵慢，保气能力变差，组织粗糙；温度过高，易生杂菌，发酸，风味不佳，面团颜色深。

（3）整形。利用手工或活塞式分割机将发酵好的面团坯切割、成型，揉成面包形状。

（4）发酵。把面坯放入烘箱，保持温度 32～38 ℃，并在箱内放置热水，相对湿度保持在85%，通常发酵时间为 1 h 左右。若温度过高，则引起面团温度不均匀，产生的蜂窝不匀，使产品香味恶化，不利于保存；若温度过低，发酵时间需要延长，可能导致蜂窝粗糙；若湿度过低，面团表面则形成一层皮，妨碍面团膨胀，使面团体积小，产生裂纹；若湿度过高，将导致水分凝结，造成产品水泡。因此，需要掌握成熟的工艺条件，严格发酵的温度和湿度。

（5）烘烤。烘烤要注意上、下火的温度，开始的时候上火要低、下火高，这样有利于面包的膨胀。整个过程如下：开始时上火 120 ℃、下火 190 ℃，时间 6 min，然后将上火加到200 ℃，上色后烘烤 1～2 min。

（6）冷却和包装。将冷却后的面包包装，即为成品。

3. 产品特点

添加马铃薯全粉制作面包，使面包的感观品质提高，其突出优势表现在面包的风味和口感上，即面包松软、爽口、不粘牙、有弹性，马铃薯香味和面包香协调一致，清爽怡人。

二、马铃薯保健面包

1. 原料配方

高筋面粉 100 kg，绵白糖 20 kg，黄奶油 20 kg，鸡蛋 20 kg，马铃薯 15 kg，酵母 1.5 kg，面包添加剂 0.3 kg，水 40 L，精盐 2 kg。

2. 工艺流程

原料选择→原辅料预处理→面团调制→发酵→压面→分割、搓圆→静置→成型→醒发→烘烤→出炉→冷却→包装→成品。

3. 操作要点

（1）原料选择。注意选用优质、无杂、无虫、合乎等级要求的原辅料。

（2）马铃薯液的制备。将马铃薯利用清水清洗干净，然后煮熟去皮，研成马铃薯泥（煮马铃薯的水留下备用），取马铃薯泥、煮马铃薯水配制成一定浓度的马铃薯溶液，备用。

（3）原辅料预处理。将面粉过筛，备用；酵母、面包添加剂、白糖、精盐分别用温水溶化备用；鸡蛋打散备用。

（4）面团调制。先将面粉倒入食品搅拌机内，进行慢速搅拌，再加入马铃薯溶液、鸡蛋及酵母、面包添加剂、白糖、精盐的溶解液，之后，进行快速搅拌，待面筋初步形成后，加入黄奶油搅。

（5）发酵。发酵的理想条件是温度 27 ℃，相对湿度 75%。温度过低，则发酵慢，保气能力变差，组织粗糙，表皮厚，易起泡；温度过高，则易生杂菌，发酸，风味不佳，颗粒大，表皮颜色深。

（6）压面。压面是利用机械压力使面团组织重排、面筋重组的过程，以使面团结构均匀一致，气体排放彻底，弹性和延伸性达到最佳，更柔软，易于操作。制成后的成品组织细腻，颗粒小，气孔细，表皮光滑，颜色均匀。若压面不足，则面包表皮不光滑，有斑点，组织粗糙，气孔大；若压面过度，则面筋损伤断裂，面团发黏，不易成型，面包体积小。

（7）分割、成型。分割、成型工序坚持一个字："快"，以减少水分散失，并使室温适中。应注意的一点是分割后的小面团要进行称量，以保证最终面包的质量。

（8）醒发。将成型好的面包坯放入烤盘中，一起送入提前调好的温度为 38 ℃、相对湿度为 85%的面包醒发箱中，醒发 1 h 左右。若醒发温度过高，则水分蒸发太快，造成表面结皮；温度过低，则醒发时间长，内部颗粒大，入炉时面团下陷。湿度过高，则表皮起泡，颜色深；湿度过低，则表皮厚，颜色浅，体积小。

（9）烘烤。将醒发好的面包坯放入提前预热好的面火为 190 ℃、底火为 230 ℃的烤箱中进行烘烤，烤至表面焦黄色时出炉。若烘烤温度过高，则面包表皮形成过早，限制了面团膨胀，体积小，表皮易起泡，烘烤不均匀（外熟内生）；温度过低，则表皮厚，颜色浅，内部组织粗糙，颗粒大。

（10）冷却。烘烤结束后将面包出炉，趁热在表面刷上一层植物油，然后进行冷却，产品经过冷却、包装即为成品。

4. 质量要求

（1）感官指标。

滋味与气味：口感柔软，具有面包的特殊风味；

组织状态：内部色泽洁白，组织蓬松细腻，气孔均匀，弹性好；

色泽：金黄色或淡棕色，表面光滑有光泽。

（2）理化指标。比容≥3.4mL/g，水分含量 35% ~ 46%。

（3）微生物指标。细菌总数≤750 个/g，大肠菌群≤40 个/g，致病菌不得检出。

三、马铃薯米醋强化面包

马铃薯米醋强化面包是以马铃薯代替部分淀粉，以功能性卵磷脂为强化剂，在配料中添加米醋，生产适合儿童生长和发育的低脂、高营养、多功能、保质期长的儿童方便面包。它既改善了面包的结构和保质期，又开发利用了我国丰富的马铃薯资源，强化了儿童身体生长发育所必需的营养成分。

1. 原料配方

面包粉 380 g，马铃薯 75 g，绵白糖 60 g，盐 4 g，鸡蛋 1 个，油 30 g，酵母 4 g，面包添加剂 1.5 g，卵磷脂、米醋、水适量。

2. 工艺流程

（1）米醋的制备：

糯米→清洗→浸泡→蒸煮→冷却→混合→酒精发酵→压滤→酒液稀释→接种→醋酸发酵

→陈酿→灭菌→米醋；

（2）马铃薯泥的制备：

新鲜马铃薯→选料→洗涤→剥皮→切片→浸泡→蒸煮→马铃薯泥；

（3）面包的制备：

鸡蛋、糖、米醋、卵磷脂、面包添加剂→加水调配→混合→搅拌→面坯→静置→整形→发酵→烘烤→冷却→成品。

3．操作要点

（1）米醋的制备。

精白米用水洗净后，在水中浸泡 20 h，捞出后放在锅中蒸煮，常压下蒸 30 min 左右，使米粒松软熟透。冷却至 35～38 ℃后接入酒曲，置培养室培养发酵，在糖化的同时还进行酒精发酵。在 28～30 ℃下经过 30 天的酒精发酵后，得到酒醪，乙醇含量为 16%～18%。然后挤压出酒糟，分离酒液。将酒液用水稀释至酒精含量为 8% 左右，达到醋酸菌的发酵浓度，再将醋酸菌菌种接入酒液，进行醋酸发酵。醋酸发酵结束后，进行陈酿、杀菌后制得所需米醋产品。最后所得米醋的氨基酸含量在 250 mg/L 以上，可溶固形物为 2.5%。由于米醋酿造阶段加入了多种微生物，如米曲霉、乳酸菌、酵母菌、醋酸菌等，通过代谢产生多种营养物质，如维生素 V_{B1}、V_{B2}、V_{B6}、V_{B12}，泛酸、烟酸、烟酰胺、叶酸、肽、肌醇、胆碱和生物素等，这些营养素在面包中具有极为重要的作用。

（2）马铃薯泥的制备。

① 选料。选择优质马铃薯，无青皮、无病虫害、大小均匀。禁止使用发芽或发绿的马铃薯，因为马铃薯含有茄科植物共有的茄碱苷，主要集中在薯皮和萌芽中。马铃薯受光发绿或萌芽后，产生大量的茄碱苷，超过正常含量的十几倍以上，茄碱苷在酶或酸的作用下可生成龙葵碱和鼠李糖，这两种物质是对人体有害的毒性物质。因而当马铃薯发芽或发绿时，必须将发绿或发芽部分削除，或者整个剔出。

② 切片。将马铃薯切成 1.5 cm 左右的薄片。

③ 浸泡。切片后，立即将马铃薯薄片投入到 3% 柠檬酸和 0.2% 抗坏血酸溶液或亚硫酸溶液中，因为去皮后马铃薯易发生褐变，浸泡处理可避免马铃薯片在加工过程中褐变。

④ 蒸煮。常压下用蒸汽蒸煮 30 min 左右。

⑤ 捣烂。蒸煮后稍冷却片刻，用搅拌机搅成马铃薯泥。

（3）面包的制备。

将面粉和酵母混合均匀后，倒入搅拌机中，与制备好的马铃薯泥搅拌均匀。将糖、鸡蛋、米醋、面包添加剂、卵磷脂等加 30 ℃ 的温水调匀，投入搅拌机继续搅拌。在面坯中面筋尚未充分形成时，加入色拉油继续搅拌。当面团不黏手，手拉面团有很大弹性时，加入精盐再搅拌 15 min 即可。从搅拌机中取出已经揉好的面团，静置，将面团分割成 100 g 左右的生坯，揉圆入模，在 38 ℃、相对湿度 85% 以上的恒温恒湿箱中发酵 2.5 h，送入远红外烘箱 198 ℃ 烘烤约 10 min。

4．产品质量

马铃薯米醋强化面包表面呈金黄色，均匀一致，无斑点，无发白现象，瓤呈淡黄色，有光泽；具有较浓郁的烘烤香味；松软适口，不酸不黏，不牙碜，无异味；细腻有弹性，切面气孔大小均匀一致，纹理结构清晰；具有马铃薯固有的风味，无异味、无霉味、无酸味。

四、马铃薯蛋糕

马铃薯蛋糕是将马铃薯全粉添加到蛋糕原料中制成的产品，不仅能提高蛋糕的营养价值，丰富蛋糕的花色品种，还能增加马铃薯的附加值。

1. 原料配方

鸡蛋 90 kg，低筋面粉 25 kg，白砂糖 20 kg，水 15 kg，油 10 kg，食盐 0.5 kg，泡打粉 0.25 kg，塔塔粉 0.25 kg。

2. 工艺流程

蛋黄、白砂糖、油、水→打蛋→加面粉→焙烤→冷却→包装→储藏。

$$\uparrow$$

蛋清→打蛋

3. 操作要点

（1）蛋黄糊调制。将蛋黄、蛋清用分蛋器进行分离。先将蛋黄打散，加入白砂糖（总添加量的 30%）、植物油、水，搅打均匀，后筛入低筋面粉、马铃薯全粉和泡打粉，搅匀。

（2）蛋白糊调制。在蛋白中先加入塔塔粉、食盐，用打蛋器搅打，后加入剩余的白砂糖（总添加量的 70%），搅打至干性发泡即可。

（3）调糊搅拌。用刮刀先取 1/3 蛋白糊加入蛋黄糊中，用刮刀上下翻动搅匀；继续加入剩余 2/3 的蛋白糊，搅至面糊均匀一致，入模。

（4）蛋糕焙烤和冷却。烤箱预热 30 min 后，先在上火 150 ℃、底火 135 ℃的条件下烤制 45 min，再放入上火 170 ℃、底火 150 ℃的条件下烤制 5 min；出炉后立即倒扣冷却。

五、马铃薯韧性饼干

马铃薯饼干可作点心食用，营养价值丰富，和面粉饼干相比，粗纤维（清理肠道）是面粉饼干的 2 倍；过量摄入使人肥胖的糖类、热量、脂肪的含量分别是面粉饼干的 49%、48% 和 33%；亚油酸（人体新陈代谢所必需的脂肪酸，能有效降低血脂、血清胆固醇）是面粉饼干的 9 倍；胡萝卜素是面粉饼干的 2 倍；维生素 C 是面粉饼干的 6 倍。所以，食用马铃薯饼干不仅对高血脂、高血压和动脉硬化有一定的食疗作用，还能美容养颜，预防皱纹。

1. 原料基本配方

低筋粉 50 kg，白砂糖 15 kg，植物油 7.5 kg，食盐 0.3 kg，小苏打 0.35 kg，水 5 kg。

2. 工艺流程

原辅料的预处理→称量→调粉→静置→辊轧→成型→烘烤→冷却→成品。

3. 操作要点

（1）原辅料的预处理。选择优质、无青皮、无病虫害、大小均匀的马铃薯，洗去表面的泥沙等杂质，切成 1 cm 厚的圆片，迅速去皮，于沸水中煮制 15 min，筷子可以穿透即可关火，待其冷却后捣成泥，备用。

（2）调粉。按配方称取原辅料，将白砂糖、小苏打、食盐、水充分混合均匀，然后加入面粉和马铃薯泥进行充分调制，最后加入植物油搅拌均匀，调制时间为 10～15 min，调粉时面团温度要保持在 37～40 ℃。面团要求：软硬适中，有一定的可塑性。

（3）静置。将调制好的面团置于恒温恒湿的培养箱中静置，静置可以消除搅拌时的张力，降低面团的黏性和弹性。静置时间为 15～20 min，温度 36 ℃。

（4）辊轧。将调制的面团辊轧成 1 mm 厚、光滑、平整和质地细腻的面带。

（5）成型。辊轧后的面带，采用自制的针孔成型工具均匀扎孔，且针孔应穿透饼坯，然后用自制饼干模具成型。

（6）烘烤。将成型的饼干面胚置于上火 180 ℃、下火 130 ℃，且上下火稳定的烤箱中，烘烤 10 min 左右即可。

六、马铃薯全粉酥性饼干

1. 原料基本配方

马铃薯全粉 40 kg，马铃薯淀粉 20 kg，面粉 40 kg，植物油 14～16 kg，鸡蛋 8 kg，糖 30～32 kg，香精、碳酸氢钠和碳酸氢铵适量。

2. 工艺流程

面团调制→辊轧成型→烘烤→冷却→包装→成品。

3. 操作要点

（1）面团调制。将疏松剂碳酸氢钠和碳酸氢铵放入和面机中，加入冷水将其溶解，然后依次将糖、鸡蛋液和香精加入，充分搅拌均匀后，将预先混合均匀的马铃薯全粉、马铃薯淀粉和面粉放入和面机内，充分混匀。面团调制温度以 24～27 ℃ 为宜，面团温度过低黏性增加，温度过高则会增加面筋的弹性。

（2）成型。面团调制好后，送入辊轧成型机中经辊轧成型即可进行烘烤。

（3）烘烤。采用高温短时工艺，烘烤前期温度为 230～250 ℃，以使饼干迅速膨胀和定型；后期温度为 180～200 ℃，是脱水和着色阶段。因酥性饼干脱水不多，且原料好上色，故采用较低的温度，烘烤时间为 3～5 min。

（4）冷却、包装。烘烤结束后的饼干采用自然冷却的方法进行冷却，时间为 8 min，冷却过程是饼干内水分再分配及水分继续向空气扩散的过程，不经冷却的酥性饼干易变形，经冷却的饼干待定型后即可进行包装，经过包装的产品即为成品。

4. 质量要求

（1）感官指标。形状、大小、厚薄一致，呈金黄色或黄褐色，色泽基本均匀，口感酥松。

（2）理化指标。水分≤6%，碱度（以 Na_2CO_3，计）≤0.5%。

七、马铃薯桃酥

1. 原料基本配方

面粉：马铃薯泥=8∶2（面粉 48 kg、马铃薯泥 12 kg），白砂糖为面粉的 40%，猪油为面粉的 35%，鸡蛋 6 kg，水 6 L，小苏打及碳酸氢铵适量。

2. 工艺流程

预处理→切块→蒸煮→制泥→调配→面团调制→切块→成型→烘烤→冷却→包装→成品。

3. 操作要点

（1）原料选择。马铃薯块茎表面光滑、清洁、不干皱、无明显缺陷（包括病虫害、绿薯、畸形、冻害、烈薯、黑心、空腔、腐烂、机械伤和发芽薯块）。

（2）马铃薯泥的制备。马铃薯清洗后，切成厚薄均匀的马铃薯块，为防止马铃薯块发生褐变，将切好的马铃薯块放入蒸盘中蒸制 15 min 左右。将蒸好的马铃薯块去皮，制成泥，待用。

（3）调配。将低筋粉、马铃薯泥、鸡蛋、小苏打和碳酸氢铵称好装入小盘中，搅拌均匀。将水加到已经称好的白砂糖中，于电磁炉加热溶解，再将猪油与之混合搅拌均匀，冷却至室温，其间要不断搅拌防止再次凝固，备用。

（4）面团调制。将上述糖和油的混合液体加到面粉混合物中，搅拌并和成面团。

（5）成型。把调好的面团在操作台上摊开，擀压成约 1 cm 的厚片。

（6）摆盘。将生坯摆入擦过油的烤盘内，要求摆放均匀，并留出摊裂空隙。

（7）烘烤。摆盘后立即进行烘烤，烘烤炉温为 180～220 ℃，时间约 15 min。前期 210 ℃ 入炉，开面火、关底火，让其摊裂；中期面火、底火同时开，让其定型；后期开面火、关底火，使其上色且防糊底。待产品上色均匀后进行冷却。

（8）冷却。刚出炉的桃酥易变形破碎，所以必须冷却。经过充分冷却才能表现出其应有的特点，冷却后即为成品。

八、马铃薯发糕

1. 工艺流程

原料→混合→发酵→蒸料→涂衣→包装→成品。

2. 操作要点

（1）原料配比。马铃薯干粉 20 kg，面粉 3 kg，苏打 0.75 kg，白砂糖 3 kg，红糖 1 kg，花生米 2 kg，芝麻 1 kg。

（2）混料。将马铃薯干粉、面粉、苏打、白砂糖加水混合均匀，而后将油炸后的花生米混匀其中。

（3）发酵。在 30～40 ℃ 下对混合料进行发酵。

（4）蒸料。将发酵后的面团揉好，置于笼屉上，铺平，用旺火蒸熟。

（5）涂衣。将蒸熟后的产品切成各式各样，在其一面上涂一定量融化的红糖，滚粘一些芝麻，冷却，即成马铃薯发糕。

（6）包装。将产品置透明塑料盒中或置塑料袋中，密封。

九、马铃薯乐口酥

1. 原料配方

马铃薯泥 100 kg，淀粉 12.15 kg，奶粉 1 kg，香甜泡打粉 1.5 kg，盐 1 kg，糖 7~8 kg，调味料适量。

2. 工艺流程

马铃薯→清洗→去皮→蒸熟→搅碎→配料→搅拌→漏丝→油炸→调味→烘干→包装→成品。

3. 操作要点

（1）选料、清洗。选用无芽、无冻伤、无霉烂及无病虫害的马铃薯，放入清洗池或清洗机中，洗去泥沙。

（2）去皮。用去皮机将马铃薯皮去掉或采用碱液去皮法去皮，如生产量较少，可蒸熟后将皮剥掉。

（3）蒸熟。用蒸汽将马铃薯蒸熟。为缩短蒸煮时间，可将马铃薯切成适当的块或条。

（4）搅碎、配料、搅拌。用绞肉机或搅拌机将熟马铃薯搅成马铃薯泥，然后按配方加入其他原料，搅拌均匀后，放置一段时间。

（5）漏丝、油炸、调味。将糊状物放入漏孔直径为 3~4 mm 的漏粉机中，其压出的糊状丝直接放入到 180 ℃ 左右的油炸锅中，压出量为漂在油层表面 3 cm 厚为宜，以防泥丝入锅成团。当泡沫消失后便可出锅，一般 3 min 左右。当炸至深黄色时即可捞出（炸透而不焦煳），放在网状筛内，及时撒入调味料，令其自然冷却。

（6）烘干。将炸好的丝放入烘干房烘干，也可用电风扇吹干，一般吹 1~2 天，产品便可酥脆。

十、膨化马铃薯酥

1. 工艺流程

原料→粉碎过筛→混料→膨化成型→调味→涂衣→包装→成品。

2. 操作要点

（1）原料配比。马铃薯干片 10 kg，玉米粉 10 kg，调料若干。

（2）粉碎过筛。将干燥的马铃薯片用粉碎机粉碎，过筛以弃去少量粗糙的马铃薯干粉。

（3）混料。将马铃薯干粉和玉米粉搅拌均匀，加 3%~5% 水润湿。

（4）膨化成型。将混合料置于成型膨化机中膨化，以形成条形、方形、圈状、饼状、球型等初成品。

（5）调味涂衣。膨化后，应及时加调料调成甜味、鲜味、咸味等多种风味，并进行烘烤，则成膨化马铃薯酥。膨化后的产品可涂一定量融化的白砂糖，滚粘一些芝麻，则成芝麻马铃薯酥。也可涂一定量可可粉、可可脂、白砂糖的混合融化物，则可制得巧克力豆酥。

（6）包装。将调味涂衣后的产品置于食品塑料袋中，密封后即为成品。

十一、银耳酥

银耳酥主要是由马铃薯淀粉、粳米粉和玉米粉，经过挤压成型、膨化制成的产品。其外形独特，色泽洁白，犹如银耳。口感非常好，无渣，入口即酥，是老少皆宜的小吃食品。

1. 工艺流程

$$淀粉$$
$$\downarrow$$

大米→粉碎→大米粉→拌粉→挤压成型→冷却→油炸膨化→沥油→调味—包装→成品。

$$\uparrow$$

玉米→去皮去胚芽→粉碎→玉米粉

2. 操作要点

（1）粉碎。将大米粉碎成 20～40 目筛的颗粒度即可，蔗糖粉的细度要求是达到 80 目筛以上。

（2）拌粉。拌粉时的加水量，应根据淀粉原料的实际含水量具体掌握。通常拌料时物料的配比为：淀粉 10 kg、大米粉 2 kg、玉米粉 1.5 kg、水 2 kg。拌粉应充分，以使物料吸水均匀。

（3）挤压成型。采用长螺杆的挤压膨化机，螺杆的压缩比为 2.6，转速为 39 r/min。若有条件，能使用双螺杆挤压式膨化机，效果则会更理想。喷嘴模具使用空心管的模头，下料时应连续、均匀，避免忽多忽少，以保证出料均匀顺利，防止发生堵料和物料抱轴现象。挤压喷时膨化物料的膨化率不可过高，要在达到完全熟化的条件下，膨化率达到 30%即可。喷出的膨化物料立即通过成型切刀，切成厚薄均匀的环状胚料。胚料的厚度以 2～3 mm 即可。

（4）冷却。成型后的胚料应均匀摊开，置于阴凉通风处充分冷却。一般情况下冷却 5～10 h 即可。

（5）油炸膨化。油炸用油以使用棕榈油为宜，油温为 180～200 ℃。油温不可过高，防止焦煳。

（6）调味。将蔗糖粉、葡萄糖粉、精盐以及香精、香料等配成的复合调料均匀地撒拌到沥油膨化料上。拌料时轻轻翻拌，避免把膨化料搅碎。

（7）包装。应使用复合塑料袋采用充气包装。

十二、马铃薯酥皮月饼

1. 工艺流程

（1）豆沙馅的制备：

红小豆→挑选→煮制→捣碎→炒制→豆沙馅；

（2）马铃薯泥的制备：

马铃薯→清洗→切片→蒸煮→去皮→捣碎→马铃薯泥；

（3）马铃薯酥皮月饼的工艺流程：

水皮面团：油+水→快速搅打→乳化+面粉→搅打；

油酥面团：面粉+马铃薯泥+植物→调制→搓绵；

水皮面团+油酥面团→酥皮制作→包馅→成型→烘烤→冷却→包装→成品。

2. 操作要点

（1）豆沙馅的炒制。挑选出红小豆中的杂质，包括有黑点、褐斑、病虫害以及大型颗粒状杂质等。洗净红小豆，加水煮熟、捣碎、加白砂糖进行炒制浓缩，待用。

（2）马铃薯泥的制备。选择表面光滑无霉烂的马铃薯清洗干净并切片，蒸熟后去皮捣碎即成马铃薯泥。

（3）水皮面团的调制。先将油和水进行充分搅拌（约 10 min）成乳化状，然后加入面粉搅拌成不粘手的、软硬适宜的柔软面团。

（4）油酥面团的调制。将面粉、马铃薯泥与色拉油脂充分揉搓均匀，形成与水皮面团软硬一致即可。

（5）酥皮（月饼皮）的制作。于工作台上将水皮面团擀成圆形片状，油酥面团铺于其中心，将水皮面包油酥面擀成圆形薄片，在面片中心挖一 360° 小孔并向四周卷起，用刀切割成定量的面块，再将面块碾压成圆形薄片，即成酥皮。

（6）包馅成型。将事先分摘称量并经过搓圆的豆沙馅包入酥皮内，把酥皮封口处捏紧，压成扁圆形饼坯即成，酥皮月饼一般不借助饼模成型。

（7）烘烤。酥皮月饼要求"白脸"，一般要求上火温度略低（170 ℃），下火稍高（180 ℃），烘烤时间 25～30 min。熟透的酥皮月饼，其饼面光滑，鼓起、外凸，饼边周围呈乳黄色，起酥。

十三、马铃薯油炸糕

1. 原料配方

马铃薯泥 500 g，熟面粉 400 g，白糖、熟芝麻面各 50 g，豆油 100 g。

2. 工艺流程

面粉→蒸制原料选择→处理→马铃薯泥→成型→油炸→成品。

3. 操作要点

（1）马铃薯泥制备。选无芽马铃薯（不用青马铃薯，以免影响口感），用清水洗净，用去皮机去皮，再用水洗净，上蒸笼蒸熟（不要靠锅边，以免烤煳影响口感）；用搅馅机将熟马铃薯搅成泥（不要有小块）。

（2）熟面粉制备。所用的熟面粉为蒸面。蒸面时，上、下蒸笼都要用棍插上孔，以便上下通气。蒸熟后稍冷却即进行筛粉，否则冷却时间长会使面粉结成硬块，筛粉困难。

（3）油炸糕制作。将马铃薯泥、熟面粉与适量的小苏打混合揉成面团，醒发 10 min，分成 30 小份，搓圆压扁，用擀面杖擀成饼，厚薄适度，醒发 10 min；豆油入锅烧至七成熟时，将饼沿锅边放入，炸至金黄色时捞出装入盘中，撒上糖和熟芝麻面即成。

第三节 马铃薯其他面食类产品

一、马铃薯三明治

马铃薯三明治是利用天然的马铃薯、胡萝卜及猪肉和调味品进行科学调配的产品。其产品层次分明，色泽天然，切片细腻，入口鲜嫩。它不仅营养丰富，而且还是具有保健性能的复合食品。

1. 原料配方

马铃薯 30%，胡萝卜 20%，猪肉 25%，调味品 1.6%。

2. 工艺流程

选料→预处理→蒸煮→打浆→调配→成型→蒸煮→包装→成品。

3. 操作要点

（1）预处理。将市售的新鲜马铃薯清洗去皮后，切成厚度为 10 mm，长、宽各约为 3 cm 的方形薄片；将胡萝卜清洗后切成 3 mm 的胡萝卜片，然后蒸煮，打浆成泥。马铃薯经过熟制后，它自身的酶类经过高温后发生变性失活，打浆时酶类也不会与空气中的氧气接触而发生褐变现象，会很好地保持自身原有的白色或淡黄色。

（2）调配。将马铃薯、胡萝卜、猪肉及各种调味料放到搅拌机中，搅拌均匀。

（3）成型。将调制好的马铃薯泥、萝卜泥和猪肉按不同的配比分层放入成型模内，成型、包装。

（4）蒸煮。在 100 ℃ 的蒸汽中蒸 30～40 min，蒸熟后，在室温情况下自然冷却。

二、风味马铃薯饼

风味马铃薯饼是在熟化的马铃薯中加其他营养强化的成分、不同辅料和调味品，通过成型机挤压成型，并用涂糊撒粉机在其表面均匀地涂上一层面糊和面包屑，制成营养丰富、味道可口、外形美观的产品，经炸制或微波加热而成的马铃薯方便食品。

1. 原料配方

（1）山楂薯饼：薯泥 60.5%，山楂肉 29%，绵白糖 10%，香料 0.5% 等。
（2）番茄薯饼：薯泥 60%，去水后番茄 25%，绵白糖 10%，马铃薯淀粉 4.5%，香料 0.5% 等。
（3）果仁薯饼：薯泥 87.5%，果仁 5%，绵白糖 7%，香料 0.5% 等。
（4）胡萝卜薯饼：薯泥%，胡萝卜泥 31.5%，绵白糖 8%，香料 0.5% 等。

2. 工艺流程

原料→清洗→去皮→切片→冲洗→蒸煮→粉碎→预脱水→拌料→成型→涂糊撒粉→油炸→冷却→速冻→包装→冷冻。

3. 操作要点

（1）清洗。选择外观无霉烂、无变质、表面光滑的马铃薯，去除发绿、发芽的马铃薯。用滚筒式清洗机进行清洗。

（2）去皮。用机械去皮或化学去皮，去皮后的马铃薯用清水喷淋洗净。

（3）切片。去皮后的马铃薯用输送带送入切片机切成厚度为 1.5 cm 的片或小块，以便蒸煮时受热均匀，缩短蒸煮时间，易于后期熟化。

（4）蒸煮。将薯片用水冲洗后沥干水分放入立式蒸煮柜中，在常压下蒸煮 20～25 min，直至薯片没有硬块为合适。

（5）粉碎。用螺旋式粉碎机将蒸熟的马铃薯片进一步粉碎。

（6）预脱水。熟化的马铃薯含水率高，可用离心脱水机进行脱水，离心机的转速为 3 000 r/min，脱水时间为 3～5 min。通过脱水使薯泥中的固体含量由 15%～20%提高到 30%～40%，具有较好的成型性，便于后期的成型制作。

（7）拌料。根据产品的不同种类和风味，将预脱水的马铃薯泥混合以不同的辅料或添加剂，在拌料机内充分混合均匀。

（8）成型。选择生产需要的模具，将拌好料的混合物送入成型机中，加工成型。

（9）涂糊撒粉。成型的马铃薯饼输送到涂糊撒粉机中，在产品的外表面均匀地涂上一层面糊，再撒上一层面包屑。通过选择不同面包屑品种，可获得不同的外观效果。

（10）油炸。为了固化表面涂层，增强外观颜色，可以送入油炸设备进行油炸，油温控制在 170～180 ℃，油炸时间为 1～2 min。

（11）速冻。油炸后的产品经预冷后入速冻机速冻，速冻温度控制在零下 36 ℃ 以下。冻好后装盒，在零下 18 ℃ 以下的冷冻库内保存。

4. 产品特点

（1）山楂薯饼：外焦里嫩，酸甜适口，健脾开胃，促进消化，是集营养与美味于一体的食品。

（2）番茄薯饼：外焦里嫩，略带甜酸，爽口不腻，增强食欲。

（3）果仁薯饼：香甜松软。

（4）胡萝卜薯饼：嫩脆可口，风味独特，营养丰富。

三、马铃薯膨化饼

马铃薯膨化饼是以马铃薯、糯米和粳米为原料制作而成的膨化饼，类似于米饼，口感酥脆，质地均匀，风味好，具有广阔的市场前景。

1. 工艺流程

马铃薯→清洗→去皮→蒸煮→配料→蒸煮→冷却老化→成型→一次烘干→二次烘干→油炸→调味→冷却→包装。

2. 操作要点

（1）马铃薯泥。选用新鲜的马铃薯，用清水洗涤干净后去皮，切片处理，然后放入蒸煮锅中蒸煮。蒸汽蒸煮可使淀粉糊化即 α 化，此时淀粉分子之间的氢键断开，水分进入淀粉微晶间隙，由于高温蒸煮和搅拌，使淀粉快速、大量、不可逆地吸收水分。蒸煮结束后，将马铃薯捣碎制成泥状，备用。

（2）混合、冷却老化。将马铃薯薯泥、薯粉、糯米粉、粳米粉混合，搅拌均匀，然后在 20 ℃ 以下，相对湿度 50%～60%下存放 2 h 使淀粉老化。淀粉老化即 β 化，淀粉颗粒高度晶格化，包裹住糊化时吸收的水分，高温油炸时，淀粉微晶粒中水分急剧汽化喷出，促使其形成空隙疏散结构，以达到膨化的目的。

（3）烘干。第一次烘干温度 50～60 ℃，放置 1.5～2 h，水分降至 15%～20%，然后存放 24 h 以上，使半成品成柔软状，不易折断。再进行第二次烘干，温度 70～80 ℃，时间为 6～8 h，此时水分降至 8%左右。

（4）油炸。使用食用油分两次油炸：第一次温度为 120 ℃，时间为 15 s，第二次温度为 240 ℃，时间为 3～5 s。

（5）调味。将味精、鸡精、盐、辣椒、姜等调味料喷洒于马铃薯膨化饼表面，调味料需要经过脱水、干燥、磨碎，才使其细度达到要求。冷却后即可包装为成品。

四、猪肉马铃薯饼

1. 工艺流程

马铃薯→清洗→切块→沥干→蒸煮→配料→斩拌→成型→油炸→冷却→成品。

2. 操作要点

（1）清洗。剔除发绿、发芽的马铃薯，选择外观无霉烂、无变质、表面光滑的马铃薯用清水洗涤干净，削皮后置于冷水中浸泡。

（2）切块。切成 3～4 mm 薄片，过厚会导致蒸煮时间过久。切块后如果未立即蒸煮，也需浸在清水中。

（3）蒸煮。将马铃薯用蒸汽蒸熟、蒸透。常压蒸煮，时间 20 min 左右，具体适马铃薯量确定。

（4）配料、绞馅。先将购买的五花肉（肥瘦比 1：1 左右）清洗干净后切条，放入绞肉机中绞碎，以达到市售猪肉馅标准为宜；斩拌前将白砂糖、淀粉、盐等溶于适量水中，备用。

（5）斩拌。将蒸熟的马铃薯加猪肉馅混合，用斩拌机斩拌成泥，均匀加入调味溶液。

（6）裹粉的制备。将市购面包冷却后撕成碎块，利用恒温干燥箱烘干。温度在 80 ℃ 左右，时间约 2 h，最终水分在 15%左右。再用小型粉碎机粉碎，细度在 60 目左右。

（7）成型。先将马铃薯泥捏成团，分块，准确称取 9 g 的小块，揉成圆团，撒上裹粉后放入木制模具中，用手压平，磕出成型，形成带有一定花纹图案的圆饼。裹粉可以防止马铃薯饼相互粘连，还可增加美观，优化口感。成型需确保包心均匀分布于饼中，以免胀破影响美观和口感。

（8）油炸。猪肉马铃薯饼加工最重要的一个步骤是油炸：将平底油煎锅置于电磁炉上，倒入植物油烧至六成熟时，将马铃薯饼入锅煎炸至两面均呈黄色并熟透时，即可捞出。煎炸温度 120～160 ℃，时间 5～6 min。

五、马铃薯菠萝豆

马铃薯菠萝豆是以马铃薯淀粉为主要原料，添加白砂糖、鸡蛋、面粉和蜂蜜制作而成的产品。由于产品香甜可口，且易于口水相溶解，入口即化，非常适合婴儿和老人食用，因此马铃薯菠萝豆在老幼食品的产业中具有重要地位和开发前景。

1. 原料基本配方

马铃薯淀粉 25 kg，白糖 12.5 kg，鲜鸡蛋 4 kg，面粉 2 kg，葡萄糖 1.25 kg，蜂蜜 1 kg，碳酸氢铵 25 g，水 0.5 kg。

2. 工艺流程

原料混合→压面→切割→成型→排列→烘烤→包装→成品。

3. 操作要点

（1）原料混合。在室温条件下，先将除淀粉之外的原料，在搅拌机内混合搅拌 10 min，然后用升降机把搅拌好的原料和淀粉倒入卧式撑拌机再搅拌 3 min，最后成面团。

（2）压面。将做好的面团通过三段压延过程，压至 9 mm 左右，用纵切刀、横切刀切成正方形。

（3）成型。将面团放入滚筒成型机中，制成球状。

（4）排列和烘烤。将球状的粒顺送到传送带上，在传送过程中有喷雾器将水和空气通过喷头喷出细密的雾，雾要喷在菠萝豆上，以使其外观光滑，同时将菠萝豆整齐排列，烘烤的温度为 200～330 ℃，时间约 4 min。

（5）包装。出炉后自然冷却、分筛，除去残渣，冷却到常温，进行包装。

六、马铃薯沙琪玛

沙琪玛传统产品的做法是以鸡蛋为主料制作而成的。在人们追求健康食品、营养食品的今天，开发一种以天然蔬类为原料的"沙淇玛"，不但可以丰富产品种类，而且由于马铃薯粗纤维含量高、低脂肪、低蛋白、无蛋、无面粉，必将使其成为受欢迎的"沙淇玛"，尤其是受恐高糖、恐高脂肪人群的喜爱。

1. 工艺流程

选料→蒸熟→调配→压片→切丝→油炸→拌糖→成型→包装→成品。

2. 操作要点

（1）预处理。将新鲜的马铃薯和红薯清洗后去皮蒸熟，并打成泥状。

（2）调配、压片和切丝。将马铃薯泥、红薯泥和淀粉混合均匀后，按比例加入调味品等辅料，在压片机上压成 2 mm 的薄片，并切成丝状备用。

（3）油炸。将薯丝在 130 ℃ 的油温下炸至酥脆，迅速捞出沥去表面浮油。

（4）拌糖和成型。白糖与糖稀按 3∶1 的比例混合，熬成质量分数为 80% 的浓糖液，然后均匀地拌在薯丝上面，趁热压模成型，自然冷却后包装即为成品。

第四章　马铃薯休闲产品加工技术

随着食品工业科学技术的进步，休闲食品越来越受消费者的欢迎，销售市场非常广阔。我国马铃薯资源丰富，利用马铃薯制作休闲食品，不仅生产周期短，而且生产成本低，获得的经济效益高。在休闲食品中，以马铃薯为原料生产的，除了常见的油炸马铃薯薯片，产品趋向多样化、个性化以及健康化，如马铃薯脆片、马铃薯脯、马铃薯罐头以及马铃薯泥等，具有味美、卫生和食用方便等特点，而且几乎保持了新鲜马铃薯的全部营养成分，深受消费者的喜爱。

目前，薯条、薯片及小食品等需求量急剧增加，国内仅薯条每年进口量就达 10 万吨左右，薯条和薯片等休闲食品的生产更是方兴未艾。通过研发更多的马铃薯休闲食品，不断扩大品种范围，提高产品的风味和色泽，将能够吸引更多的消费者。

根据制作工艺的不同可分为以下几类：

一是油炸制品。油炸马铃薯制品以其松脆酥香、鲜美可口、营养丰富、老少皆宜、存携方便、价格低廉等特点，成为一种极受人们欢迎的方便食品。油炸马铃薯制品有两种：一种是将鲜薯切成条、块、片等不同形状后，直接油炸，然后喷涂调味料于制品的表面，即可直接食用。另一种是添加适当比例的马铃薯全粉与其他一些原料混合，制成各种形状的条、块、片，然后再进行油炸。

二是膨化食品。近些年来，膨化食品发展很快，成为一种具有销售优势的人们喜食的品种。它是马铃薯粉以一定的比例和其他配料混合后进行膨化，制得的各种形状的食品。这种膨化食品松脆，易消化，市场销售好。

三是脱水产品。脱水制品的种类很多，一般可分为马铃薯泥、马铃薯粉、马铃薯片、马铃薯丁等，由去皮煮熟的马铃薯脱水制成，在常温下可放几个月而不变质，是多种马铃薯制品的中间原料。目前所采用的脱水手段有滚筒式的被膜干燥、气流干燥、冷冻干燥、隧道式干燥、天然干燥等。

四是冷冻食品。冷冻是保存马铃薯营养成分和风味的最好方法，由于冷冻食品储存期较长而深受欢迎。国外每年冷冻的马铃薯数量占食品总量的 40%，冷冻的方法有间接冷冻和油炸后冷冻两种：间接冷冻就是把鲜薯去皮，切成不同的形状，进行预煮后直接进行冷冻；油炸后冷冻产品更别具风味，在 -18 ℃ 或更低的温度下进行冷冻，可保存 9~12 个月。冷冻制品的特点是可以保持马铃薯的质地、风味和营养价值，方便快捷，省去了清洗、去皮、切块等步骤，能够满足现代人们日常的快节奏生活。

第一节　马铃薯薯片、薯条

马铃薯薯片制品不但营养丰富，香脆可口，而且食用方便、包装精美、便于储携，已成为当今世界上流行最广泛的马铃薯食品，也是重要的方便食品和休闲食品。随着马铃薯食品加工工艺的不断改进，马铃薯薯片制品的种类也不断增加。马铃薯虾片是其中制作方法最简单的一个品种，成品用热油干炸后酥脆可口，有一种独特的清香风味。油炸马铃薯片松脆酥香、鲜美可口，已成为一种备受欢迎的全球性的休闲食品。马铃薯脆片是近年来开发的新产品，利用真空低温（90 ℃）油炸技术，克服了高温油炸的缺点，能较好地保持马铃薯的营养成分和色泽，含油率低于 20%，口感香脆，酥而不腻。低脂油炸薯片是用微波烘烤制成的薯片。烘烤马铃薯片焦香酥脆，风味独特，含油量远远低于油炸马铃薯片，在西方的销售势头越来越好，越来越受到人们的青睐。以马铃薯粉、脱水马铃薯片等为配料经油炸、烘烤、膨化等工艺制成的薯片制品更是香酥可口，风味各异。这些薯片制品不但各具特色，而且工艺简单，主要包括烘烤、干燥、油炸、速冻、膨化等工艺，非常适合中小型食品加工企业生产。

一、油炸马铃薯片

油炸马铃薯薯片又名油炸马铃薯片，经过清洗、去皮、切片、漂烫、油炸和调味等工序而制成的产品，其松脆可口、口味多样、食用方便，是一种非常受欢迎的马铃薯食品。早在1995 年，北美生产的 10%马铃薯已用于炸片的生产，而近年来，受西方饮食文化的影响，马铃薯炸片的需求量和消费量也在日益迅速增加。从产值上来说，油炸马铃薯片比鲜薯的价值增加近 5 ~ 6 倍，是一个利润比较高的行业。

1. 工艺流程

马铃薯→清洗→去皮→切片→漂洗→漂烫→脱水→油炸→脱油→调味→冷却→包装。

2. 操作要点

（1）原料处理。选择形状整齐、大小均一、皮薄芽浅、比重大、淀粉含量高的马铃薯品种做原料。另外，需注意的是在原料投入生产之前首先对其成分进行测定，主要检测还原糖的含量，最好是还原糖含量低于 0.2%，如果含量高于 0.3%则不宜用于加工，需储藏放置，直到糖分达到标准才可使用。

（2）清洗和去皮。用滚笼式清洗机去除表面泥土，然后采用机械摩擦去皮法，一般一次投料 30 ~ 40 kg，去皮时间在 3 ~ 8 min。要求马铃薯外皮出尽，外表光洁，并且去皮时间不宜过长，以免损失原料。

（3）切片。将原料以均匀的速度送入离心式切片机，将马铃薯切成薄片，厚度控制在 1.1 ~ 1.5 mm。尽量使薄片的厚度和尺寸保持一致，表面要求光滑，否则影响油炸后薯片的颜色和含水量，如太厚导致薯片不能炸透。切片机的刀片必须锋利，因为钝刀将会损坏马铃薯表面细胞，从而在漂洗过程中造成干物质的损失。

（4）漂洗。切好的薯片需立即漂洗，否则在空气中易发生褐变。将薯片投入 98 ℃ 的热水中处理 2～3 min，以除去表面淀粉和可溶性物质，防止油炸时切片相互粘连，或淀粉浸入食油影响油的质量。

（5）漂烫。在 80～85 ℃ 的热水中漂烫 2～3 min，热处理的作用主要有以下两点：一是在淀粉的 α-熟化过程，防止油温逐渐变热，切片后淀粉糊化形成胶体隔离层，影响内部组织脱水，降低脱水速率；二是破坏酶的活性，稳定薯片色泽。经热处理的脆片硬度小，口感好。

（6）脱水。去除薯片表面的水分，热风的温度 50～60 ℃。薯片尽量晾干，因为薯片内部表面的水分越少，油炸所需要的时间越短，产品的含油量就越少。

（7）油炸。脱水后的薯片可直接输送到油炸锅，油温 185～190 ℃，油炸 120～181 s，使薯片达到要求的品质。油炸所用的油脂必须是精炼油脂，如精炼玉米油、花生油、米糠油、菜籽油、棕榈油等，要求不易被氧化酸败的高稳定油脂。在油炸过程中，温度越高，薯片含油量越少。

（8）脱油。油炸薯片是高油分食品，在保证产品质量的前提下，应尽量降低含油率。将炸后的薯片放入离心机中，转速 1 200 r/min，离心 6 min，去除表面余油。

（9）调味。将油炸后的薯片通过调味剂着味后，可制成多种不同风味的产品。我国目前调味料主要有麻辣味、烧烤味、番茄味、五香牛肉味等，一般调味料的添加量控制在 1.5%～2%。

（10）冷却和包装。将薯片冷却到室温后，将薯片称重包装。为保持薯片的风味、口感，以及延长产品的保存时间，一般采用真空充氮或普通充气包装。

二、低脂油炸薯片

低脂油炸薯片具有低脂肪、低热量、富含膳食纤维，保持了马铃薯本身的营养组分，口感和风味良好，获得广大消费者的青睐。

1. 工艺流程

马铃薯→清洗→去皮→切片→护色液浸泡→漂洗→离心脱水→混合→涂抹→微波烘烤→调味→包装→成品。

2. 操作要点

（1）原料配比。新鲜马铃薯 100%，大豆蛋白粉 1%，$NaHCO_3$ 0.25%，植物油 2%，调味品及香料适量。

（2）去皮。采用碱液去皮法，去皮后检查薯块，除去不合格薯块，并修整已去皮的薯块。

（3）切片。切成厚度均匀为 1.8～2.2 mm 的薯片。切好的薯片用 1% 的食盐渍一下，时间 3～5 min，可除去 10% 的水分。

（4）护色液浸泡。用 0.045% 的偏重亚硫酸钠和 0.1% 的柠檬酸配成护色液，浸泡薯片 30 min，可抑制酶褐变和非酶褐变。浸泡时间若长达 2～4 h，也可使薯片漂白。

（5）离心脱水。用清水冲洗浸泡后的薯片至口尝无咸味即可。然后将薯片在离心机内离心 1～2 min，脱除薯片表面的水分。

（6）混合和涂抹。将离心脱水的薯片置于一个便于拌合的容器内，按薯片质量计，加入脱腥的大豆蛋白粉 1%、NaHCO$_3$ 0.25%、植物油 2%（人造奶油或色拉油），然后充分拌合，使薯片涂抹均匀，静置 10 min 后烘烤。

（7）微波烘烤。用特制的烘盘单层摆放薯片，然后放在传送带上进行微波烘烤，速度可任意调控，受热 3~4 min，再进入热风段，除去游离水分 3~4 min 后进入下一段微波烘烤，整个过程约 10 min。

（8）调味。直接将调味品和香料细粉撒拌薯片上混匀，也可直接将食用香精喷涂在热的薯片上，调味后立即包装。

三、低温真空油炸薯片

低温真空油炸马铃薯片是一种将新鲜马铃薯经过低温真空油炸等技术加工而成的休闲食品。低温油炸技术将油炸和脱水作用有机地结合在一起，使样品处于负压状态下，其绝对压力低于大气压。在这种相对缺氧的情况下进行食品加工，一方面可以减轻甚至避免氧化作用（如脂肪酸败、酶促褐变等）所带来的危害；另一方面使食品中水汽化温度降低，能在短时间内迅速脱水，实现在低温条件下对食品低温真空油炸。

1. 工艺流程

原料→去皮→护色→真空油炸→脱油→成品。

2. 操作要点

（1）预处理。选用优质新鲜的马铃薯品种作为原料，经过清洗、去皮、修整，切片厚度以 1.5~2.0 mm 为宜，清水反复漂洗后，在 85~90 ℃热水中漂烫 2~3 min，浸入温度为 30 ℃的 0.1%柠檬酸中护色 10 min，沥干水分后备用。

（2）真空油炸。将干燥后的薯片油炸，工艺参数设置为温度 105 ℃，时间 20 min，真空度 0.090 MPa。由于真空油炸用油的品质会随着反复使用而发生氧化变质，并影响最终产品马铃薯片的品质，因此需要定期对油炸用油进行检测更换，当油的过氧化值（以脂肪计，meq/kg）≤20 时需要进行更换。

（3）脱油。油炸后的薯片油脂含量很高，过高的含油量直接影响产品的色泽和口感，而且会缩短产品的保质期，因此薯片油炸后需及时进行脱油处理，以降低产品的含油量。工艺参数设置为：转速 400~500 r/min，时间 5~7 min，真空度 0.09 MPa。

四、复合型马铃薯薯片

复合薯片的主要原料是马铃薯全粉，其中全粉的含量占总量的 70%~80%，其他为工艺性配料和少量用来改善制品性能的功能性配料，如玉米淀粉、马铃薯淀粉、玉米粉、糊精和改性剂等。复合薯片与其他马铃薯食品相比较具有以下特点：一是复合薯片采用马铃薯全粉、马铃薯淀粉等马铃薯一次加工产品为原料进行生产，其对加工点的选择不如油炸薯片那样严格；二是复合薯片采用复合工艺加工生产，与其他马铃薯食品相比，比如油炸薯片，在产品的形状、品种、规格，尤其是产品的口味、风味的调制、薯片含油量的控制等方面有着更大的灵活性；三是复合薯片大多采用纸复合罐等硬性容器包装。与同样质量的油炸薯片产品相比，其包装容积缩小、保质期大大增加。这样，不仅可以大大减少产品的运输、存放等成本、费用，而且也使消费者感到携带、取食方便，打开包装罐后可以几次分食，不必一次吃光，迎合了大多消费者的消费习惯和消费心理。

1. 工艺流程

原料、配料→搅拌→压片→成型→油炸→调味→冷却→包装。

2. 操作要点

（1）原料的计量。将马铃薯雪花粉、马铃薯淀粉和玉米淀粉按照工艺配方的原料组成要求，对复合薯片的各种主辅料分别准确计量。

（2）混合拌料。各种主料和盐混合的顺序与水分混合均匀，原料的吸水性和黏性直接影响产品的质量，因此要求原料达到一定的含水量，混合好的胚料放置 10 min 后备用。

（3）压片。混合好的物料进入辊压机，压片厚度 0.6 ~ 0.7 mm。

（4）成型。利用成型机对面片进行成型处理，成型面片为椭圆形。

（5）油炸。成型后的薯片由传送带送至油炸机，利用棕榈油油炸，温度为 170 ~ 185 ℃，时间为 15 ~ 20 s，生产中的同种产品应保持恒温。

（6）调味。油炸后的薯片在传送带的输送下进入调味机，将预先调好的粉末状调料均匀地喷洒到每一片薯片上，形成所需的口味。

五、琥珀马铃薯片

1. 工艺流程

原料选择→清洗→去皮→切片→漂洗→烫漂→护色→干制→涂糖→油炸→冷却→脱油→调味→包装→成品。

2. 操作要点

（1）原料选择、清洗。选择新鲜的白皮马铃薯，要求同一批原料大小均匀一致。小批量生产可采用人工洗涤，在洗池中洗去泥沙后，再用清水喷淋；大批量生产可采用流槽式清洗机或鼓风式清洗机进行清洗。

（2）去皮、切片。小批量生产可采用人工去皮，大批量生产应使用摩擦去皮机或碱液去皮。采用碱液去皮时，碱液浓度为 10% ~ 15%，温度为 80 ~ 90 ℃，时间为 2 ~ 4 min。小批量生产可采用人工切片，注意厚度要均匀一致；大批量生产可采用切片机将去皮马铃薯切成均匀的薄片。

（3）漂洗。切片后迅速放入清水中或喷淋装置下漂洗，以去除表层的淀粉。

（4）烫漂、护色。马铃薯片的褐变主要包括酶促褐变和非酶促褐变两种，在加工过程中以酶促褐变起主要作用，所以须对切好的马铃薯片进行灭酶及护色处理。烫漂温度为 75 ~ 90 ℃，处理时间控制在 20 ~ 60 s，可以使马铃薯中的多酚氧化酶和过氧化酶充分钝化，降低鲜马铃薯的硬度，基本保持原有的风味和质地，软硬适中。护色液组成为柠檬酸和亚硫酸氢（0.05%，pH4.9）时，结合烫漂操作，护色效果更理想。

（5）干制。干制可采用自然晒干或人工干制。自然晒干是将烫漂护色后的马铃薯片放置在晒场，于日光下晾晒，每隔 2 h 翻 1 次，以防止晒制不均匀，引起卷曲变形。人工干制可采用烘房，温度控制在 60~80 ℃，使干制品水分低于 7%即可。

（6）涂糖。糖液组成为：白砂糖 50 kg，液体葡萄糖 2.5 kg，蜂蜜 1.5 kg，柠檬酸 30 g，水适量。将糖液置夹层锅中溶解并煮沸。将干马铃薯片放入 50%~60%的糖液中，糖煮 5~10 min，使糖液浓度达 70%，立即捞出，滤去部分糖液，摊开冷却到 20~30 ℃。

（7）油炸。在低温（温度低于 140 ℃）条件下油炸时，马铃薯片表面起泡、颜色深，影响外观和口感；在高温（温度高于 170 ℃）下油炸则可以避免上述现象。

（8）冷却。将炸好的马铃薯片迅速冷却至 60~70 ℃，翻动几下，使松散成片，再冷却至 50 ℃以下。

（9）脱油。将上述油炸冷却的马铃薯片，进行离心脱油约 1 min，使表面油分脱去。

（10）调味、包装。可在油炸冷却后的马铃薯表面撒上或滚上熟芝麻或其他调味料，使其得到不同的风味。在油炸后冷却 1 h 内，装入包装袋，并进行真空封口。若冷却时间过长，则会由于吸潮而失去产品应有的脆度。产品经过包装即为成品。

六、蛋白质强化马铃薯条

1. 工艺流程

马铃薯→清洗→切片→热烫→预干燥→挤压成型→油炸→冷却→成品。

2. 操作要点

（1）清洗和切片。将马铃薯用清水洗净后，用切片机将马铃薯切成 0.5cm 厚度的薄片。

（2）热烫。将切片后的马铃薯薯片在 60 ℃温水中漂烫 15s，使原料中的酶失活。

（3）预干燥。将热烫后的马铃薯沥干，放入到干燥箱进行预干燥，温度设置为 200 ℃，时间约为 15 min，能使薯片的水分含量控制在一定的范围内。

（4）挤压成型。将干燥后的马铃薯薯片与植物蛋白粉混合均匀，送入到挤压机，制成条状。

（5）油炸。将薯条在棕榈油中油炸 3 min 后捞出，滤去多余油分，冷却后即可称量包装。

七、桔香马铃薯条

1. 原料配方

马铃薯 100 kg，面粉 11 kg，白砂糖 5 kg，柑橘皮 4 kg，奶 1~2 kg，发酵粉 0.4~0.5 kg，植物油适量。

2. 工艺流程

选料→制泥→制柑橘皮粉→拌粉→定形→炸制→风干→包装→成品。

3. 操作要点

（1）制马铃薯泥。选无芽、无霉烂、无病虫害的新鲜马铃薯，浸泡 1 h 左右后用清水洗净其表面泥沙等杂质，然后置蒸锅内蒸熟，取出去皮，粉碎成泥状。

（2）制柑橘皮粉。将柑橘皮，用清水煮沸 5 min，倒入石灰水中浸泡 2~3 h，再用清水反复冲洗干净，切成小粒，放入 5%~10%盐水中浸泡 1~3 h，并用清水漂去盐分，晾干，碾成粉状。

（3）拌粉。按配方将各种原料放入和面机中，充分搅拌均匀，静置5~8 min。

（4）定形、炸制。将适量植物油加热，待油温升至150℃左右时，将拌匀的马铃薯混合料通过压条机压入油中。当泡沫消失，马铃薯条呈金黄色即可捞出。

（5）风干、包装。将捞出的马铃薯条放在网筛上，置干燥通风处冷却至室温，经密封包装即为成品。

八、马铃薯脆片

（一）低温真空马铃薯脆片

马铃薯脆片是近年来开发的新产品，利用真空低温（90℃）油炸技术，克服了高温油炸的缺点，能较好地保持马铃薯的营养成分和色泽，含油率低于20%，口感香脆，酥而不腻。

1. 工艺流程

马铃薯→分选→清洗→切片→护色→脱水→真空油炸→脱油→冷却→分选→包装→成品。

2. 操作要点

（1）切片、护色。由于马铃薯富含淀粉，固形物含量高，其切片厚度不宜超过2 mm。切片后的马铃薯片的表面很快有淀粉溢出，在空气中放置过久会发生褐变，所以应将其立即投入98℃的热水中处理2~3 min，捞出后冷却沥干水分即可进行油炸。

（2）脱水。去除薯片表面水分可采用的设备有：冲孔旋转滚筒、橡胶海绵挤压辊及离心分离机。

（3）真空油炸。真空油炸系统包括工作部分和附属部分，其中工作部分主要是完成真空油炸过程，包括油炸罐、储罐、真空系统、加热部分等。附属部分主要完成添加油、排放废油、清洗容器及管道（包括储油槽、碱液槽）等过程。真空油炸时，先往储油罐内注入1/3容积的食用油，加热升温至95℃，将盛有马铃薯片的吊篮放入油炸罐内，锁紧罐盖。在关闭储罐真空阀后，对油炸罐抽真空，开启两罐间的油路连通阀，油从储罐内被压至油炸罐内，关闭油路连通阀，加热，使油温保持在90℃，在5 min内将真空度提高至86.7 kPa，并在10 min内将真空度提高至93.3 kPa。在此过程中可看到有大量的泡沫产生，薯片上浮，可根据实际情况控制真空度，以不产生"暴沸"为度。待泡沫基本消失，油温开始上升，即可停止加热。然后使薯片与油层分离，在维持油炸真空度的同时，开启油路连通阀，油炸罐内的油在重力作用下，全部流回储罐内。随后再关闭各罐体的真空阀，关闭真空泵。最后缓慢开启油炸罐连接大气的阀门，使罐内压力与大气压一致。

（4）离心脱油。趁热将薯片置于离心机中，转速1 200 r/min，离心6 min。

（5）分级、包装。将产品按形态、色泽条件装袋、封口。最好采用真空充氮包装，保持成品含水量在3%左右，以保证质量。

（二）非油炸马铃薯脆片

非油炸马铃薯脆片利用滚筒干燥设备进行成型干燥，其脆片营养更加丰富健康，符合现代人多口味且少油的理念，值得积极开发。

1. 工艺流程

马铃薯、黄豆→预处理→护色→混合打浆→干燥→切分→烘烤→包装。

2. 操作要点

（1）原料预处理。选择新鲜的马铃薯和黄豆，清洗去杂，洗去表面的灰尘等杂质。黄豆在室温下用水浸泡，使其充分吸水软化，便于后续打浆工艺。

（2）护色。将洗净的马铃薯切成 1 cm 左右的方丁状，然后浸泡在护色液中。

（3）打浆。将马铃薯、黄豆和面粉，加入适量的水混合打浆，要求浆料细腻均匀，无明显颗粒，过 60 目筛即可。然后将浆料与调味料、膨松剂混合均匀。

（4）干燥。将调配好的物料加入滚筒干燥成型设备中，设备开始运转，使物料均匀地流到上料板形成一层料膜，但料膜达到滚筒底部的时候由刮刀刮下，然后传送到下个工序。

（5）切分和烘烤。将料膜切分成边长 4 cm 的正方形形状，单层平铺在铁网上，放进 95 ℃ 烘箱内烘烤，要求水分含量控制在 5% 以下，最后冷却即可包装。

九、酥香马铃薯片

1. 工艺流程

脱水马铃薯片→粉碎→拌料→挤压膨化→成型→油炸→调味→包装。

2. 工艺要点

（1）粉碎。将脱水马铃薯片粉碎成粉状，过 0.6 ~ 0.8 nm 的孔径筛。粉碎的颗粒大，膨化时产生的摩擦力也大，同时物料在机腔内搅拌糅合不匀，导致膨化制品粗糙，口感欠佳；颗粒过细，物料在机腔内易产生滑脱现象，影响膨化。

（2）拌料。在拌粉机中加水拌混，一般加水量控制在 20% 左右。加水量大，则机腔内湿度大，压力降低，虽出料顺利，但挤出的物料含水量高，容易出现黏结现象；如加水量少，则机腔内压力大，物料喷射困难，产品易出现焦苦味。

（3）挤压膨化。配好的物料通过喂料机均匀进入膨化机中。膨化温度控制在 170 ℃ 左右，膨化压力 3.92 ~ 4.9 Mpa，进料电机电压控制在 50 V 左右。

（4）成型。挤出的物料经冷却送入切断机切成片状，厚度按要求而定。

（5）油炸。棕榈油及色拉油按一定比例混合后作为油炸用油。油温控制在 180 ℃ 左右，炸后冷却的产品酥脆，不能出现焦苦味及未炸透等现象。

（6）调味。配成的调味料经粉碎后放入带搅拌的调料桶中，将调味料均匀地撒在油炸片表面，然后立即包装即为成品。

十、马铃薯酥糖片

马铃薯酥糖片的加工简单而且容易并具有香、甜、酥等的特点，是非常受欢迎的休闲小零食。

1. 工艺流程

马铃薯→清洗→切片→漂洗→水煮→烘干→油炸→上糖衣→冷却→包装。

2. 操作要点

（1）选料。选择沙质、向阳土地生长，且无病虫害、无霉烂的马铃薯，要求薯块的质量在 50～100 g，这种薯块淀粉含量高。

（2）切片。洗净的薯块用 20%～22% 的碱液去皮，然后用切片机切成厚度 1～2 mm 的薄片，要求薄厚均匀，切好的薯片浸入水中以防变色。

（3）水煮。将薯片倒入沸水锅内，薯片达到八成熟时，迅速捞出晾晒。

（4）干制。可自然干制或人工烘干，直至抛洒时有清脆的响声，一压即碎为止。

（5）油炸。将薯片炸成金黄色时，迅速捞出，沥干油分，炸时注意翻动，使受热均匀。

（6）上糖衣。将白糖放入少量水加热溶化，倒入炸好的薯片，不断搅拌均匀，缓慢加热，使糖液中的水分完全蒸发而在薯片表面形成一层透明的黏膜，冷却后包装密封。

十一、微波膨化马铃薯片

马铃薯经微波膨化制成脆片，代替了传统的油炸膨化，制品能完整地保持原有的各种营养成分，微波的强力杀菌作用避免了防腐剂的使用。产品颜色金黄、松脆、味香，最大的特点是产品不含油脂，不含强化剂和防腐剂，适合老年人和儿童作为休闲食品食用。

采用微波膨化生产马铃薯片，最大限度地保护了原有营养；在生产过程中，不采用长时间高温，可有效避免维生素 C 的损失；产品不仅生产周期短，适宜于流水作业，而且工艺简单、成本低，适宜于进行大规模生产。

1. 工艺流程

原料→去皮→切片→护色、浸胶、调味→微波膨化→包装→成品。

2. 操作要点

（1）原料。选择无霉、无病虫害、不变质、无芽、无青色皮，储存期小于一年的马铃薯。

（2）配制溶液。考虑原料的褐变、维生素 C 的损失、品味调配，所以溶液要兼有护色、调味等作用，且应掌握时间。量取一定量水分，加入食盐 2.5%、明胶 1%，加热至 100 ℃ 全部溶解。制作同样的两份溶液，一份加热沸腾，一份冷却至室温。

（3）去皮。马铃薯去皮切分，深挖芽眼。切片厚 1～1.5 mm，薄厚均匀一致。

（4）护色和调味。先将马铃薯片放入沸腾溶液中烫漂 2 min 后，立即捞出放入冷溶液中，并在室温中浸泡 30 min。

（5）微波膨化。捞出后马上放入微波炉内膨化，调整功率为 1 W，持续 2 min 后翻个，再次进入 750 W 微波炉 2 min，调整功率 75 W，持续 1 min 左右，产品呈金黄色，无焦黄，内部产生细腻而均匀的气泡，口感松脆。

（6）调味和包装。及时封装，采用真空包装或气体包装，低温低湿避光储藏，包装材料要求不透明、非金属、不透气。

十二、风味马铃薯膨化薯片

此种薯片原料配方多种多样，加工工艺大同小异，仅以此配方为例加以介绍。

1. 工艺流程

原料、配料→调配→蒸煮→冷冻→成型→干燥→膨化→调味→成品。

2. 操作要点

（1）调配。马铃薯粉 83.74 kg，氢化棉籽油 3.2 kg，熏肉 4.8 kg，精盐 2 kg，味精（80%）0.6 kg，鹿角菜胶 0.3 kg，棉籽油 0.78 kg，磷酸单甘油 0.3 kg，BHT（抗氧化剂）30 g，蔗糖 0.73 kg，食用色素 20 g，水适量。按配方比例称量物料，将各物料混合均匀。

（2）熏煮。采用蒸汽蒸煮，使物料完全熟透（淀粉充分糊化），或者将混合原料投入双螺杆挤压蒸煮型机中，一次完成蒸煮成型工作。将物料挤压成片状。

（3）冻将。片状的马铃薯在 5~8 ℃的温度下，放置 24~48 h。

（4）干燥。利用干燥的方法，将成型的薄片干燥至含水量为 25%~30%。

（5）膨化。采用气流式膨化设备进行膨化，即为成品。

十三、中空薯片

中空薯片是利用马铃薯淀粉（生淀粉）的连接性，用冲压装置冲压后，两层面片相互紧密地连接在一起，炸过后，两层片之间膨胀起来，形成了一种特别的中间膨胀的产品。这种产品组织细密，食用时感觉轻而香脆。

1. 工艺流程

原料→混合→压片→冲压成型→油炸→成品。

2. 操作要点

（1）混合。马铃薯粉 100 kg，发酵粉 0.5 kg，化学调味料 0.5 kg，马铃薯淀粉 20 kg，乳化剂 0.6 kg，水 65 kg，精盐 1.5 kg。按配方称料，在和面机中混合均匀。

（2）压片。用压面机将和好的面团压成 0.6~0.65 mm 厚的薄片料（片状生料中含水量约为 39%）。

（3）冲压成型。将两片面片叠放在一起，用冲压装置从其上方向下冲压，得到一定形状的两片叠压在一起的生料片。

（4）油炸。生料片不经过干燥，直接放在 180~190 ℃的油中炸 40~45 s。由于加进 20% 的马铃薯生淀粉，生料的连接性很好，组织细密，炸后两层面片之间膨胀起来，成为一种特别的中间膨胀的产品即为成品。

十四、复合马铃薯膨化条

1. 工艺流程

选料→切片→护色→蒸煮→混合→老化→干燥→挤压膨化→调味→包装→成品。

2. 操作要点

（1）选料。选择白粗皮且存放期至少一个月的马铃薯，因为白粗皮的马铃薯淀粉含量高，营养价值高，存放后的马铃薯香味更浓。

（2）切片和护色。将选好的马铃薯利用清水洗涤干净去皮，然后进行切片。切片的目的是减少蒸煮时间，而柠檬酸钠溶液的处理是为了减少在入锅蒸煮前这段较短的时间内所发生的酶促褐变，保证产品的良好外观品质，柠檬酸钠溶液的浓度用 0.1% ~ 0.2% 即可。

（3）蒸煮、揉碎。将马铃薯放入蒸煮锅中进行蒸煮，将马铃薯蒸熟，然后将其揉碎。

（4）混合、老化。将揉碎的马铃薯与各种辅料进行充分混合，然后进行老化。蒸煮阶段淀粉糊化，水分子进入淀粉晶格间隙，从而使淀粉大量不可逆的吸水，在 3 ~ 7 ℃、相对湿度 50% 左右下冷却老化 12 h，使淀粉高度晶格化，从而包裹住糊化时吸收的水分。在挤压膨化时这些水分就会急剧汽化喷出，从而形成多空隙的疏松结构，使产品达到一定的酥脆度。

（5）干燥。挤压膨化前，原、辅料的水分含量直接影响到产品的酥脆度。所以，在干燥这一环节必须严格控制干燥的时间和温度。本产品可采用微波干燥法进行干燥。

（6）挤压膨化。挤压膨化是重要的工序，除原料成分和水分含量对膨化有重要影响之外，膨化中还要注意适当控制膨化温度。因为温度过低，产品的口味口感不足，温度过高又容易造成焦煳现象。膨化适宜的条件为原辅料含水量 12%、膨化温度 120 ℃、螺旋杆转速 125 r/min。

（7）调味。因膨化温度较高，若在原料中直接加入调味料，调味料会极易挥发。将调味工序放在膨化之后是因为刚刚膨化出的产品具有一定的温度、湿度和韧性，在此时将调味料喷撒于产品表面可以保证调味料颗粒黏附其上。

十五、马铃薯三维膨化食品

马铃薯三维膨化食品是近几年来流行欧美的一种马铃薯休闲食品，它以科技含量高、配方独特、形状特异、口感好，品种齐全等优势，十分走俏于市场。马铃薯三维膨化食品主要选用马铃薯雪花全粉、马铃薯变性淀粉、马铃薯精淀粉为主要原料，经挤压工艺制成各种立体形状的膨化干片，再经油炸工艺制成口味纯正的小食品。美国百事食品公司所生产的马铃薯三维膨化食品在我国市场上十分走俏。据专家介绍，马铃薯全粉、变性淀粉、精淀粉产品经加工成三维干片可以增值 3 倍，而三维干片再经油炸膨化后可以增值 10 多倍，这是寻求和创造利润增长点的新途径。

1. 工艺流程

原料→熟化→挤压→冷却→复合成型→烘干→油炸→调味→包装→成品。

2. 操作要点

（1）原料预处理。将马铃薯淀粉、玉米淀粉、食用植物油、大米淀粉等物料混合均匀后，用水调和，使混合后的物料含水量为 28% ~ 35%。

（2）熟化。预处理后的原料经螺旋机挤出使之达到 90% ~ 100% 的熟化。

（3）挤压。经过熟化的物料自动进入挤压机，温度在 70 ~ 80 ℃，挤压出宽 200 mm、厚 0.8 ~ 1 mm 的大片，呈透明状，有韧性。

（4）冷却。挤压过的大片经过 8 ~ 12 m 输送带的冷却处理。

（5）复合成型：

① 压花：由两组压花辊来操作；

② 复合：压花后的两片经过导向重叠进入复合辊，复合后的成品随输送带进入烘干机；

③ 多余物料进入回收装置。

（6）烘干。挤出的坯料含水量 20%～30%，要求在较低温度较长时间来进行烘干，使坯料水分降到12%为宜；

（7）油炸。烘干后的坯料进入油炸锅，产品水分为 2%～3%，坯料可膨胀 2～3 倍；

（8）调味、包装。用自动滚筒调味机对产品表面喷涂韩国泡菜调味粉 5%～8%，然后包装，即为成品马铃薯三维膨化食品。

十六、脱水马铃薯片

1. 工艺流程

马铃薯→清洗→去皮→切片→预煮→冷却→蒸煮→磨碎→干燥→切片→包装。

2. 操作要点

（1）选料。选择块茎整齐、大小均匀、表皮薄、芽眼浅而少、还原糖含量低、干物质含量高的马铃薯，剔除发芽、变绿、病变等不合格薯块。

（2）去皮。用机械清洗干净后可采用任意一种工业化去皮方法，如蒸汽去皮、碱液去皮等。

（3）切片。一般切成 1.5 mm 厚的薄片，使薯片能得到均匀的热处理。薯片太薄，固体损耗会增加，也使风味受损。

（4）预煮。薯片在 71 ℃～74 ℃ 的水中加热 20 min，使淀粉彻底糊化，经冷却后淀粉老化回生，使制得的薯泥黏度降到适宜程度。

（5）冷却。用冷水冲洗薯片，除去表面游离的淀粉，避免在干燥期间发生粘胶或烤焦。

（6）蒸煮。将薄片在常压下用蒸汽煮 30 min。

（7）磨碎。蒸煮后的薯片立即磨碎成泥，以避免薯片内细胞破裂，使成品复水性差。成泥后可注入食品添加剂（乳化剂、抗氧化剂等）和调味料，并混合均匀。

（8）干燥。在滚筒干燥机中进行，干燥成型后可得到大张干燥的马铃薯片，含水量在 8% 以下。

（9）切片。将大张薄片用切片机切割成 3×2.2 cm^2 的小片，薯片容量应为 350 kg/m^3，高水分片和含杂质的片要分离出来，合格薯片以流态化进行风运，称重后包装。产品为片状，白色或淡黄色，水分含量 8% 以下，无致病菌。用热开水冲开直接食用，但大部分产品都用作食品加工的中间原料。

十七、脱水马铃薯丁

脱水马铃薯丁是一种高质量的马铃薯食品，在食品市场上有着广泛的用途，可用于焖牛肉、冻肉馅饼、马铃薯沙拉等食品中。加工脱水马铃薯丁有着良好的发展前景。

1. 工艺流程

选料→清洗→去皮→切丁→漂烫→冷水洗涤→化学处理→干燥→筛分→冷却→包装→成品。

2. 操作要点

（1）选料。在选用马铃薯原料时，要对其还原糖与固形物总含量进行测定。在马铃薯脱水时，氨基酸与糖可能发生反应，引起褐变，因此宜采用还原糖含量低的品种。由固形物含量高的原料制成脱水马铃薯丁，能表现出优良的性能。各类马铃薯的相对密度有很大的不同，相对密度大的原料具有优良的烹饪特性。除了以上两种因素外，还应考虑到马铃薯的大小、类型是否一致，是否光滑，有没有发芽现象等。同时还要把马铃薯切开，检查其内部是否有不同程度的坏死及其他病虫害现象，并检查其色泽、气味、味道等。

（2）洗净。必须将马铃薯清洗干净，除去黏附在其上的泥土，减少污染的微生物。清洗之后要立刻进行初步检查，去掉因轻微发绿、霉烂、机械损伤或其他病害而不适宜加工的马铃薯。

（3）去皮。由于马铃薯在收获后不能及时进行加工，而经过一段时间的储藏后去皮比较困难，因此，采用蒸汽去皮和碱液去皮的方法比较有效。加工季节早期以蒸汽去皮为宜，后期采用碱液去皮会更经济。马铃薯去皮时使用蒸汽或碱液常常能加剧其褐变的发生。在马铃薯的边缘，尤其是维管束周围会出现变黑的反应物，它比其他部分更集中一些，变色的程度取决于马铃薯暴露在空气中的程度。因此，应尽量减少去皮马铃薯暴露在空气中的时间，或者向马铃薯表面淋水，或者将马铃薯浸于水中，这样就可减少变色现象。若变色严重时，可采用二氧化硫和亚硫酸盐等还原化合物溶液来保持马铃薯表面的湿润。

（4）切丁。切丁前要进行分类，捡出不合格薯块。在进行清理时，必须注意薯块在空气中暴露的时间，以防止其发生过分的氧化，同时通过安装在输送线上的喷水器不断地喷水，保持马铃薯表面的湿润。马铃薯块切丁是在标准化的切丁机里进行的，将马铃薯送入切丁机的同时需加入一定流量的水，以保持刀口的湿润与清洁。被切开的马铃薯表面在漂烫前必须洗干净。马铃薯丁大小应根据市场及食用者的要求而定。

（5）漂烫。马铃薯块茎中包含有大量的酶，这些酶在马铃薯的新陈代谢过程中起着重要的作用。有的酶可以使切开的马铃薯表面变黑，有的酶参与碳水化合物的变化，有的酶则使马铃薯中的脂肪分解。用加热或其他一些方法可以将这些酶破坏，或使其失去活力。漂烫还可以减少微生物的污染。马铃薯丁在切好后，加热至94～100 ℃进行漂烫。用蒸汽漂烫时，是将马铃薯丁置于不锈钢输送器的悬挂式皮带上，较先进的方法是将马铃薯丁放入螺旋式输送器中，使其暴露在蒸汽中加热。在通常情况下，蒸汽漂烫所损失的可溶性固形物比水漂烫少，这是由于用水漂能及时将马铃薯中的可溶性固形物质溶在水中。

漂烫时间的长短，一般视所用温度高低、马铃薯丁大小、漂烫机容量、漂烫机内热量分布是否均匀以及马铃薯品种和成熟度等而异，为2～12 min不等。漂烫程度对成品的质地与外观有明显影响，漂烫过度会使马铃薯变软或成糊状。漂烫之后要立即喷水冲洗，以除去马铃薯表面的胶状淀粉，防止马铃薯在脱水时出现粘连现象。

（6）化学处理。马铃薯丁在漂烫之后，需立即用亚硫酸盐溶液喷淋。用亚硫酸盐处理后的马铃薯丁，在脱水时允许使用较高的温度，这样可以提高脱水的效率。在较高的温度下脱水可产生质地疏松的产品，而且产品的复水性能好，还可以防止马铃薯在脱水时产生非酶褐变与焦化现象，有利于产品储藏。但应该注意产品的含水量不能过高，否则会使亚硫酸盐失效。成品中二氧化硫的含量不得超过0.05%。

氯化钙具有使马铃薯丁质地坚实，避免其变软和控制热能损耗的效果。当马铃薯丁从漂烫机中取出时，应立即喷洒含有氯化钙的溶液，这样可以防止马铃薯丁在烹调时变软，并使之迅速复水。但在进行钙盐处理时，不能同时使用亚硫酸钠，以免产生亚硫酸钙沉淀。

（7）脱水干燥。脱水速度的快慢影响产品的密度，脱水速度越快，产品的密度越低。通过带式烘干机脱水，可以很方便地控制温度、风量和风速，以获得最佳产品。在带式烘干机上，烘干的温度一般从 135 ℃ 逐渐下降到 89 ℃，需用 1 h 左右，要求水分降到 26% ~ 35%；从 89 ℃ 逐渐下降到 60 ℃，需要 2 ~ 3 h，要求水分降低至 10% ~ 15%；从 60 ℃ 降到 37.5 ℃ 需要 4 ~ 8 h，要求水分降到 10%以下。随着现代新技术的发展，使用微波进行马铃薯丁脱水，效果好、速度快，在几分钟内，即可将马铃薯丁的含水量下降到 2% ~ 3%。快速脱水还会产生一种泡沫作用，对复水很有好处。马铃薯中的水分透过表面迅速扩散，可以防止因周围空气干燥而伴随产生的表面变硬现象。

（8）筛分。产品在脱水后要进行检查，将变色的马铃薯丁除掉。可用手工拣选，也可用电子分类拣选机进行拣选。加工过程中，成品中总会夹杂着一些不合要求的部分，如马铃薯皮、黑斑、黄化块等，使用气动力分离机进行除杂拣选，可使产品符合规定，保持其大小均匀，没有碎片和小块。

（9）包装。包装一般多采用牛皮纸袋包装，亦可用盒、袋、蜡纸包装。

十八、速冻薯片

真空冷冻干燥技术是将新鲜食品如蔬菜、肉食、水产品、中药材等快速冷冻至-18 ℃ 以下，使物品冷冻后，并在保持冰冻状态下，送入真空容器中，利用真空而使冰直接升华成蒸汽并排出，从而脱去物品中的多余水分，即真空冷冻干燥。水的气态、液态和固态三相共存点，称为三相点。水的三相点压力为 610.5 Pa，温度为 0.009 8 ℃。在三相点以上冰需要转化为水，水再转化为气，这个过程称为蒸发。只有在三相点压力以下，冰才能由固相直接转变为气相，这个过程称为升华。因此，若想得到冻干食品，需要使用升华干燥方法，否则得到的则是蒸发干燥食品。

1. 工艺流程

原料验收→清洗→去皮→护色→切分→烫漂→硫处理→预冷→沥水→速冻→真空干燥→分拣计量→包装→成品。

2. 操作要点

（1）原料验收。严格去除发芽、发绿的马铃薯及腐烂、病变的薯块，要求马铃薯块茎要大，形状整齐，大小均匀，表皮薄，芽眼浅而少，圆形或椭网形，无疮痂和其他疣状物，肉色白或淡黄色。

（2）清洗。必须将原料表面黏附的尘土、泥沙、污物清洗干净，减少污染的微生物，保证产品清洁卫生。

（3）去皮。将马铃薯放在 15% ~ 30% 浓度和 70 ℃ 以上温度的强碱溶液中处理一定时间，软化和松弛马铃薯的表皮和芽眼，然后用高压冷水喷射冷却和去皮。

（4）护色。去皮后的马铃薯在空气中容易褐变，因此必须浸入在冷水中，或在 2% 的食盐水中。

（5）切分。将去皮后的马铃薯用切片机切片，要求厚薄均匀，切成 1.7 mm 的薄片，切面要光滑，减少淀粉粒的产生。

（6）烫漂。烫漂是决定能否获得质量优良的干制成品的重要工艺操作之一。烫漂时将马铃薯片倒入不锈钢网篮或镀锡的金属网篮里，在 pH6.5～7.0 沸水中热烫 2～3 min，要根据马铃薯薯片弹性的变化来确定热烫程度，用手指捏压时，不破裂，加以弯曲，可以折断，在触觉和口味上应有未熟透的感觉。

（7）硫处理。目的是防止在干制过程中和干制品在储存期间发生褐变，还可以提高维生素 C 的保存率，抑制薯片微生物活动，加快干燥速度。使用 0.3%～1.0% 的亚硫酸氢钠或亚硫酸盐溶液来浸泡烫煮过的马铃薯片 2～5 mm，处理后的马铃薯干制品的二氧化硫含量则宜保持在 0.05%～0.08%。

（8）预冷。将马铃薯片从亚硫酸氢钠或亚硫酸盐溶液中捞取出来，首先在流动水槽中用自来水进行冲洗，既可使薯片降温亦可将薯片表面的二氧化硫冲洗干净，然后在冷却槽中用 0～5 ℃ 冷水冲洗冷却，使物料温度最后达 1～5 ℃。

（9）沥水。采用中速离心机或振荡机沥去表面多余的水分，离心机转速 2 000 r/min，沥水时间 10～15 min。

（10）速冻。将散体原料装入冻结盘或直接铺放在传送带上，采用液态氮快速冷冻，冻结温度为 -25～-35 ℃，冻结原料厚度为 5.0～7.5 cm，冻结时间为 10～30 min。

（11）真空干燥。打开真空干燥箱门，装入冻透的马铃薯片，原料厚度为 5 mm，关上仓门，启动真空机组进行抽空，当真空度达 60 Pa 时开始加热。加热过程中要保证稳定的真空度，而且保证物品的最高温度不超过 50 ℃，干燥时间 8 h。

（12）分拣计量。冷冻干燥后的产品应立即分拣，剔除杂质、变色的马铃薯片及等外品，并按包装要求准确称量，入袋待封口。

（13）包装。包装应在相对湿度 25%～30%，室温 25 ℃ 下进行。为保持干燥食品的含水量在 5% 以下，包装袋内应放入人工干燥剂以吸附微量的水分，装料后做真空处理，再充入惰性气体密封。密封包装后的产品，不需冷藏设备，常温下长期储存、运输和销售，3～5 年内不变质。

十九、速冻薯条

速冻薯条是将新鲜的马铃薯经过去皮、切条、蒸煮、干燥、油炸和速冻等工艺加工而成的产品，是西式快餐的主要食品之一。随着麦当劳、肯德基、比萨饼等快餐店的发展，速冻薯条在中国的市场正在不断扩大。

1. 工艺流程
马铃薯→清洗→去皮→切条→漂烫→干燥→油炸→预冷→速冻→包装→冷冻。

2. 操作要点
（1）选料。选择表皮光滑、芽眼浅、无病变、未发芽、未变绿、表皮未干缩的长椭圆形或长圆形马铃薯，要求干物质含量高，还原糖含量低于 0.25%，若还原糖含量过高，则应将其置于 15 ~ 18 °C 的环境中，进行 2 ~ 4 周的调整。

（2）去皮。清洗后的马铃薯宜采用机械去皮或化学去皮，应防止去皮过度，降低产量。

（3）切片。用切片机将马铃薯切成 3 mm 左右的条状备用。

（4）漂洗和热烫。漂洗的目的是洗去表面的淀粉，以免油炸过程中出现产品的黏结现象或造成油污染。热烫，即热水漂烫，可灭酶、去糖、杀菌，亦可使薯条部分淀粉糊化，改善原料组织结构，减少油炸时表面淀粉层对油的吸收，提高坚挺度并加快脱水速率。采用 85 ~ 90 °C 的热水漂烫，可改善薯条质地。

（5）干燥。通常采用压缩空气进行干燥。目的是除去薯条表面多余水分，减少油炸过程中油的损耗和分解，同时使漂烫过的薯条保持一定的脆性，应避免干燥过度而造成粘片。

（6）油炸。油炸是利用油脂作热交换介质，使薯条的蛋白质变性、淀粉糊化、水蒸气溢出，进而获得外壳酥脆、结构疏松及风味独特的薯条。将干燥后的薯条放到油锅中进行油炸，油的温度控制在 170 ~ 180 °C，时间为 1 min 左右。

（7）速冻。油炸后的薯条经预冷后进入速冻机速冻，速冻温度在 -36 °C 以下，使薯条中心温度在 18 min 内降至零下 18 °C 以下。速冻后的薯条迅速包装，然后在零下 18 °C 以下的冷冻库内保存。

二十、烤马铃薯片

1. 工艺流程

马铃薯→清洗→切片→漂洗→护色→热烫→干制→烘烤→调制→冷却→分选→包装。

2. 操作要点

（1）切片与漂洗。将马铃薯洗净去皮后切成厚度均为约 2 mm 的薄片，用高压水冲洗，洗净表面淀粉。洗好的薄片放入护色液中护色。

（2）护色。用 0.25% 的亚硫酸盐溶液护色。

（3）热烫。在 80 ~ 100 °C 的温度下热烫 1 ~ 2 min，使薯肉半生不熟，组织比较透明，失去鲜薯片的硬度，但又不柔软即可。

（4）干制。干制有两种方法：一种是自然法，将烫好的薯片放在晒场，于日光下曝晒，七成干时翻一次，然后晒干。另一种是人工法，在干燥机中将薯片干燥至含水量低于 7%，即可干制。

（5）烘烤。将薯片摊开，均匀摆放在烤盘中，于温度 170 ~ 180 °C 的焙烤炉中烘烤，时间根据薯片的厚度和含水量具体而定，一般为 2 ~ 3 min，烤至表面微黄。烘烤后可直接包装，也可喷油或撒调味料。

二十一、马铃薯虾片

虾片又名玉片，主要是以鲜海虾和淀粉为原料制成的产品。而利用马铃薯制作虾片，其口感和虾片类似，其特点是口感香脆，美味可口，营养丰富，价格便宜。利用马铃薯制作虾片的方法主要有两种：一种是利用新鲜马铃薯直接切片加工制成的近似虾片的产品，也叫薯片虾片，此法简单，但缺点是因马铃薯大小不均匀、形状不规则，切片、切条时产生边角余料，浪费原料。另外一种是以马铃薯全粉代替 10%～20%淀粉制作虾片，由于马铃薯淀粉具有颗粒大，糊化温度低、易膨胀、糊的透明度高等特点，所以其半成品透明度高、成品风味独特。本文分别介绍两种马铃薯虾片的加工方法。

（一）马铃薯薯片虾片的制作方法

1. 工艺流程

马铃薯→清洗→切片→漂洗→煮熟→干制→成品。

2. 操作要点

（1）选料。选无病虫害、无霉烂、无发芽、无失水变软的马铃薯，还原糖的含量必须控制在 0.5%以下，如果还原糖含量过高，油炸时容易发生褐变。

（2）切片和漂洗。切成厚度均匀约为 2 mm 的薄片，切好的薯片在清水中冲洗，以洗净薄片表面的淀粉。

（3）煮熟。热烫可部分破坏马铃薯中酶的活性，同时使水分脱离，易于干制。将洗净的薄片倒入沸水锅中，煮沸 3～4 min，达到熟而不烂时，迅速捞出放入冷水中，轻轻翻动搅拌，使薯片尽快凉透。洗净薄片上的粉浆、粘沫等物，使薯片分离不粘。

（4）干制。将薯片捞出，淋干水分，单层平整摆放，在日光下晾晒，薯片半干时，再整形一次，然后翻晒至透，即成薯片虾片。分级包装，置于通风干燥处保存。

（二）马铃薯全粉虾片制作方法

1. 工艺流程

调配→煮糊→搅拌→成型→蒸煮→老化→切片→干燥→半成品→油炸→成品。

2. 操作要点

（1）调配。虾片基本配方为：马铃薯淀粉与马铃薯全粉质量之和为 100 g，味精 2 g，蔗糖 4 g，食盐 2 g，适量的虾仁，加水按一定比例混合。

（2）煮糊。将总水量 3/4 倒入容器内煮沸，同时加入味精、蔗糖、食盐等基本调味料，另取 20%淀粉与剩余的 1/4 水混合调和成粉浆，慢慢倒入不断搅拌的料水中，煮至糊成透明状。

（3）搅拌。将剩余淀粉、马铃薯全粉、虾仁倒入搅拌机内，同时倒入刚刚糊化好的热淀粉浆，先慢速搅拌，后快速搅拌，直到使其成为均匀的粉团，共需 8～10 min。

（4）成型。将粉团取出，根据实际要求制成相应规格的虾条。

（5）蒸煮。将虾条蒸煮 1～1.5 h，当虾条没有白点，呈透明状，且富有弹性时即可取出冷却。

（4）老化。将冷却的虾条放入 2～4 ℃冰箱老化，使虾片硬而有弹性。

（5）切片。用切片机将虾条切成厚度约为 1.5 mm 的薄片，要求大小和厚度要均匀。

（6）干燥。将切好的虾片放入干燥箱内干燥，除去多余水分。

（7）油炸。食用时，将虾片入油锅煎炸，油温不宜过高，以防炸糊。炸至色泽微黄（时间约 1 min），表面发起小泡时，即可起锅。

影响虾片产品质量的主要问题是产品变黑和变灰，主要出现在干制品和复水制品中。而引起虾片变色的主要原因则是酪氨酸，其中铁盐可以增加变色程度，一般在生产中另外添加焦磷酸钠，可防止马铃薯虾片变黑。

二十二、糯米芝麻薯片

1. 工艺流程

选料→煮薯→调糊→刮片→晾晒→取片→剪片→晒干→炒制。

2. 操作要点

（1）选料。选择无斑点、无霉烂、无损伤的马铃薯，洗净泥沙，削去表皮。

（2）煮薯。把削去表皮的薯放到锅里，加水，以完全浸没为度，盖好锅盖煮薯。火力逐渐加大，直到完全煮熟且有一股香甜味时为止。

（3）加粉调糊。趁热用锅铲把煮熟的薯捣烂成薯泥，再把糯米粉一把一把均匀地撒在薯泥里，切勿一下子倒进去。此工序应由两人进行，一人手持锅铲调糊，一人撒粉。撒粉人应待前一把粉完全调进薯泥后再撒第二把粉，这样一撒一调直至把粉调完为止。此时应尝一下，看是否有生米粉味，如有，则必须再加热调糊一段时间，待米粉完全熟后保持微火加入芝麻调匀即可起锅刮片。

（4）刮片。操作时两人对面站在桌子的两边，把纱布或薄膜平铺在桌面上，左手拉直布，右手用菜刀或锅铲把锅里的薯粉糊迅速挑起，均匀地抹在布或薄膜上，厚度 0.2～0.3 cm，一边抹一边把布或膜拉直，切勿使布或膜起皱。抹完一块就拍到晒衣架上去晾晒。再抹第二块，直到把锅内的糊抹完为止。

（5）晾晒。晾晒时，两人用手抬平拉直布块，小心地放到晾竿上进行晾晒，切勿使布卷边，以防粘连。

（6）取片。晾晒至手取能成块不断裂时，即可取片。如果用薄膜刮片，待边缘薯片自动卷起即可取片。如果用布刮片，晾晒过火不易取时，可在布的反面用温水全部涂湿，片刻后即可取下薯片。取下的薯片再晾晒片刻，即可剪片。

（7）剪片。用剪刀把一整块薯片先剪成 4 cm 或 3 cm 的长条，再剪成三角形、长方形或菱形等。

（8）晒干。把剪成各种形状的小块薯片再次放到太阳下晒至手折即断为止。然后装入塑料袋密封储藏备用，切勿受潮。

（9）炒制。用洗净的细沙炒至薯片呈金黄色时即可，用油炸至金黄色也行。

第二节　马铃薯果脯、果酱、罐头

一、马铃薯果铺

马铃薯果脯是一种蜜饯型糖制品，其块形整齐，色泽鲜艳透明发亮，呈淡黄色，酸甜适中，有马铃薯特有风味。

1. 工艺流程

选料→清洗→去皮→切片→护色→硬化→漂洗→预煮→糖渍→糖煮→控糖（沥干）→烘烤→成品。

2. 操作要点

（1）选料。要求选用新鲜饱满、外表面无失水起皱、无病虫害及机械损伤，无锈斑、无霉烂、无发青发芽，无严重畸形、直径 50 mm 以上的马铃薯。

（2）清洗和去皮。将马铃薯用清水洗去泥土，人工去皮可用小刀将马铃薯外皮削除，并将其表面修整光洁、规则。也可采用化学去皮法，即在 90 ℃ 以上 10%左右的 NaOH 溶液中浸泡 2 min 左右，取出后用一定压力的冷水冲洗去皮。制坯时可根据消费者需要加工成各种形状，以增加成品的美观。

（3）切片、护色、漂洗。用刀将马铃薯切成厚度为 1 ~ 1.5 mm 的薄片。将切片后的马铃薯应立即放入 0.2% $NaHSO_3$、1.0%V_C、1.5%柠檬酸和 0.1%$CaCl_2$ 的混合液中浸泡 30 min。然后用清水将护色硬化后的马铃薯片漂洗 0.5 ~ 1 h，洗去表面的淀粉及残余硬化液。

（4）预煮。将漂洗后的马铃薯片在沸水中烫漂 5 min 左右，直至薯片不再沉底时捞出，再用冷水漂洗至表面无淀粉残留为止。

（5）糖煮。按一定比例将白砂糖、饴糖、柠檬酸、CMC-Na 复配成糖液，加热煮沸 1 ~ 2 min 后，放入预煮过的马铃薯片，直接煮至产品透明、终点糖度为 45%左右时取出，并迅速冷却到室温。需要注意的是，在糖煮时应分次加糖，否则会造成吃糖不均匀，产品色泽发暗，产生"返砂"或"流糖"现象。

（6）糖渍。糖煮后不需捞出马铃薯片，直接在糖液中浸泡 12 ~ 24 h。

（7）控糖（沥干）。将糖渍后的马铃薯片捞出，平铺在不锈钢网或竹筛上，使糖液沥干。

（8）烘烤。将盛装马铃薯片的不锈钢网或竹筛放入鼓风干燥箱中，在 70 ℃ 温度下烘制 5 ~ 8 h，每隔 2 h 翻动 1 次，烘至产品表面不粘手、呈半透明状、含水量不超过 18%时取出。

二、马铃薯果酱

马铃薯果酱具有含糖量低、优质营养成分丰富、有较佳的口感品质等特点，产品主要用作面制品的夹心填料或涂抹用的甜味料。

（一）方法一

1. 工艺流程

马铃薯→清洗→蒸煮→去皮→打浆→化糖、浓缩→装瓶→杀菌→成品。

2. 操作要点

（1）原料处理。将马铃薯清洗干净后，放入蒸锅中蒸煮，然后去皮、冷却送入打浆机中打成泥状。

（2）化糖、浓缩。将白砂糖倒入夹层锅内，加适量水煮沸溶化，倒入马铃薯泥搅拌，使马铃薯泥与糖水混合，继续加热并不停搅拌以防烟锅。当浆液温度达到 107 ~ 110 ℃ 时，用柠檬酸水溶液调节 pH 为 3.0 ~ 3.5，加入少量稀释的胭脂红色素，即可出锅冷却。温度降至 90 ℃

左右时加入适量的山楂香精，继续搅拌。

（3）装瓶、杀菌。为延长保存期，可加入酱重 0.1%的苯甲酸钠，趁热装入消过毒的瓶中，将盖旋紧。装瓶时温度超过 85 ℃，可不灭菌；酱温低于 85 ℃ 时，封盖后，可放入沸水中杀菌 10～15 min，然后经过冷却即为成品。

（二）方法二

1. 原料配方

马铃薯泥 50 kg，白砂糖 40 kg，水 17 kg，酸水 0.2 kg，食用色素适量，食用香精约 100 mg，粉末状柠檬酸约 0.16 kg，营养剂适量。

2. 操作要点

先将马铃薯洗干净，除去腐烂、出芽部分，然后将皮削掉，放在蒸笼内蒸熟，出笼摊晾。再用擦筛成均匀的马铃薯泥备用。将砂糖、水与酸水（即醋房所用的酸水，用少量稀米饭拌和麸皮放在缸中，倒缸一周，每天一次，滤下的酸水作为醋引），放入锅内熬至 100 ℃ 时，将马铃薯泥倒入锅内，并用铁铲不断地翻动，直至马铃薯泥全部压散，同时要防止煳锅底。继续加热至 100 ℃。

三、低糖奶式马铃薯果酱

低糖奶式马铃薯果酱的特点是果酱含糖量低、优质营养成分丰富、有较佳的口感品质。产品主要用于作为面制品的夹心填料或涂抹用的甜味料。

1. 原料配方

马铃薯泥 150 kg，奶粉 17.5 kg，白砂糖 84 kg，菠萝浆 15 kg，适量的柠檬酸（调 pH 值至 4），适量的碘盐、增稠剂和增香剂，水为马铃薯泥、奶粉、白砂糖总质量的 10%。

2. 工艺流程

马铃薯→去皮→护色处理→蒸煮捣碎→打成匀浆→混匀（加菠萝→去皮→打浆→压滤）→煮制→调配→热装罐→封盖倒置→分段冷却→成品。

3. 操作要点

（1）切片。马铃薯去皮后要马上切成 5～6 片，用 0.05%的焦亚硫酸钠溶液浸泡 10 min，并清洗去除残留硫，汽蒸 10 min 后备用。

（2）过筛。菠萝去皮打浆过 80 目绢布筛；增稠剂琼脂与卡拉胶按 1∶2 的比例混合后加 20 倍热水溶解制备。

（3）加配料。马铃薯浆与白砂糖、菠萝浆、奶粉和增稠剂，先在温度 100 ℃ 条件下煮制，起锅前按顺序加柠檬酸、碘盐（占物料总量的 0.3%）和增香剂。

（4）热装罐、封盖、冷却。采用 85 ℃ 以上热装罐，瓶子、盖子应预先进行热杀菌，装罐后进行封盖倒置，然后再分段冷却，经过检验合格者即为成品。

4. 质量要求

（1）感官指标。产品为（淡）黄色，有光泽，色泽均匀一致；口感酸甜，具有牛奶及菠萝的固有香味，无明显马铃薯味；酱体为黏稠胶状，表面无液体渗出。

（2）理化指标。含糖量（转化糖）≤35%，总可溶性固形物≤40%（以折光度计）。

（3）卫生指标。锡（以 Sn 计）＜200 mg/kg，铅（以 Pb 计）＜2 mg/kg，铜（以 Cu 计）≤10 mg/kg；无致病菌及微生物作用引起的腐败现象。

四、马铃薯果酱干

马铃薯果酱干为一种颗粒状产品，食用方便，用水一冲就成为可食用的果酱。马铃薯果酱干遇水具有很好的膨胀性，以适量水或牛奶兑好就成为果酱食品，根据口味可加盐或糖、油、调味品等，食用更加可口。

1. 工艺流程

选料→清洗→去皮→蒸煮→双辊干燥→冷却→制粒→对流干燥→成品。

2. 操作要点

选料、清洗、去皮、蒸煮工序与制作其他马铃薯食品相同。关键是把煮好的马铃薯用双辊干燥器干燥到含水 40% 左右。该干燥器为一种特殊干燥器，能使煮好的薯块挤压成片，水分迅速蒸发，干燥时间也短。经过双辊干燥器出来的片状中间品，在冷却后再制成颗粒状。然后把这些颗粒放入对流干燥器的隔板上干燥到含水 6%～7%，即为成品马铃薯果酱干。

五、马铃薯软罐头

1. 原料配方

马铃薯泥 25 kg，色拉油 0.63 kg，大葱 0.5 kg，食盐 0.18 kg，花椒面 50 g，味精 25%，水 6.25 kg。

2. 工艺流程

马铃薯→清洗、去皮→熟化→捣泥→调味→加热→装袋→封口→杀菌→成品。

3. 操作要点

（1）原料预处理。选择无腐烂、无损伤的优质马铃薯洗净、去皮，并立即放入到 1.2% 的盐水中，防止变褐。

（2）熟化和制泥。在容器中将马铃薯蒸煮后捞出，可用捣制机制成马铃薯泥，或人工捣成细腻泥状。

（3）调味和加热。将锅加热后，先放入葱花炒香，加入马铃薯泥，再加入其他调味料和水，加热熬至干物质占 60%，约 30 min 即可出锅。

（4）装袋。将熬至后的马铃薯泥装入袋中，并用真空封口机封口。

（5）杀菌。用高温灭菌的方法杀菌，结束后，将产品放入水中冷却至 40 ℃，擦干后即可销售。

六、盐水马铃薯罐头

1. 工艺流程

选料→清洗→去皮→修整→预煮→分选→配汤→装罐→排气、密封→杀菌→冷却→成品。

2. 操作要点

（1）选料。剔除伤烂、带绿色、虫蛀等不合格的马铃薯，按横径大小分为 2.5～3.4 cm、3.5～5.0 cm 两级。

（2）清洗。将马铃薯浸泡在清水中 1～2 h，再刷洗净表面的泥沙，清洗干净后备用。

（3）去皮。利用 20% 的碱液、温度 95 ℃ 以上、时间 1～2 min 浸泡后，搅拌至表皮呈褐色，然后捞出擦去皮，并及时用水冲洗。再用清水浸泡约 1 h，洗去残留碱液，并于 2% 的盐水中进行护色。

（4）修整。利用刀修整马铃薯不合格部分如芽窝、残皮及斑点，按大小切成 2～4 片。

（5）预煮。利用 0.1% 的柠檬酸溶液和马铃薯配比为 1∶1，以薯块煮透为准。煮后立即用清水冷却并及时装罐。

（6）分选。白色马铃薯与黄色马铃薯分开装罐；修整面光滑；大小分开。

（7）配汤。在 2%～2.2% 的沸盐水中加入 0.01% 的维生素 C，配制罐头汤水。

（8）装罐。按罐大小分别装入一定比例的薯块和汤水。

（9）排气及密封。将上述装罐后的产品送入排气箱中进行排气，其真空度为 40～53 kPa。

（10）杀菌及冷却。高温杀菌后冷却，擦干附在罐身上的水分。抽样在 30 ℃ 下存放 7 天，检验合格即可出厂。

第三节　马铃薯腌制食品

一、咸马铃薯

咸马铃薯是马铃薯经过盐腌制而成的产品，其特点是色泽乳白、质脆、味咸、爽口，是一种风味独特的腌制菜。

1. 工艺流程

鲜马铃薯→洗净→刮皮→烫漂→腌制→倒缸→封缸保存→成品。

2. 操作要点

（1）洗净刮皮。选用表皮光滑、新鲜、无烂斑、无虫口及无发芽的小马铃薯。将马铃薯用清水洗涤干净，然后刮去表皮。

（2）烫漂。将去皮后的马铃薯放入沸水锅内焯一下，捞出晾凉。

（3）腌制。将晾凉后的马铃薯倒入缸内进行腌制。放 1 层马铃薯撒 1 层盐，然后再撒 1

层凉开水。撒盐时做到下面少，上面多，逐层增加。盐要撒均匀。腌制完毕后，再在表面加 1 层盐。加凉开水是为了促使盐粒溶化，调味均匀。

（4）倒缸。上述操作完成后，从第 2 天开始每天倒缸 1 次，将马铃薯倒入另一只空缸内，将缸上面的马铃薯倒入缸下面，将缸下面的马铃薯倒入缸上面，倒缸完毕后，将原缸内的卤水和未溶化的盐粒舀入翻好的马铃薯缸内。连续倒缸 7 天。

（5）封缸保存。腌制到第 15 天再倒缸 1 次。然后封缸保存，继续进行乳酸发酵。20 天后即为成品。

二、糖醋马铃薯片

1. 工艺流程

马铃薯→洗净去皮→切制→腌渍→翻缸→拌料→糖醋渍→成品。

2. 操作要点

（1）洗净去皮。将马铃薯用清水洗涤干净，去表皮待用。

（2）切制。将去皮后的马铃薯切成 3 mm 厚的轮片状，再放入清水中洗涤。

（3）腌渍。将洗涤后的马铃薯片放入缸中加盐腌渍，铺 1 层马铃薯片撒 1 层盐，做到下面盐要少，向上逐步增加，盐要撒匀。腌渍完毕后加封面盐。

（4）翻缸。马铃薯片腌渍 24 h 后需进行翻缸。将缸上面的马铃薯片翻到下面，将缸下面的马铃薯片翻到上面。每天翻缸 1 次，连续翻 5 天。

（5）糖醋渍。先将食醋放入锅内，加入适量清水，蒸煮后加入白糖搅拌溶解，边煮边搅拌，煮沸后成糖醋汁备用。再将腌渍过的马铃薯片从缸内捞出，沥干卤水，放入干净坛内，倒入煮沸的糖醋汁，且腌没马铃薯片，封好坛口，15 天后即可食用。

三、酱马铃薯

1. 工艺流程

马铃薯→洗净去皮→烫漂→腌渍→翻缸→沥卤→装袋→酱制→翻袋→成品。

2. 操作要点

（1）洗净去皮。选用表面光滑、无虫口、无烂斑及无发芽的小马铃薯。将马铃薯用清水洗净去皮备用。

（2）烫漂。将刮尽表皮的马铃薯放入开水锅内焯一下，然后晾凉。

（3）腌渍。将晾凉后的马铃薯入缸腌渍。放 1 层马铃薯均匀地撒 1 层盐，做到底轻面重，撒盐逐步增加，最后加封面盐。

（4）翻缸。将腌渍的马铃薯从第 2 天开始每天翻缸 1 次，将缸上面的马铃薯翻到下面，将缸下面的马铃薯翻到上面。翻缸能促使盐粒溶化。连续翻 7 天。

（5）沥卤装袋。将腌渍 10 天后的马铃薯取出，沥干卤水，装入酱袋内。装袋的容量是酱袋容积的 67%，并扎好袋口。

（6）酱制与翻袋。先将甜面酱放入空坛内，然后倒入酱油搅拌均匀，再将马铃薯袋放入酱缸内，使菜袋淹没在酱液中。上述操作完成后从第 2 天开始每天翻袋 1 次，将酱缸上面的菜袋翻到下面，酱缸下面的菜袋翻到上面，连续翻 7 天，以后 2~3 天翻缸 1 次。20 天后即可包装销售。

四、泡马铃薯

1. 工艺流程

马铃薯→洗净去皮→切制→浸泡→成品。

2. 操作要点

（1）洗净去皮。将马铃薯洗净去皮，再用清水清洗 1 次，沥干水分待用。

（2）切制。将沥干的马铃薯切成 4 mm 厚的轮状片。

（3）浸泡。先将红糖、干红辣椒、白酒、黄酒、食盐和五香粉放到盐水中，搅拌，待全部溶化后，倒入装有马铃薯片的泡菜坛中，盖上坛盖，将坛沿加足水，浸泡 10 天即成。

第四节　马铃薯泥产品

一、鲜马铃薯泥

鲜马铃薯泥是指以鲜马铃薯为原料直接制成的泥状产品，根据加工方法不同，可将马铃薯分为片状脱水马铃薯泥和颗粒状马铃薯泥。

（一）片状脱水马铃薯泥

片状脱水马铃薯泥是将马铃薯去皮、蒸熟后，经干燥、粉碎而制成的鳞片状产品，可作脱水方便食品直接食用，也可做其他食品加工的原料。食用时，将其掺和三四倍的热开水（或水和奶的混合物），经过 0.5~1 min，就可制成可口的马铃薯泥。

1. 工艺流程

马铃薯→清洗→去皮→切片→预煮→冷却→蒸煮→磨碎→干燥→粉碎→包装。

2. 操作要点

（1）原料选择。选择新鲜马铃薯，剔除发芽、发绿部分以及腐烂、病变薯块。

（2）清洗。清洗可人工清洗，也可机械清洗。若流水作业，一般先将原料倒入进料口，在输送带上拣出烂薯、石子、沙粒等，清理后，通过流送槽或提升斗送入洗涤机中清洗。清洗通常是在鼠笼式洗涤机中进行擦洗。洗净后的马铃薯转入带网眼的运输带上沥干，然后送去皮机去皮。

（3）去皮。去皮的方法有手工去皮、机械去皮、蒸汽去皮和化学去皮等。手工去皮用不锈钢刀削皮；机械去皮是将马铃薯送入磨皮机器中，去除表皮；蒸汽去皮是将马铃薯在蒸汽下加热 15～20 min，使马铃薯的表皮出现水泡，然后用流水冲去外皮；化学去皮是将马铃薯浸泡在一定浓度的强碱溶液中，经过软化和松弛马铃薯表皮，用高压冷水喷射冷却和去皮。

（4）切片。一般把马铃薯切成 1.5 mm 厚的薄片，以使其在预煮和冷却期间能得到更均匀的热处理。切片薄一些虽然可以除去糖分，但会使成品风味受到损害，固体损耗也会增加。

（5）预煮。预煮不仅可以用来破坏马铃薯中的酶，防止块茎变黑，还可以得到不发黏的马铃薯泥。薯片在 71～74 ℃ 的水中加热 20 min，预煮后的淀粉必须糊化彻底，这样冷却期间淀粉才会老化回生，减少薯片复水后的黏性。

（6）冷却。用冷水清洗蒸煮过的马铃薯，将游离的淀粉取出后，可避免在脱水期间发生粘胶或烤焦，使制得的马铃薯泥黏度降到适宜的程度。

（7）蒸煮。将预煮冷却处理过的马铃薯片在常压下用蒸汽蒸煮 30 min，使其充分 α 化。

（8）磨碎。马铃薯在蒸煮后立即磨碎，以便很快与添加剂混合，避免细胞破裂。使用螺旋形粉碎机或带圆孔的盘碎机等机械法磨碎。

（9）加食品添加剂。在干燥前把添加剂注入马铃薯泥中，以便改良其组织，并延长其货架期。一般使用的添加剂有：亚硫酸氢钠，可防止马铃薯的非酶褐变；甘油酸酯，可提高产品的分散性。另外，添加一定量的抗氧化剂，可延长马铃薯泥的保藏寿命；添加薯片重的 0.1% 酸式焦磷酸钠可阻止由铁离子引起的变色。

（10）干燥。马铃薯泥的干燥可在单滚筒干燥机或在配有 4～6 个滚筒的单鼓式干燥机中进行。干燥后，可以得到最大密度的干燥马铃薯片，其含水量在 8% 以下。

（11）粉碎。干燥后的薯片可用锤式粉碎机粉碎成鳞片状，它是一种具有合适的组织和堆积密度的产品。

（二）颗粒状马铃薯泥

颗粒状马铃薯泥是鲜马铃薯与回填的干马铃薯颗粒混合后，再经过干燥、粉碎等工艺制成的颗粒状产品。其产品比片状脱水马铃薯泥具有更好的颗粒性，适合加工成其他种类产品。

1. 工艺流程

马铃薯→清洗→去皮→切片→预煮→冷却→蒸煮→磨碎→混合→冷却老化→干燥→过筛→包装。

2. 操作要点

（1）原料预处理。与制备片状脱水马铃薯泥相同，马铃薯经过清洗、去皮、切片、蒸煮和磨碎工艺处理后备用。

（2）混合。将磨碎的马铃薯泥与回填的马铃薯细粒混合均匀。需要注意的是在混合过程中尽量避免马铃薯细胞破碎，最大限度地保护马铃薯细胞的完整，以保证产品具有良好的颗粒性。

（3）冷却老化。冷却老化的目的是湿物料在经过低温的静止后，使产品的成粒性得到改善，降低含水量，延长保存期。

（4）干燥。利用热风干燥将产品的含水量降低到 12%～13%。

（5）过筛。经过干燥的产品，通过 60～80 目筛后，在流化床干燥，直至含水量降到 8% 以下即为成品。一般大于 80 目的马铃薯颗粒可以作为回填物。

二、天然海鲜风味马铃薯泥

1. 工艺流程

原料选择→洗涤→去皮→切片→浸泡→煮烂→打糊

$$\downarrow$$

洋葱切碎→炒香→加调味料→炒制→杀菌→冷却→马铃薯泥。

2. 操作要点

（1）原料选择。选择优质马铃薯 500 g，无青皮、无病虫害、个大均匀。禁止使用发芽或发绿的马铃薯，因为马铃薯含有茄科植物共有的龙葵素，主要集中在薯皮和萌芽中。因而当马铃薯发芽或发绿时，必须将发绿或发芽部分削除，或者整个剔除。

（2）洗涤。洗去马铃薯表面泥沙，是减少杂质污染、降低微生物污染和农药残留的重要措施。

（3）切片。将马铃薯切成 15 mm 厚的薄片。

（4）浸泡。马铃薯切片后，立即投入水溶液中，因为去皮后的马铃薯易发生褐变，浸泡处理可避免马铃薯片在加工过程中褐变。

（5）煮烂。常压下蒸煮，直至马铃薯切片中心软烂为止，可做出口感沙、品质佳、颜色正、得率高的马铃薯糊，目的是更好地操作后面的程序。

（6）洋葱碎炒香。将花生油 50 g 倒入炒锅中加热，待油温 90 ℃ 时放入洋葱碎 100 g 迅速炒出香味。

（7）炒制。锅中加入制得的马铃薯糊、天然海鲜膏、食用盐 20 g、白砂糖 15 g、姜粉 2 g、花椒粉 2 g，在特定的温度下共同炒制一段时间，冷却即可。调味料如天然海鲜膏可以提供天然海鲜的风味，并掩盖马铃薯自身生涩的不良味道，从而生产出风味佳、口感好的马铃薯泥制品。

三、猪肉马铃薯泥

1. 原料配方

马铃薯泥 70%，猪肉 22%，猪油 1.7%，洋葱 4%，食盐 1.5%，白糖 0.3%，味精 0.4%，大蒜粉 0.05%，卡拉胶 0.05%。

2. 工艺流程

原料肉→检验→斩拌→漂烫→炒制

$$\downarrow$$

马铃薯→整理去皮→蒸煮→斩拌→拌料→装袋→消毒→冷冻→金属探测→成品

$$\uparrow$$

洋葱→整理去皮→蒸煮→斩拌

3. 操作要点

（1）原料肉检验。原料肉是经县级及县级以上卫生检验检疫部门检验合格的猪肉。

（2）整理。马铃薯、洋葱去皮，去腐烂处，剔除发芽。

（3）蒸煮。修整后的马铃薯对剖，放置蒸箱内蒸煮，要求温度在 95 ℃ 以上，产品中心温度 90 ℃ 后保温 5 min 出蒸箱，洋葱的温度为 90 ℃ 以上，30 min 后出锅。

（4）斩拌。原料肉斩拌成 3 mm 的肉丁，蒸好的马铃薯、洋葱斩拌成 3～5 mm 的碎丁待用。

（5）漂烫。将斩拌后的原料肉放置到 1 000 ℃ 的沸水中漂烫约 2 min，捞出去水待用。

（6）炒制。将猪油放到夹层锅内待融化后放入洋葱，炒出香味后放入漂烫后的猪肉炒 10 min，然后放入其他辅料，加入约 1% 的清水，待马铃薯泥炒拌均匀后出锅。

（7）装袋。马铃薯泥出锅后用真空包装袋根据不同的质量要求灌装，然后抽真空。

（8）消毒。将灌装好的马铃薯泥放到沸水中杀菌 30 min，然后冷却。

（9）冷冻。将杀菌后的马铃薯泥进行速冻，速冻温度为-30 ℃，时间为 30 min，产品中心温度经速冻后为-18 ℃。

（10）金属探测。速冻后的产品要经金属探测以防异物混入。

4. 质量要求

（1）感官指标。产品色泽微黄，口感细腻，口味均匀。

（2）微生物指标。细菌总数≤1×10^4 个/g，大肠菌群及其他致病菌不得检出。

（3）保质期。-18 ℃ 以下可保存 1 年。

四、马铃薯泥片

1. 工艺流程

马铃薯选择→清洗→去皮→水泡→切片→水泡→蒸煮→冷却→捣碎→配料→搅拌→挤压成型→烘烤→抽样检验→包装→成品。

2. 操作要点

（1）马铃薯选择。选无病、无虫、无伤口、无腐烂、未发芽、表皮无青绿色的马铃薯为原料。

（2）清洗。将选择好的马铃薯放入清水中进行清洗，将其表面的泥土等杂质去除。

（3）去皮。将经过清洗后的马铃薯利用削皮机将马铃薯的表皮去除，然后放入清水中进行浸泡（时间不宜超过 4 h）。这主要是使薯块与空气隔离，防止薯块酶促褐变的发生，同时浸泡也可除去薯块中的有毒物质（龙葵素）。

（4）切片。将马铃薯从清水中捞出，利用切片机将其切成 5 mm 左右厚的薯片，然后放入清水中浸泡（时间不超过 4 h），待蒸煮。

（5）蒸煮。从清水中捞出薯片，放入蒸煮锅中进行蒸煮，蒸煮温度为 120～150 ℃，时间为 15～20 min。

（6）冷却、捣碎。将蒸煮好的薯片取出，经过冷却后利用高速捣碎机将其捣碎。

（7）配料。按比例加入麦芽糊精、精炼食用油、黄豆粉、葡萄糖等。将配料初步调整后作为基础配料，然后根据需要调成不同的风味，如麻油香味、奶油香味、葱油味等。

（8）搅拌和挤压成型。将各种原料利用搅拌机搅拌均匀并成膏状，然后送入成型机中压制成型。

（9）烘烤。将压制成型的马铃薯泥片，送入远红外线自控鼓风式烘烤箱中进行烘烤。

（10）抽样检验、产品及包装。将烘烤好的食品送到清洁的室内进行冷却，随机抽样检验其色、香、味等。将合格的产品经过包装即可作为成品出售。

3. 成品质量指标

（1）感官指标颜色：淡黄色或淡白色；

味：具有马铃薯特有的香味，兼有特色香味；

口感：脆而细，入口化渣快，香味持久。

（2）理化指标。酸度 6.5~7.2，铅（以 Pb 计）≤0.5 mg/kg，铜（以 Cu 计）≤5 mg/kg。

（3）微生物指标。细菌总数≤750 个/g，大肠菌群≤30 个/g，致病菌不得检出。

第五节　马铃薯其他休闲食品

一、马铃薯羊羹

1. 工艺流程

（1）马铃薯→清洗→蒸煮→磨碎制沙；

（2）胡萝卜→清洗→蒸煮→打浆；

（3）配料熬煮→注羹→冷却→包装→成品。

2. 操作要点

（1）预处理。将马铃薯用清水洗净，放入锅中蒸熟，然后在筛上将马铃薯擦碎，过筛即成马铃薯沙。胡萝卜经清洗后可蒸熟或煮熟，打浆成泥，也可焙干成粉然后添加。将琼脂放入 20 倍的水中，浸泡 10 h，然后加热，待琼脂化开即可。

（2）熬制。加少量水将糖化开，然后加入化开的琼脂，当琼脂和糖溶液的温度达 120 ℃时，加入马铃薯沙及胡萝卜浆，再加入少量水溶解的苯甲酸钠，搅拌均匀。当熬到温度 105 ℃时，便可离火注模，温度切不可超过 106 ℃，否则没注完模，糖液便凝固。

（3）注模。将熬好的浆用漏斗注进衬有锡箔纸的模具中，待冷却后自然成型，充分冷却凝固后即可脱模，进行包装，模具可用镀锡薄钢板按一定规格制作。

二、马铃薯冰激凌

冰激凌是以饮用水、牛乳、乳粉、奶油（或植物油脂）、食糖等为主要原料，加入适量增稠剂、稳定剂等食品添加剂，经混合、灭菌、均质、老化、凝冻、硬化等工艺而制成的体积膨胀的冷冻饮品。不同于传统油腻冰激凌，马铃薯冰激凌的优点是低脂、高营养。它既是夏季消暑佳品，又增加了维生素和矿物质等营养成分。

1. 原料配方

马铃薯 20%，白砂糖 4%，全脂淡奶粉 1%，棕榈油 1%，添加剂 0.4%，牛奶香精 0.1%，剩下部分均为水。

2. 工艺流程

（1）马铃薯泥的制备：马铃薯预处理→漂烫→切片→浸泡→蒸煮→捣烂→马铃薯泥；

（2）马铃薯冰激凌：马铃薯泥→稀释→过滤→混合调配→灭菌→均质→冷却→老化→凝冻→成型（或灌浆）→冻结→包装→成品。

3. 操作要点

（1）马铃薯泥的制备：

① 预处理。马铃薯含有茄科植物共有的茄碱苷，它的正常含量在 0.02‰ ~ 0.1‰，主要集中在薯皮和萌芽中。马铃薯受光发绿或萌芽后，产生大量的茄碱苷，超过正常含量的十几倍以上，茄碱苷在酶或酸的作用下可生成龙葵素和鼠李糖，这两种物质是对人体有害的毒性物质，一般两者在马铃薯制品中的含量超过 0.02% 时，就不能食用。当马铃薯发芽或发绿时，必须将发绿或发芽部分削除，或者整个剔出。因此，一定要选择新鲜马铃薯，保证原料无病虫害、未出芽和未受冻伤，并将清水洗净后，去皮备用。

② 漂烫。将去皮后的马铃薯放在 85 ~ 90 ℃ 的水中烫漂 1 min。马铃薯淀粉与其他谷类淀粉除结构和理论性质不同外，本质差异就是所含的各种有机和无机混合物的多少。马铃薯淀粉的灰分含量比谷类的灰分高 1 ~ 2 倍，马铃薯淀粉的灰分约一半是磷。以马铃薯淀粉计，P_2O_5 的平均含量 0.18%，比谷类淀粉高几倍。由于磷的含量高，导致马铃薯的黏度高，而影响马铃薯泥的稀释和冰激凌的品质，所以经过漂烫，可以降低黏度。

③ 切片。将马铃薯切成 1.5 cm 左右的薄片，薄厚均匀。另外，切片不宜过薄，否则会增加损耗率，导致风味损失。

④ 浸泡。马铃薯切片后容易变褐发黑，影响产品品质和色泽。褐变的主要原因是薯块中含有丹宁，丹宁中的儿茶酚在氧化酶或过氧化酶的作用下因氧化而变色。所以，马铃薯片需要在亚硫酸溶液中浸泡，以破坏氧化酶的活性。通常切片后立即投入亚硫酸溶液中，经过浸泡处理后，可避免马铃薯片在加工过程中褐变，保证马铃薯冰激凌的良好色泽。

⑤ 蒸煮。通过蒸煮，一方面将马铃薯熟化；另一方面利用热力使酶钝化，防止捣碎时发生褐变。常压下用蒸气蒸煮 30 min 左右，以按压切片不出现硬块可完全粉碎为宜。

⑥ 捣烂。蒸煮后稍冷却一会儿，用搅拌机搅成马铃薯泥。搅拌时间不宜过长，成泥即可，成泥后应在尽可能短的时间内用于生产冰激凌。

（2）马铃薯冰激凌：

① 混合调配。在马铃薯泥中加入适量水，搅拌成稀液，经 60 ~ 80 目筛网过滤，将其他经处理后的原辅料按次序加入马铃薯浆汁中，并搅拌均匀。

② 灭菌。在灭菌锅（烧料锅）中将料液加热至 85 ℃，保温 20 min。杀菌不仅可以杀灭混合料中的微生物，破坏由微生物产生的毒素，保证产品品质，还能促进混合料液的均匀混溶。

③ 均质。灭菌后将料液冷却至 65 ℃ 左右，用奶泵打入均质机中均质。均质的目的是使脂肪球变小，获得均匀的料液混合物，使冰激凌组织细腻、形体滑润、松软，提高冰激凌的

黏度、膨胀率、稳定性和乳化能力。

④ 冷却与老化。将均质后的料液迅速冷却至 4 ℃，进入老化缸，在 2～4 ℃下搅拌 10～12 h，使料液充分老化，提高料液黏度，增加产品的稳定性和膨胀率。

⑤ 凝冻。将老化成熟后的料液加入凝冻机中凝冻、膨化，使料液冻结成半固体状态，并使料液中的冰晶细微均匀，组织细腻，口感润滑；空气均匀混入，使混合料液体积膨胀，形成良好的组织和形态，即为软质冰激凌。

⑥ 成型与硬化。将软质冰激凌切割成型，或注入消过毒的杯装容器中，送入速冻隧道冻结硬化；或将软质冰激凌注入冰模后，经盐水槽硬化，得到硬质冰激凌，于-18～-25 ℃下储藏。

三、马铃薯香肠

马铃薯香肠是以马铃薯为原料制成的一种香肠。其配方为：马铃薯 70%，葱姜调味品 5%，大豆粉 5%，植物油和动物油各 2.5%，淀粉凝固剂 14.5%，防腐剂 5%。

制作工艺：将马铃薯洗净切碎成颗粒状，经过 10 min 蒸煮后加入凝固剂，然后把油、大豆粉和调味品拌入搅匀，装入预先制好的肠衣，灌制好后加热灭菌，晾至半干即成品。食用时进行蒸煮，风味独特。

四、马铃薯仿制山楂糕

1. 原料配方

马铃薯 50 kg，白糖 40 kg，柠檬酸 650 g，食用明胶 4 kg，苯甲酸钠 35 g，酒石酸 50 g，食用色素 25 g，水果香精 10 g。

2. 工艺流程

原料→预处理→蒸煮→调配→冷却成型→成品。

3. 操作要点

（1）原料选择。选用新鲜、块大、含精量高、淀粉少、水分适中、无腐烂变质、无病虫害的马铃薯，作为原料。

（2）预处理。将选好的马铃薯放入清水中进行清洗，以除去表面的泥沙等杂物，去机械伤、虫害斑疤、根须等，再用清水冲洗干净。将食用明胶按 4：13 的比例加水浸泡 2～4 h。白糖按 3：1 的比例加水，然后预煮至沸，使糖完全溶解。

（3）蒸煮。将洗净的马铃薯放入夹层锅内利用蒸汽进行蒸煮，时间为 40～50 min，至完全熟化、无硬心及生心为止。蒸煮结束后，稍经冷却，采用手工法将马铃薯的表皮去除，然后捣碎，并加入适量的水混合均匀，再过 60 目的细筛成薯泥备用。

（4）调配。将制好的薯泥和处理好的其他配料全部放入夹层锅内，充分搅拌均匀，再升温继续搅拌片刻即可出锅。

（5）冷却成型。将出锅的薯泥倒入准备好的洁净容器中进行成型。冷却时间为 12～15 h，成糕后经过切分成小块进行包装。经过检验合格后即为成品。

五、马铃薯果丹皮

1. 原料配方

马铃薯 30 kg（或 20 kg），胡萝卜 70 kg（或 80 kg），白砂糖 60～70 kg，柠檬酸适量，水 40～50 kg。

2. 工艺流程

原料选择→清洗→软化→破碎→过筛→浓缩→刮片→烘烤→揭片→包装→成品。

3. 操作要点

（1）选料。选新鲜胡萝卜，去除纤维部分；马铃薯应挖去发芽部分。

（2）清洗。将原料用清水洗净后，切成薄片。

（3）蒸煮。将原料放入锅中，加水蒸煮 30 min 左右，以胡萝卜柔软、可打成浆为宜。

（4）破碎。用锤式粉碎机或打浆机将蒸煮的胡萝卜和马铃薯打成泥浆，越细越好，要求能用筛孔直径为 0.6 mm 的筛过滤。

（5）浓缩。往过滤后的浆液加入白砂糖，同时加入少量柠檬酸，熬煮一段时间。当浆液呈稠糊状时，用铲子铲起，往下落成薄片形即可。当 pH 值为 3 左右时便可停止浓缩。如酸度不够，可补加适量柠檬酸溶液。

（6）刮片。将浓缩好的糊状物倒在玻璃板上，也可用较厚的塑料布代替玻璃板，用木板条刮成 0.5 cm 厚的薄片，不宜太薄也不宜太厚。太薄，制品发硬；太厚，起片时易碎。

（7）烘干。将刮片的果浆放入烘房，在 55～65 ℃ 温度下烘烤 12～16 h，至果浆变成有韧性的果皮时揭片。

六、马铃薯营养泡司

马铃薯营养泡司的特点是口感香脆，易于消化，可根据产品需要调节不同风味，另外添加营养强化剂作为老人和儿童补钙、铁的休闲食品。

1. 工艺流程

淀粉→打浆→调粉→成型→汽蒸→老化→切片→干燥→油炸→膨化→调味→成品。

2. 操作要点

（1）打浆。将马铃薯淀粉和水按照 1∶1 比例加入搅拌机内，共 20 kg 物料，搅拌均匀，制成马铃薯浆状，备用。

（2）糊化。往马铃薯浆加入沸水，一边加入一边搅拌，直到呈透明糊状。

（3）调粉。在已糊化的淀粉中加入蔗糖 0.6 kg、精盐 0.85 kg、味精 0.2 kg、柠檬酸钙 0.86 kg，可根据不同的产品需求额外添加其他强化剂。

（4）成型。将面团制成长 45 mm、直径 30 mm 的椭圆形面棍。

（5）汽蒸。利用 98.067 kPa 压力的蒸汽蒸 1 h 左右，使面棍熟化充分，呈透明状，组织较软，富有弹性。

（6）老化。待汽蒸的面棍完全冷却后，在 2～5 ℃ 温度下放置 24～48 h，使汽蒸后涨粗的面棍恢复原状，此时面团呈不透明状，组织变硬且富有弹性。

（7）切片。用不锈钢道具将面棍切成 1.5 mm 厚的薄片，或 1.5 mm 厚、5～8 mm 宽的条状。

（8）干燥。将条状或片状的胚料放置在烘干机内，于 45～50 ℃ 的低温下烘干，时间为 6～7 h。烘干后的胚料呈半透明，质地脆硬，用手掰开后断面有光泽，水分含量为 5.5%～6%。

（9）油炸。可采用间歇式或连续式油炸，投料量应均匀一致，油温应控制在 180 ℃ 左右。若油温过低，配料内的汽化速度较慢，短时间内形成的喷爆压力较低，使产品的膨化率下降；若油温过高，产品则易发生卷曲、发焦，影响感官效果。

（10）调味。在制品拌撒不同类型的调味料，最后包装即为成品。

七、法式油炸马铃薯丝

以马铃薯全粉为主料添加谷粉 0.5%～20%、大豆蛋白粉 0.2%～10%、鸡蛋蛋白粉 0.2%～10%、淀粉 0.5%～20%，配好料后，加适量的水搅拌，混合均匀，然后将此混合物做成各种形状，经过油炸，根据需要添加适量调味品，即可得到法式炸马铃薯丝食品。另外，产品配料比例的多少将会影响成品的口感，并且会使其表面结成一层较硬的皮膜，影响产品的质量。

八、马铃薯多味丸子

在饮食领域，丸子是人们喜欢的一种大众化食品，但多以肉丸子为主。以马铃薯为主体，根据营养与口感的互补原理制作的马铃薯丸子，或添加不同的蔬菜泥，制成五颜六色的系列薯丸，产品不但色泽美观，而且口感与味道俱佳，成本低廉，是一种很有开发潜力的大众化方便食品。

1．工艺流程

选料→去皮→制泥→配料→制丸→蒸熟→包装→杀菌→成品。

2．操作要点

（1）选料。选用新鲜马铃薯和各种蔬菜，如番茄、胡萝卜、白菜、黄花菜等。

（2）制泥。先将马铃薯去皮，再和所需原料切碎，各自打成泥浆状备用。

（3）配料。以马铃薯为主料配以各种蔬菜泥和调味品，搅拌均匀。

（4）制丸。在制丸机中将各种菜泥制成均匀的薯丸，其颗粒大小灵活掌握。

（5）蒸熟。将制好的丸子上蒸笼蒸熟，火候掌握要适当。

（6）包装。稍凉后，装入包装袋真空包装，但真空度不宜过高，否则容易相互粘连。

（7）成品。包装后须二次灭菌，冷却后即为成品。保质期为 3 个月。

九、油炸膨化马铃薯丸

1．原料配方

去皮马铃薯 79.5%，人造奶油 4.5%，食用油 9.0%，鸡蛋黄 3.5%，蛋白 3.5%。

2．工艺流程

马铃薯→洗净→去皮整理→蒸煮→熟马铃薯捣烂→混合→成型→油炸膨化→冷却→油氽

→沥油→成品。

3. 操作要点

（1）去皮及整理。将马铃薯利用清水清洗干净后进行去皮，去皮可采用机械摩擦去皮或碱液去皮。去皮后的马铃薯应仔细检查，除去发芽、碰伤、霉变等部位，防止不符合要求的原料进入下道工序。

（2）煮熟、捣烂。采用蒸汽蒸煮，到马铃薯完全熟透为止。然后将蒸熟的马铃薯捣成泥状。

（3）混合。按照配方的比例，将捣烂的熟马铃薯泥与其他配料加入搅拌混合机内，充分混合均匀。

（4）成型。将上述混合均匀的物料送入成型机中进行成型，制成丸状。

（5）油炸膨化。将制成的马铃薯丸放入热油中进行炸制，油炸温度为 180 ℃左右。

（6）冷却、油余。油炸膨化的马铃薯丸，待冷却后再次进行油炸。

（7）沥油、成品。捞出沥油后的油炸膨化马铃薯丸，成品马铃薯丸的直径为 12～14 mm，香酥可口，风味独特。

十、马铃薯馅

目前，市场上馅料产品比较单一，多以水果馅为主。水果馅大多含糖量高、甜度大，已不太适应当今消费者低糖或无糖的要求。以马铃薯为主料，配以适量蔬菜，经特殊工艺精制而成的马铃薯馅，不但无糖，而且口感独特，营养丰富，完全可以作为水果馅的替代品，是不喜爱甜食及糖尿病患者的理想馅料。

1. 工艺流程

选料→蒸煮→混合打浆→调配→浓缩→炒馅→包装→成品。

2. 操作要点

（1）选料。选用新鲜的马铃薯、胡萝卜和成熟度好的南瓜。

（2）蒸煮。将 3 种原料洗净，切成小块，蒸到软熟为止。

（3）混合打浆。用打浆机将按比例配好的 3 种原料一起打浆，打成无颗粒的细腻浆泥。

（4）浓缩。在浓缩锅中进行真空低温浓缩。

（5）炒馅。将浓缩到含水量为 20%的马铃薯泥浆，加入 2%的植物油进行炒制，当含水量为 18%左右时趁热密封包装，并进行二次灭菌，即为成品。

第五章　马铃薯调味品加工技术

第一节　马铃薯液体调味品

调味品是中国烹饪饮食中重要的辅助配料之一，让食物产生色、香、味，赋予食品独特的香味和口感。马铃薯调味品主要包括食醋、酱油、味精、大酱等产品，是利用马铃薯代替淀粉通过微生物酿造而制成的。

一、马铃薯食醋

中国传统的食醋是以大米、糯米、高粱或小米等粮食为原料，经过蒸煮、液化和糖化，使淀粉转变为糖，加入微生物利用糖发酵生成乙醇，最后在醋酸菌的作用下将乙醇转化为醋酸。马铃薯食醋是以马铃薯为原料，经发酵而制成液态的食醋产品。其产品特点是营养价值高，其中钾的含量比米醋多30多倍，17种氨基酸的总量比米醋多1倍多，其中赖氨酸、缬氨酸和苯基丙氨酸的含量则要多2~3倍，因此马铃薯食醋更有利于人体健康，并已实现规模化、工业化生产。

1. 工艺流程

原料→预处理→发酵→拌醋→熏醋→淋醋→成品。

2. 操作要点

（1）原料的选择。选择新鲜的100 kg马铃薯，大小不限，去除发芽、腐烂和绿变等部分。

（2）原料的预处理。先将马铃薯用自来水浸泡后洗涤干净、沥干。然后用粉碎机将其粉碎，以扩大物料与酶的接触面积，再加适量水制成浆液状。最后将马铃薯浆液进行蒸煮，既使马铃薯淀粉易于后期糖化，又能杀灭物料表面残留的微生物，达到杀菌的目的，减少酿造过程中杂菌的污染。

（3）发酵。将蒸煮过的马铃薯浆装入到发酵瓮中，当距离瓮口20 cm时，在上面掺入煮成糊状的5 kg高粱，再加入发酵用食醋的曲种，不断搅拌均匀，然后在25 ℃的温度下进行发酵，时间为14天左右。当发酵瓮中冒气泡，嗅到有醋酸味时，即发酵成功。

（4）拌醋。将新容器清洗干净后，在容器底部加入8 kg左右的米糠或高粱壳，再加入发酵后的马铃薯醋料，用工具搅拌均匀，使物料相互摩擦。将搅拌后的醋坯放在25~30 ℃的室内，保持每天搅拌均匀。到第14天，当醋坯的颜色变为红色，并有很香的醋酸味，且能反复品尝出很浓的醋酸味时，说明拌醋已经成熟。

（5）熏醋。制作熏缸，将拌好成熟的醋坯装入熏缸中，熏制 3～4 h，把熏坯熏成酱红色时，便可以进行淋制食用醋。

（6）淋醋。把熏好的醋坯装入下部有淋出口的瓷缸中，底部再置一接醋缸。淋醋缸的底下可以垫些过滤物，如豆秸之类的材料，然后将醋坯装好，用烧开的沸腾水加入淋缸中反复淋出醋液，这样淋出的便为食用醋。一般 100 kg 的马铃薯料加入 100 kg 水能淋出 100 kg 食用醋。当醋坯淋到由红变黄、色浅味淡，尝到寡而无味时，就可以停淋。淋完醋的坯可以做饲料用来喂猪或牛，把各次淋出的醋均匀混合在一起即为醋液。

（7）装瓶杀菌。装瓶后进行杀菌，杀菌的温度为 80～90 ℃，可根据生产需要另外添加 0.1%～0.15% 苯甲酸钠，用作防腐生霉。

二、马铃薯酱油

酱油是中国传统的调味品，主要是以豆、麦、麸皮为原料酿造的液体调味品。色泽红褐色，有独特酱香味，滋味鲜美，有助于促进食欲。而用马铃薯制得的酱油，色泽较深，产品自身清香味，其生产成本比大豆或粮食低，值得推广。

（一）薯干制酱油

1. 工艺流程

制曲→制酱醅→发酵→分离→调配→成品。

2. 操作要点

（1）制曲。取 15 kg 麦麸蒸熟，加入 60～80 ml 米曲霉，充分拌匀后平摊于曲盘内，保持温度 25～30 ℃，经 3～4 天即成曲。

（2）制酱醅。取 50 kg 薯干，在蒸笼中蒸 2 h 后揭开笼盖，均匀洒上清水至薯干湿润，再盖上笼盖继续蒸 1 h。然后将其倒在竹席上，摊平 4～5 cm 厚，当温度降至 40 ℃ 左右时，加入曲，再加入麦麸 10 kg、豆饼 10 kg，混合均匀，摊平约 4 cm 厚；夏季放 4 天，冬季放 6～7 天，即成酱醅。

（3）发酵。将酱醅捣碎成粉末状，装入布袋及麻袋中发酵。当发酵湿度达 50 ℃ 时，加入相当于酱醅重 50% 的 70 ℃ 热水，搅拌均匀，分几个缸盛装，并在上面撒一层 1～2 cm 厚的食盐，放进 70 ℃ 左右的温室中保温，经 24 h 后，再加入 1.6 倍于酱醅重的 14% 的盐水；拌和均匀，仍放入 70 ℃ 的温室中保温，经过 2 天左右，发酵即告完成。

（4）分离、调配。发酵成熟后，可用虹吸法抽吸上层液体，使其与渣滓分离，渣滓可作饲料用。由于这种液体颜色很浅，可加入 0.07% 左右的酱色（或 7% 左右的红糖），再加适量味精调配后，即成色、香、味俱佳的酱油。

（二）马铃薯薯粉制酱油

1. 工艺流程

湿薯粉、麸皮→蒸煮→拌料→熬制→压滤→成品。

2．操作要点

（1）蒸煮。称取 35 kg 湿薯粉和 15 kg 麸皮拌匀，装入甑桶用大气蒸 1～1.5 h，至蒸熟蒸透。此时蒸出的料具有曲料特有的香气、疏松、不烂、无夹心、不粘手，捏之成团，触之即散。蒸煮的目的是使原料蛋白质完全适度变性；原料中淀粉充分糊化，以利于糖化；杀灭原料中的杂菌，减少制曲时的污染。

（2）拌料。将蒸过的粉料摊平开，晾凉至 60 ℃，拌入 25 kg 半成品曲种，入缸保温分解糖化 2～3 h。将缸口密封后，加热，将温度提高到 95～100 ℃，连续保温分解 4 天，即可制得酱油醅料。

（3）熬制。取 12.5 kg 食盐溶于 25 L 开水并与醅料混合，加入 3 kg 酱色及大料、小茴香、花椒等调味料，充分搅拌均匀，倾入大锅搅拌熬制 1.2 h。装入布袋，压滤，包装得酱油产品。

第二节　马铃薯固体调味品

一、马铃薯味精

味精是食品菜肴中常用的调味料，其主要成分是谷氨酸钠，主要作用是增加食品的鲜味。一般是采用发酵法，即对菌株利用淀粉水解糖进行发酵来生产味精。马铃薯味精不同于传统的味精，它以马铃薯为主要原料作为淀粉的主要来源，其优点是替代了玉米淀粉，节约了成本，其产品值得进一步研发。

1．工艺流程

原料→淀粉→调配→液化接菌种→糖化→脱色→结晶→成品。

2．操作要点

（1）制取淀粉。选择块茎大、无腐烂、淀粉含量较高的马铃薯，洗净后放到粉碎机中打成泥状，按照 1∶1 的比例加入适量的清水，搅拌均匀，然后用纱布过滤，为提高原料的利用率，未通过纱布的滤渣可再次粉碎，然后加入清水再压滤一次，静置 20～24 h，除去上层清液后，将下层淀粉经过压滤出去多余水分，烘干、粉碎后即为马铃薯粗淀粉。

（2）调配。将获得的马铃薯淀粉用清水制成淀粉乳，并不断搅拌加入 Na_2CO_3 或 $NaHCO_3$，调节淀粉乳的 pH 值到 6.5～7。

（3）液化接菌种。将淀粉乳进行抽滤，出去粗糙物质等物质，然后在滤液中按照 50kg 干淀粉比例加入 0.25kg 谷氨酸发酵菌种，然后搅拌均匀。

（4）糖化。将上述液体搅拌 30 min 后，加热到 87 ℃，保持 60 min，当测出糖液的转化率达到 95% 以上，保温 5 min，进行灭酶。

（5）脱色和结晶。将上述糖液停止加热后，加入总液量 1% 的活性白土进行脱色，搅拌 30 min，静止 2 h，再抽滤，将滤液加热到 75 ℃，再加入总液量 3% 的粉末活性炭，搅拌保温 15 min 进行脱色，然后抽滤，最后将滤液减压浓缩至有白色晶体析出。此时降温到 4 ℃，静置结晶 12 h 后得到白色晶体，最后将晶体在 75 ℃ 的温度下干燥，加入一定量的食盐即为味精成品。

二、马铃薯大酱

大酱是微生物发酵而制成的酱制品，是我国传统的发酵调味品，具有浓郁的酱香和酯香，咸甜适口，可用于烹制各种菜肴。马铃薯大酱是以马铃薯渣为原料制取的大酱，产品质量与粮食制或豆类大酱相比，本品外观色黑亮泽，口味醇厚芳香，很有特色。

1. 工艺流程

淀粉渣、高粱面→蒸煮→分解→配制→熬制→成品。

2. 操作要点

（1）蒸煮。将 40 kg 淀粉渣加水磨碎，滤取沉淀烘干。与 10 kg 高粱面拌匀，装入木甑大气蒸煮 1~1.5 h，至蒸熟蒸透。

（2）分解。出锅摊凉至 60%拌入 2.5 kg 小米制黄曲菌半成品曲种，入缸于 60 ℃ 保温糖化分解 2~3 h。密封缸口，慢火加热至 95~105 ℃ 保温约分解 5 天，得黄黑色大酱醅料。

（3）配制。把酱醅研磨至细腻状，加入 30 L 开水拌匀，再加入 10 kg 食盐、2.5 kg 酱色及生姜、小茴香、花椒等调味品，充分搅拌。加热至 85%~89%保温搅拌 1~1.5 h，熬至一定浓度制得产品。

第六章　马铃薯饮品类加工技术

马铃薯饮品是以新鲜马铃薯及其副产品为原料，经过添加辅料、蒸煮、发酵等相关制作工艺，制成的一类液体状或膏状饮品。主要有马铃薯酒精饮品、马铃薯乳饮料、马铃薯果味饮料。

第一节　马铃薯酒精饮品

一、鲜马铃薯白酒

1. 原料及试剂

鲜马铃薯，酿酒酵母，α-淀粉酶。

2. 工艺流程

马铃薯→打浆→蒸煮糊化→调 pH 值→α-淀粉酶酶解液化→调 pH 值→糖化酶糖化→调 pH 值→调整糖度→酵母→发酵 7 d→蒸馏→陈酿。

3. 操作要点

（1）将马铃薯洗净、切片、蒸至无硬心，约 30 min，按料水比 1∶2 的比例打浆，根据马铃薯中淀粉含量（采用旋光仪测定），待水浴锅温度升至 50 ℃，加入 0.02%无水氯化钙和 10 μ/g 的 α-淀粉酶（按淀粉克数计），待温度升至 90 ℃，保温 70 min。

（2）用柠檬酸调 pH 值至 4.0～4.5，按 150 U/g 的量加入糖化酶，在 60 ℃下保温一定时间。

（3）酵母在添加前于 30 ℃下用水或马铃薯糖化液活化 30 min，添加量为 0.2 g/L。

（4）在发酵过程中，为了监测发酵温度和过程，每天在一个规定的时间来测定酒体温度、质量和糖度。

（5）发酵温度一般控制在 22～28 ℃，待糖度和质量近乎恒定时，即可判断为发酵结束。

（6）最后将发酵液在 90 ℃（微沸状态）进行蒸馏，加入橡木片陈酿 15 d 后制得马铃薯蒸馏酒样品。

（7）如果马铃薯薯渣开始沉到下面、液面不再有气泡翻滚现象发生、能闻到酒的香味并且没有酸味，主发酵过程就结束了。

（8）将发酵结束的马铃薯发酵醪过滤，待过滤后，装入圆底烧瓶，开始加热，蒸馏。

二、马铃薯渣白酒

在马铃薯淀粉加工的过程中，通常会留下大量的薯渣，有的将其作为饲料喂猪或作为他用，造成很大的浪费。实际上，用鲜薯加工淀粉后，得到的薯渣中淀粉的含量仍然很高，淀粉的结构疏松，有利于蒸煮糊化。所以，用马铃薯薯渣酿酒，一般出酒率较高，从而使这一副产品得到充分利用。

1. 工艺流程

原料选择→制浆→蒸料→加酒曲→发酵—装甑→蒸馏→白酒。

2. 操作要点

（1）原料选择。马铃薯薯渣要求新鲜、洁净、干燥。有霉变、夹杂多的薯渣因带有大量杂菌，会导致酒醅污染，还会给成品酒带来杂味，所以，对薯渣要进行严格的筛选。另外，有黑斑病的鲜薯也应挑出来。酿酒前，将筛选好的马铃薯薯渣粉碎成末，储于清洁、干燥、通风的房屋内待用。

（2）制浆。在粉碎的马铃薯薯渣内加 85~90 ℃的热水，搅拌均匀，至薯渣足水而产生流浆，薯渣与水的质量比为 10：70。

（3）蒸料。在甑桶内蒸熟薯渣，大气蒸 80 min 后，出甑加冷水，渣水质量比为 100：(26~28)。

（4）加酒曲。按渣曲质量比 100：(5~6) 的比例将蒸熟的薯渣与酒曲充分混合均匀。

（5）发酵。入池前料温为 18~19 ℃，发酵周期为 4 d，发酵过程中温度控制在 30~32 ℃。

（6）装甑。发酵结束后，取料出池，料温不得低于 25~26 ℃。利用簸箕将取出的料装入甑桶，操作时要注意：装甑要疏松，动作要轻快，上气要均匀，甑料不宜太厚且要平整，盖料要准确。

（7）蒸馏。装甑完毕后，插好馏酒管，盖上甑盖，盖内倒入水。甑桶蒸馏要做到缓气蒸馏，大气追尾。在蒸馏酒过程中，冷却水的温度大致控制如下：酒头在 30 ℃左右，酒身不超过 30 ℃，酒尾温度较高，经摘酒后，蒸得的酒为大渣酒。

（8）二次发酵、蒸馏。把甑内料取出，摊晾在地上进行冷却。按上述数量加水、加曲，不配新料，入池发酵 4 d。入池料的温度及操作方法与前相同，这次蒸得的酒叫二渣酒。

（9）三次发酵、蒸馏。第二次蒸馏完毕，仍按前次操作，出料、摊晾、冷却、加水、加曲，入池发酵 4 d。这次蒸得的酒叫三渣酒。

在按上述步骤操作时，对装甑工序应注意：通常的装甑方法有："见湿盖料"，指酒气上升至甑桶表层，酒醅发湿时盖一层发酵的材料，避免跑气，但若掌握不好，容易压气；"见气盖料"则是酒气上升至甑桶表层，在酒醅表层稍见白色雾状酒气时，迅速准确地盖上一层发酵材料，此法不易压气，但易跑气。这两种操作方法各有利弊，可根据自己装甑技术的熟练程度选择使用。此法酿酒的整个生产周期为 12 d，原渣出酒率可达 47%左右。

三、马铃薯黄酒

1. 原料配方

马铃薯、花椒、茴香各 100 克，碎麦料适量。

2. 工艺流程

原料→预处理→配曲料→拌曲发酵→冷却降温→装瓶→杀菌→成品。

3. 操作要点

（1）预处理。将无病虫烂斑的马铃薯洗净，去皮，入锅加水煮熟，出锅摊晾后倒入缸中，用棒捣成泥糊状。

（2）配曲料。每 100 kg 马铃薯生料用花椒、茴香各 100 克，兑水 20 升，入锅用旺火烧开，再转用文火熬 30～40 min，出锅冷却后，过滤去渣。再向 10 kg 碎麦曲中加入冷水，搅拌均匀待用。

（3）拌曲发酵。将曲料液倒入马铃薯过滤液浆中，并入缸搅拌成均匀稀浆状，密封缸口，置于 25 ℃ 左右的温度下发酵，每隔一天开缸搅拌一次。当浆内不断有气泡溢出后，则有清澈的酒液浮在浆上，飘出浓郁的酒香味，证明发酵结束，停止发酵。

（4）冷却降温。为防止酸败现象产生，应迅速将缸搬到冷藏室内或气温低的地方。开缸冷却降温，使其骤然冷却。一般在 5 ℃ 左右冷却效果较好；也可用流动水冷却。

（5）装瓶和杀菌。将酒浆冷却后，装入干净的布袋，压榨出酒液。然后用酒类过滤器过滤两遍。过滤的酒装入瓶中，放入水浴锅中加热到 60 ℃ 左右。灭菌 5～7 min，压盖密封，即为成品。

4. 产品特点

用马铃薯酿制的黄酒，品质好，售价高，具有较好的市场竞争力。过滤取得的酒糟，含有大量的蛋白质、氨基酸、活性菌，可直接用作畜禽饲料（喂猪效果最好），或晒干储存作饲料。

三、柿叶-马铃薯低酒精度饮品

柿叶-马铃薯低酒精度饮品是利用马铃薯发酵汁与柿叶汁按一定比例配制而成的饮料，是一种新型的复合保健低酒精度饮料，可与果酒相媲美。既有天然发酵的醇香味，又有柿叶的清香，营养丰富，酒精含量低微，除消暑解渴外，还能促进人体消化，是既可作饮料又能代酒助兴的良好保健饮料。

1. 工艺流程

（1）制备柿叶汁工艺流程：

柿叶→选择→清洗去脉→杀青→浸泡→破碎→浸提→过滤澄清→柿叶汁；

（2）制备马铃薯酒醪工艺流程：

马铃薯→选择→清洗→去皮→切分→蒸煮→打浆→液化→糖化→发酵→过滤→马铃薯酒醪；

（3）制备马铃薯低酒度饮料工艺流程：

柿叶汁、马铃薯酒醪、糖浆、柠檬酸→调配→灌装→排气→密封→杀菌→冷却→成品。

2. 操作要点

（1）柿叶汁的制备：

① 原料清洗。选择质厚、新鲜、无病、无虫、无损伤的柿叶。用冷水冲洗叶子上的污物和杂质，如洗不净，可以用碱液清洗，再用清水冲洗干净，再去掉叶梗，抽掉粗硬的叶脉。

② 杀青。杀青可固定原料的新鲜度，保持颜色鲜艳，同时破坏组织中的氧化酶，防止柿叶中维生素 C 和其他成分的氧化分解。通过杀青可破坏原料表面细胞，加快水分渗出，有利于干燥，并除去叶子的苦涩味。杀青时，水温保持在 70 ~ 80 ℃（烧至有响声为止），漂烫时间 15 min，每隔 5 min 翻动 1 次，要烫除青草味。漂烫水温不宜过高，时间不宜过长，否则营养会损失，但水温过低、时间太短，杀青效果不理想。

③ 冷水浸泡。将杀青后的叶子捞出后，立即投入冷水中浸泡，浸泡时间 5 min，浸泡的目的是保持叶子绿色不变，同时洗去苦涩味。

④ 破碎。待柿叶组织中角质转化后，用手揉搓使柿叶变碎，但不宜太碎。也可用手撕，也可用刀切，保持大小均匀。

⑤ 柿叶汁浸提。将柿叶加 20 倍的软化水煮沸 3 ~ 4 min 后，过滤取汁，柿叶渣再加适量软化水煮沸 4 ~ 5 min，再过滤取汁。将两次柿叶汁合并后，再精滤澄清得柿叶清汁，备用。

（2）马铃薯酒醪的制备：

① 马铃薯预处理。选择优质马铃薯，无青皮、无病虫害、个大均匀。禁止使用发芽或发绿的马铃薯。把马铃薯清洗干净后去皮切分为 1 ~ 1.5 cm 厚度片状，常压下用蒸气蒸煮 30 min 左右，蒸煮至熟透软化为止。按物料 1∶1 加水用打浆机打成粉浆后，加入已活化的耐高温 α-淀粉酶，充分混匀，调 pH 值为 6.0 ~ 7.0，在 95 ~ 100 ℃ 温度下进行液化至碘色反应为棕红色为止。将液化后的马铃薯液降温至 50 ~ 60 ℃，用柠檬酸调 pH 值为 4.0 ~ 5.0，加入已活化的糖化酶，充分搅拌，60 ℃ 糖化 80 min。将糖化后的马铃薯液用石灰乳调整 pH 值为 8.0，加热为 55 ℃ 左右进行清净处理，以除去果胶，减少发酵过程中所产生的甲醇含量。

② 发酵。经酵母菌作用将葡萄糖转化为酒精的过程。首先将外购活性干酵母进行活化。已清洗处理的马铃薯糖液冷却至 30 ℃ 左右，调节 pH 值为 3.5 ~ 4.0，加入马铃薯原料量 2% ~ 3% 的已活化的酒用活性干酵母液，充分搅拌装罐，温度控制在 28 ~ 30 ℃，发酵至马铃薯发酵中有大量的汁液，味甜而纯正，具有发酵香和轻微的酒香，其酒精度为 5% ~ 6% 即可。

③ 过滤。发酵醪用 3 层纱布，内含 2 层脱脂棉，下垫 150 目分样筛过滤，反复 3 ~ 4 次后放置澄清，取上清液备用。

④ 糖浆制备。在不锈钢夹层锅内，先将一定量的软化水加热至沸后，加入砂糖并继续加热至砂糖完全溶化。再添加适量的柠檬酸、鸡蛋清搅拌均匀，并继续加热 15 ~ 20 min 后，加入预订量蜂蜜液，搅拌均匀，最后用 2 层纱布过滤即可。

（3）柿叶-马铃薯低酒精度饮品：

① 调配。按产品的质量指标，将马铃薯酒醪与柿叶汁按 4∶1 ~ 5∶1 比例混合，再用糖浆、柠檬酸对其糖度及 pH 值进行调整。然后再精滤，即得马铃薯低酒精度饮料。

② 装瓶、排气、密封、杀菌。将经过精滤澄清的马铃薯低酒精度饮料灌装于玻璃瓶中，在沸水条件下排气至中心温度 70 ℃ 以上时，趁热用软木塞封口，在 85 ℃ 杀菌 15 min，冷却至室温即为成品。

四、桑叶马铃薯发酵饮料

1. 工艺流程

（1）马铃薯汁：马铃薯→预处理→发酵→过滤→马铃薯汁；

（2）桑叶汁：桑叶→清洗→热烫护色→破碎→浸提→过滤澄清→桑叶汁；

（3）马铃薯汁、桑叶汁→调配→排气→杀菌→成品。

2. 操作要点

（1）马铃薯预处理。马铃薯洗净后于沸水条件下蒸煮 30 min，冷水冷却，去皮切分为 1 cm 左右厚的片状，沸水条件下蒸煮至熟透软化为止，将物料和水按照 1∶1 比例混合后打浆，加入已活化 α-淀粉酶，充分混匀，调 pH 值为 6.0 ~ 7.0，80 ℃ 温度条件下进行液化至碘色反应为棕红色为止。将液化后的马铃薯液降温至 50 ~ 60 ℃，用柠檬酸调 pH 值为 4.0 ~ 4.5，加入已活化的糖化酶，充分搅拌，60 ℃ 温度条件下糖化 80 min。将糖化后的马铃薯液用石灰乳调整 pH 值为 8.0，加热到 55 ℃ 左右进行清净处理，以除去果胶减少发酵过程中所产生的甲醛含量。

（2）发酵。已洗净处理的马铃薯糖液冷却至 30 ℃ 左右，按占马铃薯原料的 0.1% 的量加入活化后的酒用活性干酵母，充分搅拌装坛。把发酵坛放入恒温箱中，温度控制在 20 ~ 28 ℃，pH 值为 3.5 ~ 4.0，发酵直到马铃薯醪中有大量的汁液，味甜而纯正，具有发酵香和轻微香的酒香，其酒精度为 5.5% ~ 6.5%（体积分数）即可。

（3）过滤。发酵醪用 3 层纱布，内含 2 层脱脂棉，下垫 150 目分样筛过滤，反复 3 ~ 4 次，然后放置澄清取上清液，以备用。

（4）桑叶汁的制备。桑叶经清洗浸泡 20 ~ 30 min 并清洗干净后，在沸水中热烫 30 s，按桑叶重加入 1∶10 的软化水进行捣碎，补足 1∶30 的软化水，调节 pH 值至 5.0，于 40 ℃ 下浸提完成后，用 150 目的纱布过滤，将所得滤液加热至沸腾，维持 3 ~ 5 min，再精滤澄清即可。

（5）调配。将马铃薯醪汁与桑叶汁按(4∶1) ~ (6∶1)比例混合，再用蔗糖、柠檬酸对其糖度及 pH 值进行调配。

（6）排气、密封、杀菌。将已灌装好的饮料在沸水条件下排气至中心温度 70 ℃ 以上时，趁热密封在 85 ℃ 条件下杀菌 15 min。

3. 产品质量指标

（1）感官指标。成品饮料呈柠檬黄、半透明液体，无分层现象，具有马铃薯发酵香和桑叶汁清香，有酒味而不刺口。

（2）理化指标。糖度 8% ~ 12%，酒度 1% ~ 3%，pH 值 3.2 ~ 3.7，甲醇含量 0.04 g/100 mL，铜（以 Cu 计）≤100 mg/L。

五、马铃薯茎叶发酵酒

1. 工艺流程

马铃薯茎叶→制汁→酶处理→巴氏灭菌→冷却→酒精发酵→成分调整→过滤→杀菌→冷却→成品。

2. 操作要点

（1）马铃薯茎叶汁的制备。

制备马铃薯茎叶汁应以新鲜的马铃薯茎叶为原料，采用人工漂洗或蔬菜清洗机漂洗以去除马铃薯茎叶的泥土、灰尘、微生物等。用含盐 2% 的食盐水溶液浸泡原料 10~20 min 可清除其上的病菌、虫卵和残留的农药，接着用清水漂洗一次可除去表面的盐水。进一步清洗干净后用 0.1%~0.2%NaOH 溶液在 40~50 ℃ 处理 15 min，用菜刀把甘薯茎叶切断。然后采用微波加热（中火，额定输出功率为 480W）原料 11 min，以清除 90% 的残留农药，杀死微生物，破坏氧化酶的活性，去除组织中的部分气体，使其保持原有的色泽和维生素。微波加热前加入 0.01% 的维生素 C，有利于风味物质的渗出。这样就克服了传统果蔬加工用沸水烫煮以杀微生物和钝化酶导致大量的水溶性营养成分（如维生素等）流失的问题。然后将它立即投入冷水冷却，避免残留的余热使其可溶性质变化、色泽变暗及微生物繁殖。将冷却过的原料倒入打浆机加水适量（淹没马铃薯茎叶为宜），打浆，然后可用变速胶体磨磨细。经研磨后，叶肉组织结构完全破坏，果胶、糖分、氨基酸等有机物质充分析出，形成质地均一、细腻的甘薯茎叶浆。这种研磨利于提高饮料酒的稳定性。

（2）酶处理。

在马铃薯茎叶浆液中添加 0.012% 的精制果胶酶，在 40~45 ℃ 水浴中处理 40 min，pH 值 4.1，可得到组织细腻、均匀一致的马铃薯茎叶浆料。因为加入的果胶酶可有效分解马铃薯叶中的果胶物质，使马铃薯茎叶汁黏度降低，容易榨汁、过滤，提高汁率。

（3）巴氏灭菌、冷却。

甘薯茎叶浆采用巴氏灭菌法（60~63 ℃ 20 min），破坏果胶，去除马铃薯茎叶的生青味，有利于提升马铃薯茎叶口味质量，然后迅速冷却至室温，减少有效成分的破坏。

（4）酒精发酵。

① 糖分的调整。根据 1 kg 全糖可产生 0.667 kg 乙醇来计算所需的加糖量，

加糖量=马铃薯茎叶汁质量×（发酵后要求达到的酸度/0.667-马铃薯茎叶汁含糖量）。

将马铃薯茎叶汁糖的质量分数调整为 15%。

② 酒精发酵管理。搅拌均匀后，密封使其进行酒精发酵，温度控制在 22 ℃。接种后 3.5 d 进入主发酵期，主发酵维持 4 d。在这期间酵母发酵旺盛，放热多，品温上升快，要注意采取措施降低品温，及时搅拌，使品温不超过 27 ℃。为了防止发酵罐表面产热过多而影响发酵及杂菌感染，每天需搅拌 2~3 次。后发酵在 18 ℃ 温度下发酵 16 d。酒精发酵结束，除去酒脚等沉淀物，得到马铃薯茎叶发酵酒，其酒精度可达 0.08 g/mL。接种酿酒酵母的添加量为 0.2 g/L。

（5）调整成分。

根据口感调整糖酸比例。

（6）过滤和杀菌。

采用硅藻土过滤，选用明胶-单宁澄清。要使马铃薯茎叶酒有清香味、酒澄清，必续进行过滤，在 100 kg 原酒中加入 6~10 g 单宁、24~26 g 明胶。先用热水溶解单宁，加入酒中搅拌均匀，再加入明胶，因正负电荷相结合，形成絮状沉淀，吸附酒样中的杂质、灰尘，静止 10~15 d 后，进行过滤。杀菌，采用 85 ℃ 杀菌 25~30 min 即可，然后尽快冷却至室温。

3. 成品质量指标

（1）感官指标、外观色泽：浅橙青绿色，澄清透明；

香气与滋味：香气纯正，酒香协调，具有马铃薯茎叶酒的清香味，具有甘甜醇厚的口味，酸甜可口，口感醇和，酒体丰满、柔顺。

（2）理化指标：酒精体积分数（20 ℃）（11±1）%，总糖≥40g/L，总酸（以草果酸计）4.5~5.5 g/L，挥发酸（以醋酸计）≤6.0g/L。

（3）微生物指标：细菌总数≤50 个/mL，大肠杆菌≤30 个/L，致病菌不得检出。

六、马铃薯叶茶酒

本产品是以马铃薯叶、茶叶浸提液为培养液，以白砂糖、玉米糖浆为碳源，以活性干酵母为发酵菌种，采用液体发酵法酿造的一种茶酒。

1. 工艺流程

（1）玉米糖浆的制备工艺：

玉米→除杂→去胚→粉碎→加水（质量比 14.5）→液化（加淀粉酶）→糖化（加糖化酶）→脱色→过滤浓缩；

（2）复合饮料生产工艺流程：

茶叶浸提液（马铃薯叶浸提液）→调糖→调酸—接酵母菌→发酵→灭菌→检验→调配→成品。

2. 操作要点

（1）玉米糖浆的制备。

①浸泡。料水质量比为 1：4.5，浸泡 15 min。

②糊化、液化。控制温度为 90~100 ℃，保持 10 min，使淀粉颗粒充分吸水膨胀，有利于液化。糊化完全后，冷却到 85 ℃，加 0.2%的淀粉酶和 0.2%的氯化钙，钙离子对酶有保护作用，然后搅匀调 pH 值为 6.0，液化 30 min，把玉米淀粉液煮沸 10 min，再冷却到 85 ℃，加入 0.3%的淀粉酶液化 30 min，直至碘液检验不变色。

③糖化。液化完全后，把醪液煮沸 10 min 灭淀粉酶，然后把其温度降至 60 ℃，调 pH 值到 6.0，加 0.1%的糖化酶和 1%的麸皮，恒温糖化 10 h，再煮沸灭酶 12 min。

④脱色。将糖化液升温至 85 ℃，加入 1%左右的活性炭，保温 30 min，脱色后糖化液为透明的淡黄色。

⑤过滤浓缩。糖化液过 120 目筛，将糖化浆浓缩到 70%~80%。

（2）复合饮料生产。

①浸提。取茶叶、马铃薯叶，在 90 ℃左右保温 20 min，浸提 2 次，浸提液体积为 1 000 mL 左右。

②调糖。用糖浆或白砂糖调糖度为 17%左右。

③调酸。酵母菌耐酸，调酸主要是为了抑制杂菌的生长，用柠檬酸调 pH 值为 4.0。

④接种。酵母菌接种前必须在 30~40 ℃、含糖量为 2%、酵母用量 10 倍以上的水中复水、活化 40 min。酵母菌接种量为 0.1%。

⑤发酵。酒精发酵为厌氧发酵，发酵需隔绝氧气但要保证二氧化碳能顺利排出，控制温度为 25 ℃左右，发酵 2 周。

⑥灭菌。发酵停止后，将发酵液离心，分离酵母，将分离的上清液加热到为 50~60 ℃，杀灭酵母菌。

⑦调配。根据茶酒的风味进行调配。加入复合甜 0.6‰，黄酒香精 0.1‰，增香剂 0.08‰，

香兰素 0.03‰，乙基麦芽酚 0.03‰，柠檬酸 0.6‰，红茶香精 0.1‰。

3. 成品质量指标

（1）感官标准、颜色：半透明的黄棕色，保留有原茶叶的天然色泽；口感醇香、微苦、酒味适宜。

（2）理化标准：糖度为 7.0%，pH 值为 5.5，还原糖为 9.2%。

（3）微生物指标：细菌总数<20 个/mL，大肠杆菌＜6 个/100mL，致病菌不得检出。

七、马铃薯格瓦斯

格瓦斯是一种酒精度很低的饮料，曾流行于俄罗斯、乌克兰等东欧国家，现在在中国境内逐渐时髦。它主要是以干面包为原料发酵酿制而成的，营养丰富，酸甜爽口，清凉解渴，含有饱和的二氧化碳和少量酒精，所以得到快速发展。除了面包原料，还可以利用各种水果类和马铃薯制作格瓦斯发酵饮料。马铃薯格瓦斯是以新鲜马铃薯作为主要原料，既节约原料、成本较低，而且更能突出其风味的典型性，本节主要介绍其两种生产工艺：

（一）方法一

1. 工艺流程

原料→切片→马铃薯汁→调配→灌内发酵→灌装及后酵管理→成品。

2. 操作要点

（1）原料选择。选择新鲜、无芽根的马铃薯，清洗干净备用。

（2）切片。将马铃薯用切片机切成 3～5 mm 的薄片，用烤箱将马铃薯片烤干，去除多余水分，使其切片内外干硬一致，色泽标准为棕黄。

（3）马铃薯汁的制作。把马铃薯片装到袋中并封好，放到 80 ℃ 的热水中，将 pH 值调为 6，然后在自然条件下降温并浸泡 8 h，同时放入经沸水浸泡的酒花。用碘液检查，当溶液呈无色时，即将袋捞出，控干。将马铃薯汁用过滤机过滤，去除热凝固物，即得到比较清亮的马铃薯汁。

（4）调配。用沸水和蔗糖按照 1：1 比例溶化，并用糖浆过滤机过滤，倒入马铃薯汁中，另用酵母粉或啤酒酵母倒入马铃薯汁中，充分混合。用乳酸调整马铃薯汁的 pH 值到 5.2～5.4，用无菌水调整水温在 20～25 ℃。

（5）罐内发酵。将氧气冲入马铃薯汁中，进入密闭发酵罐，发酵 8～12 h 后，液面即有 3 cm 左右高度的泡沫生成，说明前发酵结束，另外根据产品需求添加适量香精。

（6）灌装及后酵管理。将前期发酵液经过滤机过滤后，即可灌装密封。把封口的瓶子横放，将饮料放在 15～18 ℃ 温度下进行后期发酵，时间为 5 d 左右可结束后期发酵，用巴氏灭菌处理（水温 62 ℃，时间 30 min）。

（7）品质检测。灭菌后，感官检查马铃薯格瓦斯的质量：当起盖后泡沫由瓶中慢慢升起，略有外溢，但没有明显喷涌；将马铃薯格瓦斯放在 0～2 ℃ 的温度下冷却，顶底略有轻微的冷凝固物即淀粉沉淀。

（二）方法二：酶法

马铃薯主要成分为淀粉，在发酵之前，需用 α-淀粉酶和糖化酶处理。α-淀粉酶是一种内切酶，只水解 α-1,4 糖苷键，生成糊精和低聚糖等小分子，以提高糖化酶作用的效率；糖化酶又称葡萄糖淀粉酶，是一种外切酶，能切断 α-1,4 和 α-1,6 糖苷键，使液化后的主要产物完全水解成葡萄糖，从而利于发酵的正常进行，改善产品风味。

1. 工艺流程

原料→制泥→液化→糖化→加热→接种→发酵→过滤→灌装→杀菌→成品。

2. 操作要点

将马铃薯制成含水量为 75% 的泥浆，加入细胞溶解酶和果胶酶，破坏马铃薯的细胞壁，释放淀粉。添加 α ~ 淀粉酶和 β ~ 淀粉酶，使马铃薯淀粉通过液化和糖化水解为葡萄糖，再加入蛋白酶，使蛋白质分解，再用加热法破坏酶的活性。将马铃薯汁过滤后，再接种已经培养 24 h 的 2% 啤酒酵母和戴氏芽孢杆菌培养液，在 26 ℃ 温度下发酵 16 h，再降温到 6 ℃ 终止发酵，过滤除去酵母，然后灌装到瓶内，于 8 ~ 10 ℃ 储存 24 ~ 48 h，经过巴氏灭菌处理后即为成品。

八、马铃薯叶啤酒饮料

1. 玉米淀粉糖浆生产

（1）生产工艺流程：

玉米淀粉→加水浸泡→糊化→液化→糖化→脱色→浓缩成品。

（2）操作要点：

① 浸泡。按玉米淀粉：水 = 1：3 的比例加水，搅匀，浸 15 min，使玉米淀粉充分吸水，以利用糊化的进行。

② 糊化。加热至 90 ~ 100 ℃，边加热边搅拌，使玉米淀粉充分糊化 10 min。

③ 液化。当糊化完全后冷却到 85 ℃，加总用量 2/5 的 α-淀粉酶、0.2% 的氯化钙，然后搅匀，调 pH 值为 6.0，先液化 30 min，再把玉米淀粉液化煮沸 10 min，冷却到 85 ℃ 后，再加入总用量 3/5 的 α-淀粉酶液化 30 min，碘液检验不变色，证明液化完全。

④ 糖化。当液化完全后，把液化后的醒液煮沸 10 min，灭酶。然后温度降到 60 ℃，调 pH 值为 5.0 左右，加 100 IU/g 的糖化酶和 1% 的麸皮，恒温糖化 10 min，再煮沸灭酶 12 min。

⑤ 脱色。将糖化液升温到 85 ℃，加入 1% 左右的活性炭，保温搅拌 30 min，即可达到脱色的目的。

⑥ 过滤浓缩。把糖化液过 120 目的筛子后加热浓缩到 70% 左右，储存待用。

2. 马铃薯叶汁的制备

（1）生产工艺流程：

马铃薯叶→精选→清洗→烘干→热烫→浸提→粗滤→精滤→马铃薯叶汁。

（2）操作要点：

① 精选清洗。选择无黄斑、无损伤的马铃薯叶。

②烘干。晾干的马铃薯叶放在烘干箱里烘干待用。

③热烫。干燥好的马铃薯叶放在水中煮 2 min，捞出沥水。

④浸提。按料液比 1：3 的比例，加热至 80 ℃，浸提 30 min，滤汁，按 1：1 的比例加水二次浸提，合并滤液。

（5）精滤。将滤液在高压真空泵中过滤。

3. 啤酒酵母的扩大培养

（1）培养基的制备：

将 200 g 去皮土豆切成小块，加入 1 000 mL 水、2%的琼脂，沸煮 20 min，过滤并定容到 1 000 mL，加蔗糖 20 g，装入试管及 250 mL 三角品中，装量分别为 5 mL 及 50 mL，加棉塞，于 0.1 kPa 灭菌 30 min。

取大麦芽磨碎称量，加入 4 倍的水混合后，加热至 60 ℃，保温 3~4 h，用碘液检验无蓝色且过滤后浓度在 6°Brix 以上为宜，121 ℃ 高压蒸汽灭菌 30 min 即可。

（2）啤酒酵母的扩大培养：

啤酒酵母的原种→斜面培养（28 ℃，2~3 d）→液体试管（25 ℃，2~3 d）→液体三角瓶（20 ℃，2~3 d）→酵母菌种。

4. 啤酒的生产

（1）工艺流程：

麦芽→检验→去杂→粉碎→过滤→混合→沸煮→冷却→发酵→过滤→灌装→杀菌→检验→成品。

（2）操作要点：

①检验、去杂、粉碎。除去杂草、枯芽、霉粒等杂质，粉碎时要求破而不碎。

②糖化。将 200g 麦芽粉和 480 mL 马铃薯叶汁与 1 000 mL、53 ℃ 的水混合，调浆，加 1398 蛋白酶 16 000 U，于 35~37 ℃ 水浴锅中保温 30 min，升温到 50 ℃ 保温 60 min，调 pH 值为 6.0，加入 α-淀粉酶 1 200 U，升温到 80~90 ℃ 保温 30 min，碘检反应不变色，灭酶，降温到 35 ℃，用磷酸调 pH 值为 4.5，加入 1%麸皮和糖化酶 16 000 U，50~60 ℃ 保温 2 h，进行过滤。

③过滤。将糖化液升温到 80 ℃，进行 40 目过滤，然后用 80 ℃ 的水进行冲洗，反复过滤，直到滤渣里的糖度为 3 °P，合并滤液使麦芽汁浓度在 9~10 °P。

④混合。把生产出的玉米糖浆稀释到 9~10 °P，然后与 9~10 °P 麦芽汁按 2：1 的比例混合。

⑤煮沸。将混合液煮沸约 90 min，结束后麦芽汁浓度在 9 °P。煮制过程中加酒花（麦芽汁体积的 0.15%~0.2%）、卡拉胶、单宁少许。

⑥冷却。使麦芽汁冷却到 8~9 ℃。

⑦发酵。添加 6%的酵母液进行发酵，外观糖度从 9%降到 3.5%~5.5%时，主发酵结束，主发酵的 pH 值为 5.5、温度 11 ℃、时间 5 d。然后进入后发酵，将后发酵前期的品温控制在 10~12 ℃，使酵母的还原酶还原双乙酰，压力保持在 100~120 kPa，待双乙酰低于 0.15 mg/L 时，将酒温降到 0~2 ℃，压力保持在 50~60 kPa，发酵 7 d。

⑧过滤。采用微孔薄膜过滤。最大流速 150 L/(m·h)，最大压力差 1.5 Pa。

⑨ 杀菌。灌装后采用巴氏杀菌，70 ℃保温 30 min。

⑩ 成品检验。在常温下，杀菌后的啤酒保质期在 60 d 以上。

5. 成品质量标准

（1）感官指标：

外观：清凉透明，不含有明显的悬浮物和沉淀物；

泡沫：当注入清洁的杯中时，有泡沫升起，泡沫洁白细腻，持久挂杯；

气味和滋味：有明显的马铃薯叶和酒花香味，口味纯正，清爽，无其他杂味。

（2）理化指标：酒精含量 3%~5%，麦芽汁浓度 9%，SO_2 残留 < 0.05 g/L。黄曲霉素 B_1 低于 0.05 mg/L，α-氨基酸态氮不低于 250 g/dL。

第二节　马铃薯乳饮料

一、马铃薯酸奶

马铃薯酸奶是以马铃薯和牛乳为主要原料，经乳酸菌发酵制成的一种乳制品。其成分为：水分 80.1%，蛋白质 3.8%，脂肪 2.0%，糖 8.7%，灰分 1.2%，总固形物 2.1%，产品酸甜适中，有马铃薯香味，无异味。马铃薯酸奶既保留了普通酸牛奶的营养价值，又因补充了一定数量的膳食纤维及维生素，其营养价值高于普通酸奶。它的产品特点在于口感好，食用方便，价格低廉，是一种优质的发酵风味乳酸型饮品，为马铃薯资源的加工开发开辟了一条新途径。

1. 工艺流程

马铃薯→预处理→调配→杀菌→发酵→灌装→后熟→成品。

2. 操作要点

（1）原料预处理。选择无霉、无虫蛀、无出芽、新鲜饱满的马铃薯为原料，用清水清洗，除去表面泥土杂质。由于马铃薯皮中含有生物碱、茄碱等有毒物质，必须去皮并熟化。

（2）调配。将熟化好的马铃薯糊与经检验合格的鲜牛乳按一定比例混合均质，条件为 50~60 ℃，14~19 Mpa。均质可使牛乳中脂肪球颗粒均匀分散，增加混合液的黏度，提高乳化稳定性。混合时，需添加一定量的砂糖。此时混合液无分层现象，性质稳定。

（3）杀菌。采用巴氏灭菌法，将混合液加热到 90~95 ℃，保温 10 min，然后冷却至 42~45 ℃。杀菌处理可以消灭原料中的杂菌，确保乳酸菌的正常生长与繁殖，钝化原料中对发酵菌有抑制作用的天然抑制剂。

（4）发酵。将冷却好的混合液 2%~4%接种工业发酵剂，缓慢搅拌使菌种混合均匀，在发酵罐中温度需要控制在 42 ℃左右，有利于发酵速度和产品风味，时间为 4~5 h。

（5）灌装和后熟。将酸奶灌装、封口，在 0~5 ℃冷藏 22 h，通过低温控制乳酸菌新陈代谢，改善风味。

3. 质量评定

马铃薯酸奶应具有乳酸发酵剂制成的酸牛乳特有的滋味和气味，无不良发酵味、霉味和其他异味。凝块均匀细腻，无气泡，允许有少量乳清析出，色泽均匀一致，乳白色或稍带微黄色。产品酸度为 pH 4～4.5，符合食品卫生标准。

二、马铃薯蛋白乳饮料

马铃薯蛋白乳饮料是利用马铃薯蛋白质调配而成的一种饮料，其产品具有良好稳定性，风味独特，并且具有低脂高蛋白等特点，既为消费者提供一种健康饮品，同时又提高了马铃薯淀粉生产过程中副产物的利用率，具有一定的经济效益与社会效益。

1. 工艺流程

（1）马铃薯蛋白提取：

新鲜马铃薯→清洗→去皮→切块→护色→磨浆→沉降→除渣→脱淀粉→蛋白水→碱沉→离心→酸沉→离心→真空干燥→马铃薯蛋白。

（2）马铃薯蛋白乳饮料：

水、绵白糖、柠檬酸、单甘酯、黄原胶→混合调配→杀菌→过滤→二次混合调配（乳粉，马铃薯蛋白）→均质→灌装封口→二次杀菌→冷却→成品。

2. 操作要点

（1）马铃薯蛋白的制备。

将马铃薯清洗干净，去皮切块，按马铃薯与水 2∶1 的比例，用组织捣碎机将其磨碎成浆，在打浆过程中加入 0.1 g/kg 的亚硫酸氢钠，防止废水被氧化成褐色。浆液静置 15 min 后，用滤袋过滤，除去马铃薯渣，滤液在 4 000 r/min 转速下离心 10 min，取上清液，将其在 pH 值 9.2，温度 30 ℃ 的条件下，沉淀 30 min 后，以 4 500 r/min 离心 15 min，再将离心后的上清液 pH 值调至 3.5，温度调至 42 ℃，沉淀 30 min 后，以 4 500 r/min 离心 15 min，将两次离心所得沉淀进行真空干燥，并将其粉碎至颗粒直径小于 0.125 mm（120 目），备用。

（2）原辅料预处理及混合调配。

按配方要求准确称取各种原辅料，将稳定剂、乳化剂用温水使其全部溶化，煮沸并维持 5～8 min 进行杀菌处理，随后趁热过滤，滤袋孔径为 0.125 mm（120 目），收集滤液，备用。将 2% 的乳粉与马铃薯蛋白混合，并用 60 ℃ 温水溶解，将此溶液与滤液混合均匀后作均质处理，均质条件为 45～50 ℃、25 MPa。

（3）灌装、杀菌及冷却。

将均质后的饮料灌装于经杀菌处理后的玻璃瓶中并迅速封口。马铃薯蛋白乳饮料采用短时高温杀菌法，将灌瓶后的蛋白乳饮料在 115 ℃ 的条件下杀菌，杀菌结束后，采用逐级冷却法，先用 80 ℃ 热水对蛋白乳饮料喷淋 3～5 min，再用 60 ℃ 温水对其喷淋 5 min，最后用与室温温度相同的水喷淋，使其降至室温，这种冷却方法可最大限度地保留饮料中热敏性营养成分。

三、马铃薯发酵饮料

采用酵母、乳酸混合菌发酵马铃薯汁，利用两菌种能共生的特点，进行发酵产香，产生多种代谢产物，提高了马铃薯的营养价值。乳酸菌利用可发酵糖，产生乳酸等有机酸，在赋予食品以酸味的同时，形成多种新的呈味物质。酵母菌、乳酸菌能相互依存，共生发酵。因此，马铃薯经过混合菌发酵后倍增了酒和乳酸的香味，提高了营养价值和经济效益，具有良好的市场竞争力。

1. 工艺流程

马铃薯→清洗→去皮→预煮→打浆液化→糖化→糊化→灭菌→发酵→调配→均质→成品。

2. 操作要点

（1）原料及酶处理。选取无霉变、无破损的新鲜马铃薯，清洗去皮，切成小块，100 ℃预煮 15 min，按 2∶1 比例加水打成匀浆，过滤，静置，制成马铃薯汁；在恒温 65 ℃、pH 值 6.0 时添加中温 α-淀粉酶，液化 1 h；降温至 60 ℃，调 pH 值为 4~4.5，加糖化酶，糖化 4 h；升温至 90 ℃，糊化 1 h 后灭菌，冷却至室温。

（2）菌种活化马铃薯。称取蔗糖 0.12 g，蒸馏水 10 ml 为活化培养基于试管中，在 0.1 MPa、121 ℃下灭菌 20 min，取出降温至 30 ℃，迅速称取 1%的酿酒酵母于灭菌糖液中，放入 25 ℃生化恒温培养箱中活化 30 min。加入一定量的灭菌脱脂牛奶，再加入 0.5%的乳酸菌，放入 40 ℃生化恒温培养箱中活化 3.5 h。

（3）接种发酵。将活化完的酵母菌和乳酸菌按接种菌配比为 1∶1.5、接种量为 1.5%同时倒入冷却后的马铃薯汁中，摇匀，密封放入 35 ℃生化恒温培养箱中培养 48 h，发酵制成马铃薯汁饮料。

（4）调配。马铃薯汁饮料外观呈液体状，流动性好，根据人们的口感要求可以调配成甜型和各种水果味的复合马铃薯汁饮料，本实验调制成甜型纯马铃薯汁饮料，添加 8%的蔗糖、0.2%的混合稳定剂（0.1% 黄原胶、0.1% CMC-Na）。

（5）均质。发酵型马铃薯汁饮料经调配后为保证其稳定性，在 50 ℃、23 MPa 下进行均质，使马铃薯汁饮料口感更细腻，同时延长其保存时间。

四、胡萝卜马铃薯酸奶

1. 工艺流程

（1）薯浆制备：马铃薯→清洗去皮→切块→熟化→打浆→马铃薯原浆；

（2）胡萝卜浆制备：胡萝卜→清洗→切块→熟化→打浆→胡萝卜→原浆；

（3）酸奶生产：马铃薯原浆、胡萝卜原浆、奶液混合调配→均质→杀菌—冷却→接种→分装→恒温培养→后熟→成品。

2. 操作要点

（1）原料选择。胡萝卜选择新鲜、色红、少根须、无虫蛀、无腐烂异味的胡萝卜；马铃薯选择无霉烂病变、无发芽现象、无机械损伤、优质新鲜的甘薯。

（2）菌种的制备或选择直投菌。选取市售纯酸奶 1 mL，放入 9 mL 蒸馏水的试管中振荡 20~30 s，使细胞分散，然后按常规方法稀释。分别取稀释度为 $1×10^6$ 和 $1×10^8$ 各 0.1 mL，涂布于改良 Chalmers 培养基的平板上，在温度 42 ℃下培养 2~3 d。经过多次平板划线，纯化出单个菌落。挑取保加利亚乳杆菌和嗜热链球菌，保存在试管斜面上，置于温度 4 ℃ 左右的冰箱中储存，备用。也可直接选用酸奶发酵直投菌种。

（3）生产发酵剂的制备。称取一定量的脱脂奶粉，加水配置成脱脂乳，分装于试管中，置于高压灭菌锅中，在温度 121 ℃ 下杀菌 15 min，制得脱脂乳培养基，在无菌实验室中接入 3% ~ 4% 的菌种，于温度 42 ℃ 下发酵，经三四次传代培养，使菌种活力恢复，然后按 1∶1 比例混合接种，进行扩大培养，制成母发酵剂和生产发酵剂。

（4）胡萝卜原浆的制备。将胡萝卜洗净去皮，切成小块置于不锈钢锅中加热熟化，熟化温度为 95 ~ 100 ℃，蒸煮 30 min，组织软化并除去胡萝卜的异味；将胡萝卜块从锅中捞出，加入其质量 3 倍的水打磨成胡萝卜原浆。

（5）马铃薯原浆的制备。马铃薯洗净去皮，切成小块，在温度 100 ℃ 的蒸煮锅中蒸煮 1 h，以 1∶3 的质量比与水混合，在组织捣碎机中处理 5 min，然后置于恒温水浴锅中糊化，制得马铃薯原浆。

（6）牛奶液的制备。脱脂奶粉加水溶解。

（7）胡萝卜马铃薯酸奶的制作。具体配比为：牛奶液用量为 75%，蔗糖用量为 5%，马铃薯原浆与胡萝卜原浆的质量比为 2∶1。将胡萝卜原浆、马铃薯原浆和牛奶液按比例混合，并添加一定量的蔗糖进行调配，然后经均质、高压灭菌后，冷却至温度 40 ℃，接入 4% 的保加利亚乳杆菌与嗜热链球菌（比例为 1∶1），分装，在恒温培养箱中培养 7 ~ 8 h，待 pH 值达到 4.0 左右时，在温度 4 ℃ 下冷藏 24 h，进行后发酵，即得成品。

3. 成品质量指标

（1）感官指标。

色泽：产品呈均匀乳蛋黄色或淡橙色；

气味：产品酸甜适中，具有酸奶特有的滋味和香味，并具有胡萝卜的清香爽口气味，以及甘薯特有的香味，无异味；

组织状态：产品呈均匀细腻的凝乳状态，无异物，无沉淀，无分层现象。

（2）理化指标。蛋白质质量分数 2.2%，可溶性圆形物质量分数 11.5%，pH 值为 3.8 ~ 4.3，乳酸质量分数为 0.3% ~ 0.5%，脂肪质量分数为 3.2%。

（3）微生物指标。乳酸菌数为 2.3×10^9 个/mL，大肠菌群 < 300 个/L，致病菌不得检出。

五、马铃薯山药酸奶

1. 工艺流程

山药→去皮→清洗→糊化→打浆；

马铃薯→择选→去皮→清洗→热汤→打浆；

马铃薯浆+山药浆→均质→杀菌→冷却→接种→灌装→发酵→后熟→成品。

2. 操作要点

（1）马铃薯浆的制备。

首先将无外伤、无虫蛀、无出芽的新鲜马铃薯用清水洗净，除去表面泥土、杂质和部分微生物。由于马铃薯皮中含生物碱、龙葵素等有毒物质，必须去皮，去皮后马铃薯用刀切成小块，然后在 100 ℃ 的热水中热烫 5 min，以杀灭马铃薯中的酶，取苗后加 2 倍水，打浆。

（2）山药浆制备。

将山药去皮，清洗，放入粉碎机粉碎，加热糊化，再加入 5 倍的水进行打浆。

（3）混合。

将马铃薯浆、山药浆、脱脂奶粉、蔗糖按马铃薯浆 30%、山药浆 10%、蔗糖 6%、脱脂奶粉 30%的比例混合。

（4）酸奶的制备。

将上述原料充分混合后，在 95 ℃、18 Mpa 的压力条件下进行均质处理，时间为 5 min，均质后冷却到 40 ℃，接入 5%的乳酸菌，在 41 ℃ 的条件下发酵 8 h，然后置于 8 ℃ 的低温条件下进行后熟 4 h，低温保存即可。

3. 成品质量标准

（1）感官指标。色泽为乳黄色，口感细腻爽口，组织状态为凝乳，均匀、结实，表面光滑，无乳清析出，具有马铃薯山药乳酸发酵的特有香味。

（2）理化指标。脂肪 2% ~ 3%，蛋白质≥2.5%，pH 值 4.6 ~ 4.7。

（3）微生物指标。乳酸菌数($1.5×10^8$ ~ $2.5×10^8$)个/mL，大肠菌群 < 3 个/100 mL，致病菌不得检出。

第三节　马铃薯果味饮料

一、马铃薯果肉饮料

1. 工艺流程

原料择选→浸泡→清洗→去皮→搅碎→熟化→调配→细磨、均质→灌装→封口→杀菌→成品。

2. 操作要点

（1）原料择选：选择形状规则、无绿皮、无芽、无腐烂的马铃薯。

（2）浸泡、清洗。将原料放入水中浸泡，清洗去掉杂质。

（3）去皮。用去皮机进行去皮，然后立即放入水中护色，水中加入 1%的盐、2%的柠檬酸。

（4）搅碎。将原料搅成颗粒。

（5）熟化。将马铃薯放入水中进行煮制，每 100 g 加入 30%的马铃薯颗粒，煮制 15 min。

（6）调配。煮制的原汁中加入白砂糖 8%、柠檬酸 0.1%、复合稳定剂（黄原胺、CMC-Na、卡拉胶）0.2%、异抗坏血酸钠 50 mg/kg。

（7）灌装、杀菌。将调配好的溶液搅拌均匀，立即进行灌装，并杀菌。

3. 成品质量指标

（1）感官指标。成品外观呈浅黄色或金黄色，颗粒悬浮均匀饱满，色泽比较一致。具有马铃薯的滋味和熟甘薯的柔顺感，无其他异味。

（2）理化指标。可溶性固形物占（以折光计）8% ~ 12%，颗粒≥25%，酸度≤0.19%。

（3）微生物指标（执行 GB 2759-81 标准）。细菌总数≤100 个/mL，大肠杆菌群数≤6 个/100 mL，致病菌不得检出。

二、马铃薯原汁饮料

1. 工艺流程

马铃薯→清洗→去皮→切块→预煮→打浆→调配→均质→真空脱气→灌装→封口→杀菌→冷却→成品。

2. 操作要点

（1）原料选择。选择形状规则、无绿皮、无芽、无腐烂的马铃薯。

（2）清洗、切块。将选择好的马铃薯利用清水将表面洗净，然后用切块机将其切成 1 cm 见方的块。

（3）预煮。放入锅内预煮。为防止褐变，煮制过程中可加入 0.15% 维生素 C 和 0.15% 柠檬酸，加热煮沸 2 min。

（4）打浆。将蒸煮后的马铃薯甘薯打浆，料液比为 1∶3。

（5）调配。加入 4% 的蔗糖、0.1% 的甜蜜素、0.25% 的柠檬酸及 2% 的黄原胶以及卡拉胶。

（6）均质。将配制好的混合液先送入胶体磨中进行细磨，然后送入均质机中进行均质处理，均质后利用真空脱气机进行脱气处理。

（7）灌装、封口、杀菌。将脱气后的饮料立即进行灌装、封口，然后进行杀菌处理。

3. 成品质量指标

（1）感官指标。有特殊的马铃薯复合香味，酸甜爽口，无沉淀，无悬浮。

（2）理化指标。总糖 8% ~ 12%，总酸 0.2% ~ 0.3%，pH 值 3.5 ~ 3.8%，可溶性固形物≥6%。

（3）微生物指标。细菌总数≤100 个 / mL，大肠杆菌群数≤6 个/100 mL，致病菌不得检出。

三、马铃薯红枣山楂汁饮料

1. 原料配方

红枣 15%、马铃薯 5%、山楂 5% kg、稳定剂 0.3%、水 75%。

2. 工艺流程

红枣→挑选→清洗→预煮→打浆→均质→红枣泥；

马铃薯→挑选→漂洗→去皮→预煮打浆→均质→马铃薯泥；

山楂→挑选→清洗→破碎→打浆→均质→山楂泥；

白糖→煮制→糖浆；

上述原料混合→稳定剂→均质→脱气→灌装→封口→杀菌→成品。

3. 操作要点

（1）原料选择。选择新鲜、无杂质、无腐烂的原料。

（2）红枣泥的制备。将红枣放入开水中煮制 1 h，料液比为 2∶1，之后进行打浆、均质。

（3）马铃薯泥的制备。将马铃薯切成 1 cm 见方的丁，放入水中煮制 20 min，料液比为 2∶1，之后进行打浆、均质。

（4）山楂浆的制备。将预处理好的山楂，破碎，之后进行打浆、均质。

（5）饮料的制作。将处理好的原料按比例混合，加入 0.3%的稳定剂和 75%的水。

（6）均质。将配制好的混合液送入均质机中进行均质处理，均质后利用真空脱气机进行脱气处理。

（7）灌装、封口、杀菌。将脱气后的饮料立即进行灌装、封口，然后进行杀菌处理。

4. 成品质量指标

（1）感官指标。有三种原料的复合香味，酸甜爽口，无沉淀，无悬浮。

（2）微生物指。标细菌总数≤100 个/mL，大肠杆菌群数≤6 个/100 mL，致病菌不得检出。

四、马铃薯叶马齿苋复合饮料

1. 生产工艺流程

马齿苋→择选→清洗→切碎→浸提→过滤→浸提液；

马铃薯叶→择选→清洗→切碎→浸提→过滤→浸提液；

将两个浸提液混合→调配→灌装→灭菌→成品。

2. 操作要点

（1）原料选择和清洗。选择新鲜、无腐烂的原料，洗掉叶片上不洁净的物质。

（2）切碎。斩碎即可。

（3）浸提。马齿苋∶水按 1∶5 的比例浸提，温度为 70 ℃，浸提时间为 3 h；马铃薯叶∶水按 1∶4 的比例浸提，温度为 50 ℃，浸提时间为 2 h。

（4）过滤。冷却后过滤取澄清液。

（5）调配。马铃薯叶汁和马齿苋汁按 4∶3 比例进行混合，蔗糖添加量为 6%，柠檬酸添加量为 0.1%，抗异坏血酸钠添加量为 0.1%

（6）灭菌。灌装密封后用 100 ℃ 水常压灭菌 20 min 即可。

3. 成品质量指标

（1）感官指标。

色泽：淡绿微褐色；

滋味：有马铃薯叶和马齿苋味，酸甜适中，香气协调。

（2）理化指标。糖度 5.0%，pH 值 3.6，还原糖 4.0%。

第七章 马铃薯淀粉糖品

在中国，种植和利用马铃薯的历史悠久，是世界马铃薯生产第一大国，但关于马铃薯较有价值的加工利用至今仍处于初级阶段，尤其在可再生生物资源方面的应用与发展尚未起步。淀粉是自然界植物体内存在的一种高分子化合物，是绿色植物光合作用的产物，储存在植物的种子、块茎和根部等组织中。淀粉不仅可以作为食品摄取能量的来源，还是重要的工业产品，淀粉及其水解产物葡萄糖经发酵可制成醇、醛、酮、酸、醚、酯类等有机化工产品，作为高分子材料的原料，用于造纸、纺织、制革、胶粘剂等产业。从经济成本和能源开发利用的角度来说，淀粉糖有广泛的工业发展前景，淀粉糖产品开发和加工也具有重要价值。因此，本章重点介绍淀粉的结构、淀粉糖生产工艺以及应用等方面的知识。

第一节　淀粉概述

一、淀粉结构

淀粉是由单一类型的糖单元脱去水分子通过糖苷键连接而成的多糖类化合物，基本组成单位是 α-D-吡喃葡萄糖，分子式是$(C_6H_{10}O_5)_n$，严格来讲是 $C_6H_{10}O_6(C_6H_{10}O_5)_n$，$n$ 为不定数；组成淀粉分子脱水葡萄糖的个数称为聚合度，用 DP 表示。淀粉是由可溶性的直链淀粉和支链淀粉构成的碳水化合物。直链淀粉是 D-葡萄糖通过 α-1,4 糖苷键连接而成的线性聚合物，而支链淀粉是 D-葡萄糖通过 α-1,4 糖苷键连成链，分支通过 α-1,6 糖苷键连接。

（一）直链淀粉

1. 直链淀粉的分子结构

直链淀粉是葡萄糖单体通过 α-1,4 糖苷键连接而成的线状长链聚合物，其链上只有一个还原端基和一个非还原端基，其线性聚合度为 100～6 000，相对分子质量可达到 250 000。直链淀粉主要通过分子内氢键，使长链分子卷曲形成螺旋形的构象而存在，螺旋的每圈含有 6 个葡萄糖单元，淀粉螺旋内部只有氢原子，羟基位于螺旋外侧。这种螺旋构象，在分子链上各极性基团的相互作用下产生弯曲与折叠。

玉米和小麦淀粉的直链淀粉含量均约为 28%，马铃薯淀粉为 21%，木薯淀粉为 17%。高直链玉米品种，其直链淀粉含量高达 70%，而糯玉米淀粉的直链淀粉含量只有 1%。同一品种间的直链淀粉与支链淀粉组成比例基本相同。

2. 直链淀粉与碘和脂肪酸的反应

（1）直链淀粉与碘反应。淀粉遇碘产生蓝色反应，这不是化学反应，实际上是由于淀粉分子呈螺旋结构，使直链淀粉能够吸附碘分子形成螺旋包合物。每 6 个葡萄糖基形成一个螺圈，恰好能吸附一个分子碘，碘分子位于螺旋中央。吸附碘的颜色与直链淀粉的分子大小有关系，目聚合度在 12 以下的短链遇碘无颜色变化，聚合度在 12～15 的呈棕色，聚合度在 20～30 呈红色，聚合度在 35～40 的呈紫色，聚合度为 45 的呈蓝色。纯直链淀粉每克能吸附 200 mg 碘，即为质量的 20%，而直链淀粉吸收碘量不到 1%。

（2）直链淀粉与脂肪酸的反应。谷类淀粉含有少量脂肪酸，玉米淀粉含 0.5%～0.7% 的脂肪酸，小麦淀粉约含 0.5% 的脂肪酸，它们可以和螺旋状直链淀粉分子结合生成络合物，这与直链淀粉和碘所生成的络合物相似。直链淀粉中一脂类化合物生成的络合物会引起一系列不利影响，而薯类淀粉只含少量的脂类化合物（0.1%），对淀粉的品质基本没有影响。

（二）支链淀粉

支链淀粉的结构：支链淀粉是一种高度分支的大分子，从主链上分出各级支链，各葡萄糖单位之间以 α-1,4-糖苷键连接构成它的主链，支链通过 α-1,6-糖苷键与主链相连。其分子具有一个还原端基和多个非还原端基，聚合度在 1 000～3 000 000，相对分子质量可达到 10^8。

支链淀粉是随机分叉的，共有 A、B 和 C 三种形式的糖链：C 链为支链淀粉的骨架主链，具有一个还原性末端，每分子只有 1 个 C 链；B 链是经 α-1,6-糖苷键与 C 链相连接的分支链；A 链是通过还原性末端与其他链连接的链，是淀粉分子最外侧不含分支的链。A 链与 B 链的比值实际上反应了支链淀粉分子的分支化度，分支化度定义为每条 B 链上所具有的 A 链数目。

（三）直链淀粉和支链淀粉的性质比较

由于直链淀粉和支链淀粉分子结构的不同，直接决定了两者在物理和化学性质上的差异，集中表现在溶水性、碘呈色反应、凝沉性等方面。详细性质对比如下：

区别	直链淀粉	支链淀粉
分支	不分支的链状	分支结构
糖苷键	α-1,4	α-1,6
分解酶	α-淀粉酶	支链淀粉酶
水溶性	温水中易溶	需加热后才溶解
黏度	黏度不大	黏度大
老化	容易老化	不容易老化
与碘呈色反应	蓝色	红紫色
凝沉性	凝沉性强，溶液不稳定	凝沉性很弱，溶液稳定

二、淀粉的糊化与老化

（一）糊化

1. 糊化的定义与本质

淀粉在水中是不溶解的，但在不断搅拌情况下，可形成均一的悬浮液，如果将淀粉悬浮液加热到一定温度，淀粉乳液的黏度会逐渐增大，形成具有很大黏性的淀粉糊，且具有稳定、晶莹透明、黏弹性等特点，这种现象就是淀粉的糊化。糊浆就是热水溶解的直链淀粉和支链淀粉溶液中，未完全破坏的淀粉粒和破坏的淀粉粒的不均匀的混合状态。糊化的淀粉味良，容易消化，称为 α-淀粉。

糊化的本质是通过加热提供足够的能量，使淀粉粒中的结晶区和非结晶区的淀粉分子氢键断裂，断裂的氢键与较多的水分子结合，颗粒开始水合和吸水膨胀，大部分的直链淀粉溶解到溶液中，溶液呈糊状，淀粉颗粒破碎，双折射消失。淀粉颗粒的形状和颗粒内部淀粉分子间结合的紧密程度决定了淀粉糊化的难易，即糊化温度的高低。颗粒形状为卵形和圆形的淀粉比多角形的淀粉容易糊化，直链淀粉含量低的淀粉比含量高的淀粉容易糊化。在日常生活中，淀粉类食品经过加热糊化后易于肠胃消化，淀粉的糊化还可应用在菜肴的挂糊、上浆、勾芡等工艺中。

2. 糊化过程

淀粉完成整个糊化过程需要三个阶段，分别是可逆吸水阶段、不可逆吸水阶段和淀粉粒解体阶段。

（1）可逆吸水阶段：水温未达到糊化温度时，暴露在淀粉颗粒外部的羟基或颗粒空隙中的羟基与溶液中的水分子通过氢键作用，使得淀粉吸收有限的水分，淀粉颗粒的体积只发生有限的膨胀，而淀粉悬浮液的黏度并没有任何变化，水分子只是进入了无定形区，而结晶结构没有受到影响，因为偏光显微镜下仍能看到偏光十字，整个淀粉颗粒的外形和性质与原来没有区别。此时若将水分子在温和的条件（较低的温度）下去除，可得到原来的淀粉。

（2）不可逆吸水阶段：随着温度的升高，当给淀粉悬浮液加热到前面所述的糊化温度时，吸水膨胀，体积突然增加，其体积可膨胀到原始体积的 50～100 倍，悬浮液的黏度迅速上升，成为淀粉糊。淀粉颗粒的偏光十字逐渐消失，淀粉颗粒的晶体结构被破坏。此时若将悬浮液冷却、干燥，淀粉颗粒也不能恢复到原来的形状和性质，故称为不可逆吸水阶段。

（3）淀粉粒解体阶段：随着温度进一步升高，淀粉颗粒继续吸水膨胀，更多的水分子进入淀粉晶体内部，同时更多的淀粉分子被沥滤出来。当其体积膨胀到一定限度后，颗粒便出现破裂现象，颗粒内的淀粉分子向各方向伸展扩散，溶出颗粒体外，扩展开来的淀粉分子之间会互相联结、缠绕，形成一个网状的含水胶体。这就是淀粉完成糊化后所表现出的糊状体。

3. 影响淀粉糊化的因素

影响淀粉糊化的因素主要从淀粉分子自身的颗粒大小、水分以及外部添加的化学物质考虑，主要包括以下几个方面：

（1）淀粉颗粒晶体结构的影响。各种植物淀粉颗粒的淀粉分子彼此间缔合程度不同，分子排列的紧密程度也不同，即微晶束的大小及密度各不相同。一般来说，分子间缔合程度大，分子排列紧密，那么拆散分子间的聚合、拆开微晶束就要消耗更多的能量，这样的淀粉颗粒就不容易糊化；反之，分子间缔合得不紧密，不需要很高能量，就可以将其拆散，因而这种淀粉颗粒易糊化。因此，不同种类的淀粉，其糊化温度就不会一样。一般较小的淀粉颗粒因内部结构比较紧密，所以糊化温度要比大粒的稍微高一些，即颗粒大的先糊化，颗粒小的后糊化。直链淀粉分子间的结合力比较强，含直链淀粉较高的淀粉颗粒比较难于糊化。最突出的例子是糯米淀粉的糊化温度（约 58 ℃）比籼米淀粉（70 ℃ 以上）低很多。

（2）水分的影响。淀粉颗粒水分低于 30%时，对其加热，淀粉颗粒不会糊化，而只是淀粉颗粒无定形区分子链的凝结有部分解开至少数微晶熔融；当加热到较高温度时，部分微晶束将熔融。这个过程与糊化相比是比较慢的，并且淀粉颗粒的膨胀是有限的，双折射性只是降低，并不是消失，因此，把这种淀粉的湿热处理过程叫淀粉的韧化。天然淀粉的韧化，将导致糊化温度升高，糊化温程缩短。这是因为当韧化淀粉冷却时，无定形区内的淀粉链有机会进行重排，已熔微晶重新结晶或至少是经历了明显的重新取向，致使结晶度有所增高，使其糊化温度升高。韧化淀粉在糊化过程中的内部结构变化不同于天然淀粉。韧化淀粉开始糊化时，少数微晶开始熔融后，它们的水化与润胀对相邻的微晶束施加的压力大于天然淀粉，因此加速了它们的熔融，温度小的跃升将糊化所有颗粒，故糊化过程缩短。

（3）碱的影响。淀粉在强碱作用下，在室温下就可以糊化。例如，玉米淀粉糊化所需的 NaOH 的量为 0.4 mmol/g，马铃薯淀粉为 0.33 mmol/g。在日常生活中，煮稀饭加碱，就是因为碱有促使淀粉糊化的性质。

（4）盐类的影响。某些盐如硫氰酸钾、水杨酸钠、碘化钾、硝酸铵、氯化钙等浓溶液在室温下促使淀粉颗粒糊化。阴离子促进糊化的顺序是：$OH^->$水杨酸$>SCN^->I^->Br^->Cl^-$；与此相反，某些盐如硫酸盐、偏磷酸盐则能阻止糊化。例如，淀粉颗粒在 1 mol/L 的硫酸镁溶液中，加热到 100 ℃，仍然保持其双折射特性。

（5）糖类。某些糖类如 D-葡萄糖、D-果糖和蔗糖能抑制小麦淀粉颗粒溶胀，糊化温度随糖浓度加大而增高，对糊化温度的影响顺序为：蔗糖>D-葡萄糖>D-果糖。

（6）极性高分子有机化合物的影响。某些极性高分子如盐酸胍、尿素、二甲基亚砜等在室温下或低温下可破坏分子氢键，促进糊化。

（7）脂类的影响。脂肪酸与直链淀粉能形成螺旋包合物，它可抑制糊化及膨润。这种包合物对热稳定，在水中加热到 100 ℃ 也不会被破坏，难以润胀及糊化。谷类淀粉中脂类含量比马铃薯淀粉多，因此，谷类淀粉不如马铃薯淀粉易于糊化。但若在马铃薯淀粉中加入脂类，则膨润及糊化的情况与谷类淀粉相似。卵磷脂能促进小麦淀粉的糊化，而对马铃薯淀粉的糊化则起抑制作用。

（8）化学变性的影响。一般氧化、离子化会使淀粉的糊化温度降低，而酸改性、交联、醚化、酯化会使淀粉的糊化温度升高。还有一些因素如表面活性剂、淀粉颗粒形成时的环境温度以及其他物理的及化学的处理均可影响淀粉的糊化。

（二）老化（回生）

1. 老化的定义和本质

老化是指糊化的淀粉在室温或低温下静止一定的时间，浑浊度增加，溶解度减少，在稀溶液中有沉淀析出，这种淀粉也称为回生淀粉（或 β-淀粉）。

老化的本质是指在糊化过程中，直链淀粉分子和支链淀粉分子的分支趋向于平行排列，互相靠拢，彼此以氢键结合，相当于已经溶解膨胀的淀粉分子重新排列组合，淀粉由增溶或分散态向不溶的微晶态的不可逆转变，形成致密的、高度晶化的不溶性的淀粉分子微束，老化也是糊化的逆过程。

2. 影响淀粉老化的因素

（1）淀粉分子结构。直链淀粉呈螺旋的链状结构，在溶液中空间障碍小，易于回生；支链淀粉呈分支结构，空间障碍大，故难于回生。因此，不含直链淀粉的糯性淀粉不易回生。

（2）分子的大小。过长或过短的链由于难于定向排列，因此都不宜回生，只有中等长度的直链淀粉才易回生。例如，马铃薯淀粉中的直链淀粉分离的链较长，聚合度 1 000 ~ 6 000，平均聚合度在 4 900 左右，所以回生慢；玉米淀粉中的直链淀粉分子的聚合度为 200 ~ 1 200，平均为 800，因此容易回生，加上还含有少量的脂类物质，对回生具有促进作用。因此，这也决定了马铃薯和玉米淀粉以及淀粉糖在生产工艺方面存在差异。

（3）淀粉溶液的浓度。淀粉溶液浓度越大，分子碰撞机会越大，越易于回生，浓度小则相反。

（4）温度。在 0 ~ 4 ℃ 温度下储存时能加速淀粉的回生，且淀粉溶液温度的下降速度对其回生作用也有很大的影响，缓慢冷却可以使淀粉分子有时间取向排列，越有利于回生；而迅速冷却，使淀粉分子来不及取向，可以减少回生程度。

（5）pH 值。接近中性 pH 值等于 7 的容易回生，在更高或更低的 pH 值条件下不易回生。

（6）各种无机离子及添加剂等。一些无机离子能够阻止淀粉回生，其作用的顺序是 $CNS^- > PO_4^{3-} > CO_3^{2-} > I^- > NO_3^- > Br^- > Cl^-$；$Ba^{2+} > Sr^{2+} > Ca^{2+} > K^+ > Na^+$。如 $CaCl_2$、$ZnCl_2$、NaCNS 促进糊化，阻止老化；$MgSO_4$、NaF 促进老化，阻止糊化；甘油与蔗糖、葡萄糖等形成的单甘酯易与直链淀粉形成复合物，延缓老化（乳化剂）。

3. 老化在食品中的应用

淀粉质食品在储藏过程中发生的凝胶强度、硬度、口感、透明度、黏弹性等功能特性的变化与淀粉老化动态过程有着密切关系，老化会对淀粉质食品的质构特征产生显著影响。根据食品特定的加工与食用指标，有的需要淀粉适度老化（粉丝、粉皮），有的则需要抑制淀粉的老化（如面包、糕饼、方便面等）。淀粉老化主要应用于米线、粉丝、粉皮，淀粉只有经过老化才能具有较强的韧性，表面产生光泽，加热后不易断碎，并且口感有劲。

抑制淀粉老化主要应用在新制作的谷物食品方面，如面包、馒头、蛋糕等，它们都具有内部组织结构松软、有弹性、口感良好的特点，但随着储存时间的延长，就会由软变硬，组织变得松散、粗糙，弹性和风味也随之消失。防止回生的方法有快速冷却干燥法，这是因为迅速干燥，能急剧降低其中所含水分，致使淀粉分子联结而固定下来，保持住 α-型，但仍可复水。另外，可考虑加乳化剂，如面包中加乳化剂，可保持住面包中的水分，防止面包老化。

第二节　淀粉的水解工艺

淀粉糖是以淀粉或含淀粉的原料，经过酸法、酶法或酸酶法制取的糖，包括麦芽糖、葡萄糖、果葡糖浆等，其产品种类多，被广泛应用于食品、医药加工等诸多行业。目前，市场上淀粉糖的生产多以精制淀粉（如玉米淀粉）为主，也有以碎米、小麦粗淀粉为原料的，生产技术已经成熟。由于当今世界上粮食短缺,以马铃薯淀粉为原料生产淀粉糖将得到人们的重视。薯类淀粉是一种优质的淀粉,将其用于生产淀粉糖不仅成本低廉,而且营养价值能得到充分的利用,是加工淀粉糖浆的理想原料。马铃薯含淀粉量高,利用生物酶解技术分解马铃薯淀粉生产淀粉糖是应用较多的工艺方法。酶法工艺的优点是淀粉水解过程条件温和,副产物少,随着生物酶工程技术的不断发展,酶法制糖成为淀粉制糖的主流。因而,充分合理地利用马铃薯资源,将为马铃薯淀粉的深加工提供一条有效的途径。

一、淀粉糖的种类

淀粉糖的种类很多,主要分为以下四类:一是转化糖浆,包括麦芽糖浆、低转化糖浆、中转化糖浆、高转化糖浆、麦芽糊精、低聚糖浆;二是异构化糖浆,主要是果葡糖浆;三是结晶糖,包括葡萄糖、麦芽糖、果糖;四是氢化糖浆,包括麦芽糖醇、山梨糖醇、甘露醇、普通氢化糖醇,本节重点介绍以下几种:

1. 液体葡萄糖(葡麦糖浆)

液体葡萄糖是控制淀粉适度水解得到的以葡萄糖、麦芽糖、低聚麦芽糖以及糊精组成的淀粉糖浆,其主要成分为葡萄糖和麦芽糖,又称为葡麦糖浆。葡萄糖和麦芽糖均属于还原性较强的糖,淀粉水解程度越大,葡萄糖等含量越高,还原性越强。

液体葡萄糖按转化程度可分为高、中、低三大类。工业上产量最大、应用最广的中等转化糖浆,其 DE 为 30% ~ 50%,其中 DE 为 42% 左右的又称为标准葡萄糖浆,糖分组成为葡萄糖 19%、麦芽糖 14%、麦芽三糖 11%,其余为低聚糖、糊精等。高转化糖浆,DE 在 50% ~ 70%;低转化糖浆,DE 在 30% 以下。不同 DE 的液体葡萄糖在性能方面有一定差异,因此不同用途可选择不同水解程度的淀粉糖。

2. 葡萄糖

葡萄糖是淀粉经酸或酶完全水解的产物。按生产工艺分类可分为结晶葡萄糖和全糖两类。用酶法水解淀粉所得的葡萄糖含葡萄糖 95% ~ 97%,经精制(脱色和离子交换)、浓缩,在结晶罐中冷却结晶得到含水 α-葡萄糖结晶产品,在真空罐中蒸发结晶则得到无水 α-葡萄糖,于更高浓度、温度下蒸发结晶可得到无水 β-葡萄糖结晶产品。酶法水解淀粉所得葡萄糖液经脱色、离子交换并浓缩至 75% 以上成为全糖浆,直接喷雾干燥成颗粒状产品,或冷却浓稠浆成块状,切削成粉末产品,称为全糖,其主要组成为葡萄糖,还有少量低聚糖等。

3. 果葡糖浆

果葡糖浆是先将淀粉水解为葡萄糖,精制后的葡萄糖流经异构酶柱,一部分葡萄糖发生异构化反应,转化为果糖,获得葡萄糖和果糖的混合物称为果葡糖浆。

4. 麦芽糖浆

麦芽糖浆是以淀粉为原料,经酸法或酸-酶法水解制成的糖浆,主要成分是麦芽糖、糊精和低聚糖,其中麦芽糖的含量达到 40% ~ 60%。根据控制方法和麦芽糖含量的不同可分为饴糖、高麦芽糖浆和超高麦芽糖浆等。

5. 麦芽糊精

麦芽糊精是以淀粉为原料，经酸法或酶法低程度水解，得到的 DE 在 20%以下的产品。其主要成分是聚合度在 10 以上的糊精和少量聚合度在 10 以下的低聚糖。

6. 低聚麦芽糖

低聚麦芽糖指的是包含小于或等于 10 个脱水葡萄糖基的低聚糖。根据糖苷键的不同可分为两类：一类是 α-1,4 键连接的直链麦芽低聚糖，如麦芽三糖和麦芽四糖等；另一类是含有 α-1,6 键的支链低聚麦芽糖，如异麦芽糖和麦芽三糖等。

二、淀粉糖的性质

1. 甜味

淀粉糖的重要性质之一就是甜味。糖品的甜度一般随浓度增高而增加，但增高的程度因糖品不同而有差异。如由于蔗糖是比较普遍应用的糖品，因此甜味的标准是以蔗糖的甜度为标准，比较其他糖的相对甜度。将蔗糖的甜度定为 100，其他淀粉糖的相对甜度如下：

淀粉糖的相对甜度

淀粉糖	相对甜度	淀粉糖	相对甜度
蔗糖	100	乳糖	40
葡萄糖	70	半乳糖	60
果糖	180	葡麦糖浆 D-42	50
麦芽糖	50	葡麦糖浆 D-62	60
果葡糖浆 F-42	100	甘油	80
果葡糖浆 F-55	110	山梨醇	50
果葡糖浆 F-90	140	木糖醇	100

2. 结晶

不同种类的淀粉糖，其结晶的难易程度和晶体大小也不同。如蔗糖易于结晶，晶体能长得很大；葡萄糖也易于结晶，但晶体细小；果糖难结晶。葡麦糖浆是葡萄糖、低聚糖和糊精的混合物，不能结晶，并能防止蔗糖结晶。在生产中利用葡麦糖浆的结晶性质制作硬糖。例如，生产硬糖不能单独用蔗糖，这是因为熬煮到水分 1.5% 以下，冷却后蔗糖结晶、碎裂，不能得到坚韧、透明的产品。旧式的制硬糖果的方法是加有机酸，在熬糖过程中使蔗糖一部分水解转化（10% ~ 15%），防止蔗糖结晶。新型的制硬糖果的方法是混用 DE42 的葡麦糖浆以防蔗糖结晶，工艺简化，效果较好，其用量为 30% ~ 40%。生产硬糖果要求固体糖溶液、浓度和过饱和度都很高，蔗糖却仍可以保持溶解状态，不会发生结晶析出。同时由于葡麦糖浆含有糊精，能增加糖果的韧性、强度和黏性，使糖果不易碎裂。

3. 吸潮性和保潮性

吸潮性是指在空气湿度较高的条件下吸收水分的性质。保潮性是指在较高湿度下吸收水分和较低湿度下散失水分的性质。果糖吸湿性最强，葡麦糖浆不含果糖，吸潮性比转化糖低，具有较好的储存性。不同种类的食品对于糖品的吸湿性和保潮性的要求不同。例如，为避免在潮湿环境吸收水分导致溶化，要求制作硬糖果时应避免吸湿性较强的淀粉糖，如果糖或果葡糖浆，在生产中一般选用中转化糖浆为原料制作硬糖。和硬糖果不同的是，软糖果则需要保持一定的水分，避免在干燥的环境时变干，应用高转化糖浆和果葡糖浆为宜。果糖、糕点类食品也要保持松软，用高转化糖浆和果葡糖浆为宜。葡萄糖的吸湿性因异构体不同而不同。

4. 渗透压

较高浓度糖液能抑制许多微生物生长，糖液是一种重要的保存食品的方法。如 50%浓度的蔗糖能抑制细菌和霉菌的生长，这是因为糖的渗透压高，吸起微生物菌体内的水分，从而使其生长受到抑制。糖的渗透压随浓度增高而增高。单糖的渗透压是二糖的 5 倍，所以葡萄糖和果糖比蔗糖具有较高的保藏食品的效果。利用糖液渗透压高的特点，可制成果脯等产品，可长时间保存。

5. 黏度

葡萄糖和果糖的黏度较蔗糖低。淀粉糖浆的黏度随转化程度而变，转化程度高则黏度低，反之则高。葡麦糖浆的黏度较高，可应用到多种食品中，利用其黏度，提高产品的稠度和可口性。例如，水果罐头、果汁饮料和食用糖浆中应用葡麦糖浆来增高其稠度。雪糕类冷冻食品中应用葡麦糖浆，特别是低转化糖浆，来提高其黏稠性，使其更为可口。

6. 冰点

糖溶液冰点的高低取决于糖溶液浓度和相对分子质量大小。一般是浓度高、相对分子质量小，冰点降低得多。葡萄糖冰点降低的程度高于蔗糖，夏季冷藏的饮料因为含有葡萄糖不易结冰，口感更好。

7. 发酵性

在工业生产中，一般利用微生物发酵获得需要的产品，如酵母可发酵淀粉糖用于面包、馒头、调味品以及酿酒产业中。酵母只能利用葡萄糖、果糖、麦芽糖和蔗糖进行发酵，而不能利用较大分子的低聚糖和糊精发酵。

8. 抗氧化性

糖溶液具有抗氧化性，有利于保持水果的风味、颜色和维生素 C，不致因氧化反应而发生变化，这是因为氧气在糖溶液中的溶解量较水溶液低很多。应用糖溶液可降低维生素 C 的10%～90%的氧化反应，其氧化程度随糖溶液浓度、pH 值和其他条件而不同。

三、淀粉水解方法

在工业上，一般通过水解淀粉生产各种化工原料。葡萄糖值（dextrose equivalent，DE）指的是糖化液中还原性糖以葡萄糖计，占干物质的百分比。工业生产中用 DE 值表示水解的程度，从而确定水解的终点。根据液化和糖化方法的不同，淀粉水解方法分为酸法、酶法和酸酶法。

（一）酸法

酸法水解淀粉是最早用于工业水解淀粉的方法。以淀粉为主要原料，采用酸（有机酸或无机酸）作为催化剂，使淀粉水解生成葡萄糖的方法，称为酸法。该法的优点是生产方便，生产设备简单，水解时间短；缺点是由于酸对设备的腐蚀性较强，因此要求设备耐腐蚀，以及耐高温和高压，而且必须以精制淀粉为原料，否则易发生副反应，如复合反应生成的龙胆二糖和异麦芽糖，导致淀粉的转化率低。采用酸法生产淀粉糖，一般 DE 值只有 90% 左右。

1. 催化剂的选择

许多种酸对淀粉的水解都有催化作用，工业上常用的有食品级工业盐酸、硫酸和草酸。

盐酸：催化效率最高，达 100%。中和剂用纯碱，生成的氯化钠溶于糖液中，增加糖液的灰分。盐酸对设备的腐蚀性也很大，对葡萄糖的复合反应催化强，目前多数使用盐酸。

硫酸：催化效率次于盐酸，为 50.35%。用石灰中和，生成的硫酸钙沉淀在过滤时去掉。但硫酸钙具有一定的溶解度，仍会有少量溶于糖液中，此糖液在蒸发时，容易在蒸发器中形成水垢，影响蒸发效率。糖浆在储存时，硫酸钙会慢慢析出而变浑浊。因此，工业上很少使用硫酸糖化。

草酸：催化效率低，只有 20.43%。用石灰中和，生成的草酸钙不溶于水，过滤时可全部除去。草酸可降低葡萄糖的复分解反应。

2. 淀粉的质量要求

不同品种的淀粉，水解的难易程度也不同。一般薯类淀粉比谷类淀粉更容易水解，这是因为马铃薯淀粉颗粒大且结构松散。生产淀粉糖浆尽量选用质量高的淀粉为原料，杂质含量越少越好，在原料预处理阶段也尽可能地除去水不溶性杂质，以免影响水解反应。

（二）酶法

酶法是将淀粉在酶制剂的作用下液化水解为糊精和低聚糖，然后继续在酶的作用下糖化水解为葡萄糖。由于酸水解法制备糖液需要高温、高压和催化剂，会产生一些不可发酵性糖及其一系列有色物质，这不仅降低了淀粉转化率，而且生产出来的糖液质量差。自 20 世纪 60 年代以来，国外在酶水解理论研究上取得了新进展，使淀粉水解取得了重大突破。日本率先实现工业化生产，随后其他国家也相继采用了这种先进的制糖工艺。酶解法制糖工艺是以作用专一性的酶制剂作为催化剂，因此反应条件温和，复合材料和分解反应少。该法的优点是用酸进行液化，速度较快，酸的用量较少，产品颜色浅，糖液质量高。

1. 酶解法的优点

（1）由于酶解反应条件比较温和，因此不需要耐高温和耐高压设备，这不仅节省了设备投资，而且也改善了操作条件。α-淀粉酶是在 pH 值 6.0 ~ 7.0、温度 85 ~ 90 ℃ 条件下，将淀粉液变成能溶解于水的糊精和低聚糖；耐糖化酶是在 pH 值 3.5 ~ 5.0、温度 50 ~ 60 ℃ 条件下，完成糖化反应的。

（2）由于酶的作用专一性强，因此淀粉水解过程中很少有副反应发生，淀粉水解的转化率较高，葡萄糖值可达 98% 以上，比酸解法的 90% 高出许多。

（3）因为酶法水解淀粉很少发生葡萄糖复合反应，其催化作用与淀粉浓度有关，因此淀粉乳的浓度以不超过 40% 为宜。

（4）用酶解法制成的糖液色较浅，质量高。

2. 酶解法在国内应用不十分广泛的原因

（1）酶解法花费的时间比酸解法多，一般需 48 h 左右。

（2）酶反应对温度和 pH 值的变化比较敏感，所以酶解法操作比较严格，不如酸解法粗放。

（3）酶活力随着时间的延长而下降，另外，不同批号的商品酶，其活力相差很多。因此，在使用酶剂前需要进行活力的测定，然后才能确定酶的用量。

（4）酶解法需要的设备比酸解法多。

（三）酸酶法

酸酶结合法是集中酸解法和酶解法制糖的优点而采用的生产方法，它又可分为酸酶法和酶酸法两种。

1. 酸酶法

由于酸法工艺在水解程度上不易控制，现许多工厂采用酸酶法，先将淀粉用酸水解成糊精或低聚糖，然后再用糖化酶将酸解产物糖化成葡萄糖的工艺，即酸法液化、酶法糖化。在酸法液化时，控制水解反应，使 DE 值在 20% ~ 25%时即停止水解，迅速进行中和，调节 pH 值至 4.5 左右，温度为 55 ~ 60 ℃后加葡萄糖淀粉酶进行糖化，直至所需 DE 值，然后升温、灭酶、脱色、离子交换、浓缩等。该法适用于玉米、小麦等淀粉颗粒坚实的原料，这些淀粉颗粒坚实，如果用 α-淀粉酶液化，在短时间内作用，液化反应往往不彻底，因此，采用酸先将淀粉水解至 DE 值为 10% ~ 15%，然后将水解液降温、中和，再加入糖化酶进行糖化。酸酶法制糖，具有酸液化速度快的优点。由于糖化过程用酶法进行，可采用较高的淀粉乳尝试，以提高生产效率。另外，此法酸用量少，产品色泽浅，糖液质量高。

2. 酶酸法

酸法工艺主要是将淀粉乳先用 α-淀粉酶液化到一定程度，过滤除去杂质，然后用酸水解成葡萄糖的工艺。对于一些颗粒大小很不均匀的淀粉，如果用酸水解法常导致水解不均匀，出糖率低。酶酸法比较适用于此类淀粉，且淀粉浓度可以比酸法高；在第二步水解过程中 pH 值可稍高，以减少副反应，使糖液色泽较浅。

四、淀粉糖的生产工艺

（一）液化

1. 酸法液化

将淀粉制成淀粉乳，用盐酸或硫酸调节 pH 值为 1.1 ~ 2.2，在 130 ~ 145 ℃温度下加热 5 ~ 10 min，使淀粉水解，DE 值达到约为 15 时，降温、中和。酸法适合不同种淀粉的液化，液化液过滤性好，但水解专一性差，副产物多，水解糖的质量较差，而且高温反应会使糖液的色泽加深。

2. 酶法液化

利用淀粉酶（液化酶）将糊化后的淀粉水解成糊精和低聚糖，即将一定的淀粉酶先混入淀粉乳中，加热到一定温度后使淀粉糊化、液化。虽然淀粉乳浓度达 40%，但液化后流动性强，操作并无困难。常用的液化方法有：

（1）高温液化法。将浓度为 30% ~ 40% 的淀粉乳或淀粉质原料，用盐酸调节 pH 值至 6.0 ~ 6.5，加入氯化钙调节离子浓度到 0.01 mol/L，加入需要量的液化酶，在保持剧烈搅拌的情况下，加热到 85 ~ 90 ℃，在此温度下保持 30 ~ 60 min 以达到需要的液化程度。或者将淀粉乳直接喷淋到 90 ℃ 以上的热水中，然后从罐底放出，在保温容器中保温 40 min。此法需要的设备和操作都简单，但液化效果差，经过糖化后，糖化液的过滤性质差。

（2）喷射液化法。在配料罐中，将淀粉制成浓度为 30% ~ 40% 的淀粉乳，用 Na_2CO_3 调节 pH 值为 5.0 ~ 7.0，最后加入 α-淀粉酶，料液搅拌均匀后通过泵打入喷射液化气，在喷射器中使粉浆和蒸汽直接接触，以使淀粉糊化、液化。蒸汽喷射产生的湍流使淀粉受热快而均匀，黏度降低也快。将液化的淀粉乳引入保温桶中，在 85 ~ 90 ℃ 温度下保温约 40 min，以达到需要的液化程度。此法的优点是液化效果好，蛋白质类杂质的凝结效果好，糖化液的过滤性质好，设备少，也适于连续操作。

3. 液化终点的确定

淀粉在酸或酶的作用下，水解得到的产物为糊精（多个葡萄糖分子组成）、麦芽三糖（三个葡萄糖分子组成）、麦芽糖（两个葡萄糖分子组成）和单个的葡萄糖。不同水解产物遇碘时颜色也不同，如初步水解的糊精分子较大，遇碘呈蓝紫色；再水解得到分子较小的糊精，遇碘呈红色，称为红色糊精；再继续水解为分子更小的糊精时，不显色，称为无色糊精。

（二）糖化

1. 酸法糖化

酸法糖化实际上是酸法液化的继续，是淀粉长链在酸的作用下被不断分解，相继变成糊精、低聚糖、双糖、单糖的过程。因此其优点是显而易见的。但水解到一定程度，随着单糖比例的上升，单糖的缩合反应会加快，即在淀粉的酸糖化过程中，生成的一部分葡萄糖受酸和热的催化作用，能通过糖苷键相聚合，失掉水分子，生成二糖、三糖和其他低聚糖等，这种反应称为复合反应。由两个葡萄糖分子通过复合反应聚合成的并不是经过 α-1,4 糖苷键聚合而成的麦芽糖，而是主要由 D-1,6 糖苷键聚合成的异麦芽糖和龙胆二糖。这些二糖和三糖等很难被微生物同化，除了会降低原料的利用率外，还会引起发酵时泡沫的增多，给发酵和提取造成很大的困难。因此，除双酶法外的水解糖液，必须经中和、脱色、压滤后，才能供配料用。

工业上采用的酸糖化方法主要有两种：

（1）间断糖化法。这种糖化方法是在一密闭的糖化罐内进行的，进料前，首先开启糖化罐进气阀门，排除罐内冷空气。在罐压保持 0.03 ~ 0.05 MPa 的情况下，连续进料，为了使糖化均匀，尽量缩短进料时间。进料完毕，迅速升压至规定压力，并立即快速放料，避免过度糖化。由于间断糖化在放料过程中仍可继续进行糖化反应，为了避免过度糖化，其中间品的 DE 值要比成品的 DE 值标准略低。

（2）连续糖化法。由于间断糖化操作麻烦，糖化不均匀，葡萄糖的复合、分解反应和糖液的转化程度控制困难，又难以实现生产过程的自动化，许多国家采用连续糖化技术。连续糖化分为直接加热式和间接加热式两种。

① 直接加热式。直接加热式的工艺过程是将淀粉与水在一个储槽内调配好，酸液在另一个槽内储存，然后在淀粉乳调配罐内进行混合，调整浓度和酸度。利用定量泵输送淀粉乳，通过蒸汽喷射加热器使之升温，并送至维持罐，流入蛇管反应器进行糖化反应，控制一定的温度、压力和流速，以完成糖化过程。而后糖化液进入分离器闪急冷却。二次蒸汽急速排出，糖化液迅速至常压，冷却到 100 ℃ 以下，再进入储槽进行中和。

② 间接加热式。间接加热式的工艺过程为：淀粉浆在配料罐内连续自动调节 pH 值，并用高压泵将之打入三套管式的管束糖化反应器内，被内外间接加热，反应一定时间后，经闪急冷却后中和。物料在流动过程中可产生搅动效果，各部分受热均匀，糖化完全，糖化液颜色浅，有利于精制，热能利用效率高。蒸汽耗量和脱色用活性炭比间断糖化法节约。

2. 酶法糖化

酶法糖化是利用糖化酶将液化产生的糊精和低聚糖进一步水解成葡萄糖或麦芽糖，选用糖化酶进行糖化。目前，工业生产中应用最广泛的是酶法，使用的糖化酶主要包括 β-淀粉酶、葡萄糖淀粉酶和异淀粉酶等。淀粉如果完全水解，因水解增重，理论上每 100 g 淀粉可以生产 111.11 g 葡萄糖。而在实际生产中，糖浆中的一部分葡萄糖将会发生水解反应和复合反应，因此，用酶法工艺每 100 g 淀粉可生成 105 ~ 108 g 葡萄糖，其余为水解不完全产物和复合产物。

液化结束后，将淀粉液化液引入糖化罐中，迅速将液化液用酸调 pH 值至 4.2 ~ 4.5，同时迅速降温至 60 ℃，然后加入糖化酶，保温进行糖化。在糖化初期，糖化进行的速度很快，葡萄糖含量不断增加，迅速达到 95%左右，以后糖化速度逐渐减慢，达到一定时间后，葡萄糖含量不再上升。用无水酒精检验糖化无糊精存在，即可结束糖化，否则葡萄糖含量会由于葡萄糖发生复合反应而降低。将料液 pH 值调至 4.8 ~ 5.0，同时加热到 90%，保温 30 min，然后将料液温度降低到 60 ~ 70 ℃ 时开始过滤，滤液进入储糖罐备用。

糖化的温度和 pH 值决定于所用的糖化酶制剂的性质。糖化酶的用量决定于液化液的浓度和用量，提高酶用量，可加快糖化速度，缩短糖化时间，但这种提高有一定的限度，因为糖化酶用量过多会造成精制的困难和副产物的增加。

3. 糖化终点的确定

淀粉及其水解物遇碘显现不同颜色，可用于确定糖化终点。检测方法是将 10 ml 稀碘液（0.25%）盛于小试管中，然后加入 5 滴糖液，混合均匀，观察颜色的变化。在糖化初期，由于淀粉遇碘则呈蓝色，随着糖化的进行，颜色逐渐变为棕红色、浅红色、根据需要将标准 DE 值的糖浆和稀碘液混合均匀，制成标准色管。取适量糖浆和稀碘液混合均匀，呈现的颜色与标准管对比，从而确定糖化终点。

由于结晶葡糖糖需要的葡萄糖含量高，即糖化程度要求高，需用酒精检测糖化的程度。取适量的糖化液，滴入酒精中，呈白色糊化沉淀，随着糖化的进行，糊精进一步被水解，白色沉淀逐渐减少，最终无白色沉淀生成，再继续糖化几分钟，DE 值达到 90 ~ 92 即可放料。

（三）糖化液精制

糖化液精制的目的就是尽可能地除去糖化液中的各种杂质，提高糖浆的质量，也有利于糖的结晶。酸法糖化液的主要精制工序为中和、过滤、脱色、浓缩即得成品，灭酶和脱色可同时进行。在 80 ~ 90 ℃ 的温度下，加入活性炭保持 20 ~ 30 min，过滤即可。

1. 中和

中和工序是用碱中和糖化液中的酸，以便于蛋白质类物质凝结。使用盐酸作催化剂时，用 Na_2CO_3 中和；用硫酸作催化剂时，用 $CaCO_3$ 中和；草酸也用 $CaCO_3$ 中和。中和时以温度 85 ℃ 左右为宜，中和到蛋白质的等电点 pH 值为 4.8～5.2，当糖化液 pH 值达到这一范围时，蛋白质胶体处于等电点，净电荷消失，胶体凝结成絮状物，有利于下一工序分离的进行。

2. 分离

为了将淀粉糖和蛋白质分离，常采用带有负电荷的胶性黏性土如膨润土作为澄清剂。膨润土主要成分为硅酸铝，呈灰色，遇水吸收水分，体积膨胀，这种膨润土分散于水溶液中带有负电荷，膨润土的悬浮液加入糖化液中能中和蛋白质类胶体物质的正电荷，使之凝结。使用膨润土的方法有两种：一种是于中和之前加入酸性糖化液中；另一种是中和之后加入糖化液中。比较起来，中和前加入除去蛋白质的效果更好。使用膨润土时，先把膨润土和 5 倍的水混合，浸润 2～3 h，然后以糖化液干物质的 1% 的用量加入糖化液中，处理时间为 15～30 min。凝结的蛋白质、脂肪和其他悬浮杂质的比重较小，易于浮到液面上，结成一厚层黄色污泥状，易用撇渣器撇开。

3. 过滤

经分离后的糖化液，仍会有少部分不溶性杂质，为保证糖化液透明度高、淀粉糖的质量好，需要进一步滤除糖液凝沉的蛋白质、加入的炭泥以及其他不溶性杂质。目前，工业上常用的过滤设备有板框式压滤机；在过滤过程中，常用的助滤剂是硅藻土，以提高过滤的速度，提高滤液的澄清度。

4. 脱色

糖化液的脱色是除去其中的呈色物质和一些杂质，使糖化液透明、无色。工业上，糖化液的脱色一般用活性炭，它的脱色原理是物理吸附作用，即将有色物质吸附在活性炭的表面而从糖化液中除去。活性炭的吸附作用是可逆的，它吸附有色物质的量决定于颜色的浓度。所以，活性炭先用于颜色较深的糖化液后，不能再用于颜色较浅的糖化液；反之，先脱颜色浅的糖化液，还能再用于脱颜色较深的糖化液。工业生产中脱色便是根据这种道理，用新鲜的活性炭先脱色颜色较浅的糖化液，再脱色颜色较深的糖化液，然后弃掉。这样可以充分发挥活性炭的吸附能力，减少炭的用量，这种使用方法在工业上称为逆流法。

在工业生产中影响吸附作用的最重要的因素为温度和时间。用活性炭脱色时温度一般保持约 80 ℃，在这样较高的温度下，糖化液的黏度较低，易于渗入活性炭的多孔组织内部，既能较快地达到吸附的平衡状态，又能避免糖液着色。吸附过程实际上是瞬时完成的，但因为糖浆具有黏度，并且活性炭的用量很少，达到吸附平衡需要一定的时间，一般需要 30 min。活性炭的用量和达到吸附平衡的时间成反比，用量多，时间可缩短。

使用粉末活性炭脱色时，将活性炭与糖化液充分混合，在 pH 值为 4.0、温度 80 ℃ 的条件下脱色 25～30 min，然后过滤。脱色操作时，用新活性炭先脱色浓糖浆（浓度约 55%），收回活性炭滤饼，用于脱色稀糖浆（浓度约 40%），再收回活性炭滤饼，用于脱色中和糖浆液。重复使用的活性炭滤饼一般不洗涤，但最后一次脱色后要弃掉，需要用水洗，收回裹带的糖分。

使用颗粒活性炭脱色时，可以把活性炭装于圆柱形直立脱色罐中，过滤后的清糖液由罐底进入，向上流经炭床，由罐顶流出，每使用 8 h，要暂时停止流通糖液，由罐底放出少量废炭进行再生，同时由罐顶加入同量的新炭或再生炭，如此则糖浆向上流经炭床时，先与已使用较久、脱色能力较低的活性炭接触，最后与脱色能力强的新活性炭或再生活性炭接触，糖液与活性炭的流动呈相反的方向，称为"活动床工艺"。

5. 离子交换

离子交换树脂具有离子交换和吸附作用，淀粉糖化液经脱色后再用离子交换树脂精制，能除去几乎全部的灰分和有机杂质，进一步提高纯度。离子交换树脂可除去蛋白质、氨基酸、羟甲基糠醛及有色物质等。应用离子交换树脂精制过的糖化液生产糖浆、结晶葡萄糖或果葡糖浆，产品质量都大大提高，糖浆的灰分含量降低到约 0.03%，仅约为普通糖浆的 1/10。因为有色物质被除得彻底，放置很久也不致变色。生产结晶葡萄糖，会使结晶速度快，产品质量和产率都较高。而生产果葡糖浆，由于灰分等杂质对异构酶稳定性有不利影响，也需要用离子交换树脂精制糖化液。

离子交换树脂具有一定的交换能力，达到一定限度后不能再交换，需用酸和碱处理再生。如果使用一段时间后，其离子交换能力都降低，再生处理后也不能恢复其原有能力，这时需要更换新的离子交换树脂。

第三节　淀粉酶

淀粉酶属于水解酶类，是催化淀粉、糖原和糊精中糖苷键的一类酶的统称。淀粉酶广泛分布于自然界，几乎所有植物、动物和微生物都含有淀粉酶。它是研究较多、生产最早、应用最广和产量最大的一种酶，其产量占整个酶制剂总产量的 50%以上。按作用底物方式可分为两类：内酶，从分子内部随机切割断裂糖苷键；外酶，从非还原末端切断糖苷键。按其来源可分为细菌淀粉酶、霉菌淀粉酶和发芽谷物糖淀粉酶。根据对淀粉作用方式的不同，可以将淀粉酶分成四类：α-淀粉酶，它从底物分子内部将糖苷键断开；β-淀粉酶，它从底物的非还原性末端将麦芽糖单位水解下来；葡萄糖淀粉酶，它从底物的非还原性末端将葡萄糖单位水解下来；脱支酶，只对支链淀粉、糖原等分支点的 α-1,6-糖苷键水解，有专一性。

EC 编号	中文名称	推荐名称	系统名称	来源及别名
3.2.1.1	α-淀粉酶	α-Amylase	1，4-α-D-Glucan-glucanohydrolase	植物、动物、微生物 liguefying amylase
3.2.1.2	β-淀粉酶	β-Amylase	1，4-α- D-Glucan-maltohydrolase	植物、微生物 Maltogenicanmylase
3.2.1.3	外切-1，4-葡糖苷酶	Exo-1，4-α-glucosidase	1，4-D-Glucan glucohydrolase	动物、细菌、霉菌 γ-Amylase
3.2.1.10	低聚糖-1，6-葡糖苷酶	Oligo-1，6-glucosidase	Dextrin 6-α-D-Glucanohydrolase	植物、动物、微生物 Limit dextrinase, Isomaltoase

EC 编号	中文名称	推荐名称	系统名称	来源及别名
3.2.1.11	葡聚糖酶	Dextranase	1，6-α-D- Glucano-hydrolase	动物、微生物
3.2.1.20	α-葡糖苷酶	α-D-Glucosidase	α-D-Glucoside glucohydrolase	植物、动物、微生物 Limit dextrinase，Isomaltoase
3.2.1.33	淀粉-1，6-葡糖苷酶	Amylo-1，6-glucosidase	Dextrin 6-α-D-glucosidse	动物、酵母
3.2.1.41	普鲁兰酶	pullulanase	Pullulan 6-glucanohydrdase	植物、微生物 R-Enzyme（植物外），Limitdextrinase，debranching-Enzyme，Amylopectin-6-glucanobydro-Lase
3.2.1.54	环状糊精酶	Cydomaltodextrinase	Cydomaltodextrin dextrinhydrolase	微生物
3.2.1.60	麦芽四糖淀粉酶	Exo-maltotetrao-Hydrolase	1，4-α-D-Glucan maltotetrao-hydrolase	微生物
3.2.1.68	异淀粉酶	Isoamylase	Glucogen 6-glucanohydrolase	植物、微生物
3.2.1.98	麦芽六糖淀粉酶	Exo-maltohexao-Hydrolase	1，4-α-D-Glucan-maltohexao-hydrolase	微生物

一、α-淀粉酶

α-淀粉酶，是一种内切酶，从淀粉分子内部以随机的方式水解 α-1,4 糖苷键，产生可溶性糊精。因为它水解淀粉时，产生的还原糖在光学结构上是 α 型，因此命名为 α-淀粉酶。最初的水解速度较快，将大分子淀粉断裂成分子，淀粉浆黏度的下降速度很快，在工业上此过程也较多液化，α-淀粉酶也叫液化酶。

α-淀粉酶水解直链淀粉一般分为两个阶段：第一阶段速度较快，直链淀粉快速地降解产生寡糖，如麦芽糖和麦芽三糖，这基本上是 α-淀粉酶以随机的方式作用于淀粉的结果。在这一阶段直链淀粉的黏度以及与碘发生呈色反应的能力很快地下降。第二阶段的反应比第一阶段的反应要慢得多，α-淀粉酶继续将寡糖缓慢地水解生成最终产物葡萄糖和麦芽糖。第二阶段的反应并不遵循第一阶段随机作用的模式。α-淀粉酶水解支链淀粉与直链淀粉类似，由于 α-淀粉酶不能作用于 α-1,6 糖苷键，将支链淀粉水解为葡萄糖、麦芽糖和一系列限制糊精。另外，α-淀粉酶是一种金属酶，因此在水解过程中，添加适量的钙离子能保持酶的空间构象，维持淀粉酶最大的活力和稳定性。

α-淀粉酶广泛存在于动物、植物和微生物中，不同来源的淀粉酶的性质也不同，目前工业上常用的 α-淀粉酶主要来源于细菌和霉菌。能产生 α-淀粉酶的微生物有枯草杆菌、芽孢杆菌、吸水链霉菌、米曲霉、黑曲霉和扩展青霉等。

一般来讲，真菌 α-淀粉酶或细菌 α-淀粉酶与食品应用相关，如水解产生的糊精的含量与食品的老化速率的下降呈正相关，其错综复杂的排列方式可有效干扰淀粉的结晶。而过量的糊精会使面包、馒头等食品瓤心发黏，影响口感，加酶量过大时还会出现塌架问题。因此，α-

淀粉酶的添加量需要综合考虑食品的耐热程度、口感等方面。

二、β-淀粉酶

β-淀粉酶，又名龙胆二糖酶、苦杏仁苷酶、纤维二糖酶，是一种外切酶，可以从淀粉分子的非还原端开始，作用于 α-1,4 糖苷键，依次切下两个葡萄糖单位，即一个麦芽糖分子。由于该酶作用于底物时发生沃尔登转位反应（Walden inversion），使生成的麦芽糖由 α-型转为 β-型，故称为 β-淀粉酶。在 β-淀粉酶的作用下将直链淀粉及支链淀粉直线分支的长度缩短，减少了重结晶趋势，对瓤心起到抗老化作用。

β-淀粉酶广泛存在于大麦、小麦、玉米、大豆和甘薯等大多数高等植物和微生物中，不存在于哺乳动物中。工业上常用的 β-淀粉酶主要从麸皮、山芋淀粉废水和大豆蛋白的废水中提取，如啤酒酿造可直接利用麦芽中的 β-淀粉酶糖化。许多微生物，如巨大芽孢杆菌、多黏芽孢杆菌、蜡状芽孢杆菌、假单胞菌和链霉菌等中也发酵产生 β-淀粉酶。

β-淀粉酶是制备麦芽糖的关键酶。在工业上，先将淀粉或淀粉质原料在 α-淀粉酶作用下液化，再用 β-淀粉酶制成麦芽糖浆。另外，水解产生的麦芽糖，还可作为发酵时酵母的食物，具有提高产气能力、增大发酵食品体积、改善发酵食品结构的作用。

三、葡萄糖淀粉酶

葡萄糖淀粉酶，又名糖化酶，同 β-淀粉酶一样，它也是一种外切酶，从淀粉非还原末端水解 α-1,4 糖苷键，产生 β-构型单个葡萄糖。它不仅能分解 α-1,4 糖苷键，而且能分解 α-1,6 和 α-1,3 糖苷键，但速度较慢。除了能够水解淀粉外，葡萄糖淀粉酶还能水解糊精、低聚糖和麦芽糖等淀粉水解产物。

工业上使用的葡萄糖淀粉酶主要来源于微生物，如黑曲霉、根霉和拟内胞霉等。由于来源不同，葡萄糖淀粉酶的最适温度和 pH 值也不同，如黑曲霉最适温度是 $55 \sim 60\,°C$，最适 pH 值为 $3.5 \sim 5.0$；根霉最适温度是 $55 \sim 60\,°C$，pH 值为 $4.5 \sim 5.5$；拟内胞霉最适温度是 $55\,°C$，pH 值为 $4.8 \sim 5.0$。

葡萄糖淀粉酶在工业生产中的应用非常广泛。在淀粉糖工业中，葡萄糖淀粉酶主要应用在葡萄糖、葡麦糖浆和果葡糖浆等的生产中。不同于酸水解时对生产设备的腐蚀，糖化酶的优势在于水解淀粉的酶具有高度专一性，避免了无机酸水解淀粉糖苷键的随机性，控制了糖浆产品的糖分组成，提高了产品纯度。在干啤酒酿造过程中，可提高麦汁中可发酵性糖的含量。在酒精工业中糖化酶制剂可代替自制麸曲，简化生产工艺，提高生产效率。在白酒和曲酒生产中，以糖化酶代替酒曲，可以提高出酒率，降低粮耗，改善酒的口味，提高质量。在味精、柠檬酸等的生产过程中，首先利用淀粉酶糖化酶将其主要原料淀粉转化成低分子量糖类，再经发酵得到谷氨酸和柠檬酸。因此，糖化酶在轻工食品、医药、发酵等行业中具有广泛的应用价值。

四、脱支酶

脱支酶系统命名为支链淀粉 α-1,6-葡聚糖水解酶，是一种能高效专一地切开支链淀粉分支点 α-1,6-糖苷键，从而剪下整个侧枝，形成直链淀粉的一种酶。由于淀粉中支链淀粉含量相对较高，但其他淀粉酶如 α-淀粉酶、β-淀粉酶都主要水解 α-1,4 糖苷键，不能作用于支链淀粉中的 α-1,6-糖苷键或水解效率较低，因此，根据生产工艺的需要，在淀粉的水解过程中添加脱支酶，与酶协同作用，可以有效提高淀粉的利用率。

脱支酶有两种类型，分别是普鲁兰酶和异淀粉酶，它们都能水解支链的 α-1,6 糖苷键，区别在于只有普鲁兰酶能水解直链 α-1,6 糖苷键，普鲁兰酶水解最小的单位是麦芽糖的 α-1,6 糖苷键，而异淀粉酶发挥水解作用时最小的单位则是麦芽三糖或麦芽四糖的 α-1,6 糖苷键。

1. 普鲁兰酶

普鲁兰酶主要作用于普鲁兰糖、支链淀粉和 β-极限糊精等底物，水解生成的最终产物是麦芽三糖，系统名称为支链淀粉 6-葡聚糖水解酶。其中普鲁兰糖亦称茁霉多糖，其结构是葡萄糖按 α-1,4-糖苷键结合成麦芽三糖，两端再以 α-1,6-糖苷键同另外的麦芽三糖结合，并以这种连接方式形成的高分子多糖。普鲁兰酶能够水解支链淀粉和相应的 β-限制糊精中的 α-1,6-糖苷键，也能裂开 α-限制糊精中的 α-1,6-糖苷键结合的 α-麦芽糖和 α-麦芽三糖残基，但是不能除去以 α-1,6-糖苷键结合的葡萄糖单位。

普鲁兰酶在改善淀粉酶对淀粉的作用效果、提高淀粉利用率中有重要作用。普鲁兰酶协同 α- 淀粉酶和糖化酶，能将淀粉彻底降解为葡萄糖。在脱支酶中，普鲁兰酶要求的底物分子结构最小，能将最小单位的支链分解，所以应用最为广泛。

2. 异淀粉酶

异淀粉酶是水解支链淀粉、糖原、某些分支糊精和寡聚糖分子的 α-1,6-糖苷键的脱支酶。它对支链淀粉和糖原的活性很高，能完全脱支，但是不能从 β-限制糊精和 α-限制糊精水解由两个或三个葡萄糖单位构成的侧链，而对普鲁兰糖的活性却很低。异淀粉酶只能水解构成分支点的 α-1,6-糖苷键，而不能水解直链分子中的 α-1,6-糖苷键。异淀粉酶对 α-1,6-糖苷键所处位置的严格要求，使它成为糖类结构研究很有价值的工具。

异淀粉酶广泛存在于自然界中，在植物如大米、蚕豆、马铃薯、麦芽，动物如肝脏、肌肉，微生物如酵母、细菌和放线菌中，均发现含有异淀粉酶。不同来源的异淀粉酶，不仅对各种支链多聚糖等作用底物的专一性不同，还体现在反应条件的不同。如酵母异淀粉酶最适 pH 值为 6.2，最适温度为 20 ℃；在 pH 值为 5 以上就很不稳定，25 ℃ 以上很快失活。产气杆菌 10016 菌株异淀粉酶最适 pH 值为 5.6 ~ 7.2；其最适 pH 值受缓冲液影响，在 pH 值为 5.8 的醋酸缓冲液中比在相同 pH 值的柠檬酸缓冲液中所测得的酶活性高 34%；该酶最适温度为 45 ~ 50 ℃，50 ℃ 以上不稳定，55 ~ 60 ℃ 活性急剧下降，60 ℃ 时酶活性只剩 6.4%。放线菌异淀粉酶最适温度较高，如链霉菌 No.28 异淀粉酶最适 pH 值为 5.0；最适温度为 60 ℃，但 70 ℃ 左右酶几乎失活；在 pH 值为 5.5 ~ 5.7 时酶最稳定。

第四节　淀粉糖

利用马铃薯生产淀粉糖，重点是选择适合生产淀粉的马铃薯品种，以便将薯类淀粉转化为优质的糖。淀粉在酸或淀粉酶的催化作用下发生水解反应，其水解最终产物随所用的催化剂种类不同而不同。本节内容主要介绍以淀粉为主要原料，常见糖品的生产工艺以及操作要点。

一、结晶葡萄糖

结晶葡萄糖是淀粉完全水解后获得高转化葡萄糖浆，经过精制、浓缩和结晶工艺处理后再离心分离、干燥制取的，它以结晶的状态存在。葡萄糖主要用于生产食品和医药，也是合成山梨醇的原料和工业还原剂。

（一）酸法

1. 工艺流程

调浆→糖化→中和→脱色→蒸发→结晶→分蜜和洗蜜→干燥与筛分→精制。

2. 操作要点

（1）调浆。在调浆罐中，先加部分水，在搅拌情况下，加入粉碎的干淀粉或湿淀粉，投料完毕，继续加入 80 ℃ 左右的水，使淀粉乳浓度达到 22～24 °Be′（生产葡萄糖淀粉乳浓度为 12～14 °Be′），然后加入盐酸或硫酸调 pH 值为 1.8。调浆需用软水，以免产生较多的磷酸盐使糖液混浊。

（2）糖化。调好的淀粉乳，用耐酸泵送入耐酸加压糖化罐。边进料边开蒸汽，进料完毕后，升压至$(2.7～2.8)×10^4$ Pa（温度 142～144 ℃），在升压过程中每升压 $0.98×10^4$ Pa，开排气阀约 0.5 min，排出冷空气，待排出白烟时关闭，并借此使糖化醪翻腾，受热均匀，待升压至要求压力时保持 3～5 min 后，及时取样测定其 DE 值，达 38%～40% 时，糖化终止。

（3）中和。糖化结束后，打开糖化罐将糖化液引入中和桶进行中和。用盐酸水解者，用 10% 碳酸钠中和，用硫酸水解者用碳酸钙中和。前者生成的氯化钙，溶存于糖液中，但数量不多，对风味的影响不大，后者生成的硫酸钙可于过滤时除去。一般中和到 pH 值 4.6～4.8 为中和终点。中和时，加入干物质量 0.1% 的硅藻土为澄清剂，硅藻土分散于水溶液中带负电荷，而酸性介质中的蛋白质带正电荷，因此澄清效果很好。

（4）脱色。中和糖液冷却到 70～75 ℃，调 pH 值至 4.5，加入干物质量 0.25% 的粉末活性炭，随加随搅拌约 5 min，压入板框式压滤机或卧式密闭圆桶形叶滤机过滤出清糖滤液。

（5）蒸发。蒸发过程即糖液浓缩过程，将糖液的水分蒸去，至 25 ℃ 测定密度为 1.3 时，即可进行结晶。

（6）结晶。在已蒸浓的糖液中加入 0.5%～1.0% 的葡萄糖晶种。在 44 ℃ 时加入（晶种须预先过筛，不得有小块），边加边搅动，至搅拌均匀。然后在 30～35 ℃ 下静止结晶，每天搅拌 3 次，开始结晶时即停止搅拌，结晶 3 天即为葡萄糖晶体混合物。

（7）分蜜和洗蜜。分蜜是指把母液从糖膏中分离出来。采用离心分离的方法是分蜜的关键技术。离心机为篮式离心机，加完糖蜜后，逐渐增加离心机旋转速度直到最高速度，受离心力作用，液体的糖蜜与结晶颗粒分离。分蜜所需时间与离心力大小有关，离心力大则时间短。

分蜜后的结晶颗粒上仍附着一层薄糖蜜，需用清洁水洗除，多用两次喷水法。第一次用少量水冲淡糖蜜，降低黏度，以利分离；第二次用较多量的水，在糖蜜差不多全部分离后冲入。洗水用量约为湿糖量的 15%～20%，水温 20 ℃，洗糖用水应有较高纯度。专门用于分蜜和流蜜用的篮式离心机具有两个流送沟，分别流送糖蜜和洗蜜，使它们流到不同容器中。

（8）干燥与筛分。洗糖后所得的湿糖含水量 12% ~ 14%（含结晶水），需进行干燥，将表面水分去除。筛分后得到口服或工业葡萄糖。干燥方法为气流干燥、滚筒干燥、流化床干燥；筛分设备常用的是转筒筛、平筛、振动筛。

（9）精制。医药注射用含水 α-葡萄糖，需在一次结晶获得的含水 α-葡萄糖基础上进一步精制。其方法是：用纯净水和纯度高的洗蜜溶解含水 α-葡萄糖，得浓度 60% 糖溶液，用活性炭脱色，过滤，蒸发到 75% 浓度，冷却至 45 ℃ 后引入结晶罐，进行二次冷却结晶，结晶过程因糖液纯度高，结晶要快些，70 h 内冷却至 20 ℃。结晶完成后进行分蜜、干燥、筛分，即为高纯度的含水 α-葡萄糖。

（二）酶法

1. 工艺流程

调浆→液化（α-淀粉酶）→糖化（糖化酶）→中和→脱色→蒸发→结晶→分蜜榨糖→结晶精制→干燥→成品。

2. 操作要点

（1）液化。向一定量的淀粉中加入相应量的蒸馏水，使淀粉乳浓度为 30%，然后将其放入 0.10 ~ 0.15 MPa、120 ℃ 下的带压容器内煮沸 20 min。取出后，向其中加入一定量的 $CaCl_2$，使其浓度达到 0.1 mol/L，用 Na_2CO_3 溶液调其 pH 值至 6.2 左右。然后将其放入 85 ℃ 的水浴锅中恒温 40 min 后，向其慢慢加入 α-淀粉酶液化并不断搅拌，直至其与碘液反应呈淡黄色时为液化终点。液化至终点后，用 HCl 将液化液的 pH 值调至 4.0 左右恒温保持 20 min 灭酶。

（2）糖化。液化结束时，迅速将料液用酸调 pH 值至 4.2 ~ 4.5，同时迅速降温至 60 ℃，然后按量加入糖化酶，60 ℃ 保温数 h 后，当用无水酒精检验无糊精存在时，将其 pH 值调至 4.8 ~ 5.0，同时加热到 80 ℃，保温 20 min 灭酶，然后将料液温度降至 60 ~ 70 ℃ 时开始过滤。

（3）脱色、过滤。在液化及糖化过程中，部分色素亦进入溶液中，同时产生少量羟甲基糠醛等能产生颜色的物质。向糖化液加入活性炭，在 60 ~ 70 ℃ 下搅拌 30 min 后，滤去活性炭，得到无色透明糖液。

（4）离子交换。脱色糖液中仍含有杂质离子如 Ca^{2+}、Mg^{2+}、Na^+、Cl^-、CO_3^{2-} 及蛋白质、氨基酸、羟甲基糠醛等有害物质，经过离子交换精制，可将这部分有害杂质彻底除去，从而使糖浆无色透明，经久不变色。

（5）浓缩。真空蒸发浓缩糖化液的糖分浓度仅 30% 左右，必须浓缩到 80% ~ 83% 的浓度才有使用价值。采用旋转浓缩蒸发仪，在 0.6 ~ 0.9 MPa 的压力下浓缩蒸发。因为糖浆在高温下易产生有色物质，所以浓缩过程中温度应控制在 65 ℃ 以下，且在蒸发过程中加入焦亚硫酸氢钠溶液护色。获得要求的葡萄糖糖浆后，进一步干燥制取结晶葡萄糖。

二、葡萄糖浆（全糖）

葡萄糖浆采用全酶法生产，糖化液中含葡萄糖百分率达 95% ~ 97%（干基计），其余为低聚糖。其纯度高、甜味纯正，适用于食品工业。产品可经喷雾干燥成颗粒状，也可经冷凝成块状，然后再加工成粉末状产品，成为粉末葡萄糖。全糖质量虽低于结晶葡萄糖，但工艺简单、成本低。

1. 工艺流程

淀粉→调浆→液化→糖化→过滤→脱色→离子交换→浓缩→干燥→成品。

2. 操作要点

（1）调浆。先将淀粉加入适量的水，调成 21 度波美度，用 N_2CO_3 溶液调 pH 值到 6.0～6.5，加入醋酸钙溶液，调节钙离子浓度到 0.01 M，加入需要的液化酶。

（2）淀粉液化。用泵均匀输入喷射液化器，进行糊化、液化，淀粉浆的温度从 35 ℃ 增加到 148 ℃，经过液化的淀粉浆由喷射液化器下方卸出，引入保温罐中，在 85 ℃ 时再把剩余的酶加入，放置 20～30 min，冷却后转入糖化工艺。经过液化的液化液，此时葡萄糖值达到 15%～20%，pH 值为 6～6.5。

（3）糖化。降温到 60 ℃ 左右，并用盐酸调节 pH 值到 4～4.3，加入糖化酶充分混匀，保持在 60 ℃ 进行糖化。糖化作用时间需 48～60 h，糖化后要求葡萄糖值达 97%～98%。

（4）过滤。糖化液仍有一些不溶性物质，须通过过滤器去除。过滤用回转式真空过滤器，在使用前先涂一层助滤剂，然后将糖液泵入过滤器中，进行过滤，所得澄清糖液收集于罐内，等待脱色。

（5）脱色过滤。将糖液用泵送至脱色料罐（内装有搅拌器），加热至 80 ℃，加入活性炭混合均匀，脱色 20～30 min。然后打入回转式真空过滤器进行过滤，过滤的糖液，收集于储罐内。

（6）离子交换。离子交换柱三套，二套连续运转，一套更换备用。每一套离子交换柱可连续运转 30h，经脱色的糖液由上至下流过，进行离子交换，除去糖液中的离子型杂质（如无机盐、氨基酸）和色素，成为无色透明液体。

（7）浓缩。在浓缩蒸发器中将糖液进行浓缩，通过浓缩使葡萄糖糖液的浓度从 35% 增加到 54%～67%。

（8）喷雾结晶干燥。将糖液浓缩到 67%，混入 0.5% 含水 α-葡萄糖晶种，在 20 ℃ 下结晶，保持缓慢搅拌 8 h 左右，此时糖液中有 50% 结晶出来。所得糖膏具有足够流动性，仍能用泵运送到喷雾干燥器中。经喷雾干燥后的成品，一般约含水分 9%。

三、果葡糖浆

果葡糖浆（Fructose corn syrups）也称高果糖浆或异构糖浆，它是以酶法糖化淀粉所得的糖化液经葡萄糖异构酶的异构作用将其中的一部分葡萄糖异构成果糖所形成的混合糖浆。果葡糖浆甜度高，除了可替代蔗糖之外，还具有风味好、保湿性强、渗透压大、热量低和营养丰富的特性。在生产上形成以较快参与人体新陈代谢、恢复肌体功能、消除疲劳等为特点的食品，已成为难以取代的糖源。

果葡糖浆按其生产发展和产品组分质量分数的不同划分为三代：第一代果葡糖浆称为葡果糖浆，简称 42 糖，果糖占 42%；第二代果葡糖浆称为果葡糖浆，简称 55 糖，果糖占 55%；第三代果葡糖浆称为高果糖浆，简称 90 糖，果糖占 90%。

葡萄糖和果糖互为同分异构体，通过异构化反应可以相互转化。生产果葡糖浆的方法有两种：一种是以葡萄糖为原料经葡萄糖异构酶转化得到的转化糖；另一种是由蔗糖水解而得到的转化糖。葡萄糖生产果葡糖浆的基本方法有碱法、异构酶法。蔗糖生产果葡糖浆的方法有酸法、酶法和阳离子树脂法。目前，世界上使用最多的是以葡萄糖为原料，以异构酶法生产果葡糖浆，将葡萄糖转化为果糖。

1. 工艺流程

调浆→糖化→脱色→过滤→离子交换→浓缩→异构化（异构化酶）→脱色→离子交换→浓缩→果葡糖浆。

2. 操作要点

（1）调浆。在调粉罐内先加部分水，在搅拌情况下加入马铃薯淀粉，投料完毕，继续加水使淀粉乳达到规定浓度（40%），然后加入盐酸调节至 pH 值为 1.8。

（2）糖化。调好的淀粉乳用耐酸泵送入糖化罐。进料完毕，打开蒸汽阀升压力至 0.28 Mpa 左右，保持该压力 3～5 min。取样用 20%碘液检查糖化终点。糖化液遇碘呈酱红色时即可放料中和。

（3）中和。糖化液转入中和桶进行中和，开始搅拌时加入定量活性炭作助滤剂，逐步加入 10%Na_2CO_3 溶液中和，当 pH 值为 4.6～4.8 时，打开出料阀，用泵将糖液送入过滤机，滤出的清糖液随即冷却至 60 ℃，冷却后进行糖液脱色。

（4）脱色。清糖液放入脱色箱内，加入定量活性炭，一边加一边搅拌，脱色搅拌时间不得少于 5 min，然后再送过过滤机，滤出清液盛放在储桶内备用。

（5）离子交换。将第一次脱色滤清液送至离子交换滤床进行脱盐提纯及脱色。糖液通过"阳—阴—阳—阴"四个树脂滤床后，在储糖桶内调整 pH 值至 3.8～4.2。

（6）浓缩。树脂交换后，准确调好 pH 值的糖液，利用泵送至蒸发罐，保持真空度为 0.06 Mpa 以上。加热蒸汽压力不得超过 0.1 Mpa，当糖液浓度为 42%～50% 时即可出料。

（7）异构化。将固相异构酶装填于竖立的保温反应柱内，反应温度控制在 65 ℃，精制的糖液由柱顶进料，流过酶柱，进行异构化反应，再从柱底出料，连续操作，也可由柱底进料，经过酶柱，从柱顶出料。酶活力处于最佳 pH 值时，能充分发挥催化作用，反应速度快，时间短，糖分分解副反应发生的程度低，所得的异构糖液的颜色浅，容易精制。所以，异构化时糖液的 pH 值大小应由所用的异构酶的型号来决定。

（8）二次脱色。异构化反应后的糖液含有色物质，易在储存期间产生颜色及灰分等杂质，所以需二次脱色。将糖液送入色桶，加入定量新鲜活性炭，操作与第一次脱色相同。

（9）二次离子交换。经二次脱色的糖液需再进行一次树脂交换，方法同前。最后流出的糖液 pH 值较高，可用盐酸调节 pH 值至 4.0～4.5。

（10）蒸发浓缩。精制的糖液经真空蒸发浓缩到需要的浓度，即得果葡糖浆。由于葡萄糖易结晶，为了防止糖浆在储存期间结晶析出，一般要求糖液浓度为 70%～75%（干物质浓度）。

3. 果葡糖浆在食品中的应用

果葡糖浆主要用于食品工业，也有少量高纯果糖应用于医药工业；在食品工业中又主要应用于饮料、果酱、果脯、面包、糕点和饼干等行业当中。

（1）饮料行业中的应用。

果葡糖浆可应用于不含酒精的饮料中，称为软饮料，其产品特点是口感爽口，风味好，温和无异味，透明度好，没有混浊；应用在酒精饮料中，如葡萄酒、苹果酒和黄酒时，经过预处理，可避免产品出现沉淀，透明度好。

（2）面包以及糕点产品中的应用。

利用果葡糖浆代替蔗糖添加到面包中，酵母可直接利用果糖进行发酵，发酵反应快而好，产生大量气体，缩短了面包发酵时间。而且面包的口感松软，略有湿感，能在储存期内保持新鲜和松软。

（3）果脯和果酱中的应用。

因为渗透压高，果葡糖浆在加工果脯时，渗透快。生产时间可缩短，与蔗糖混用时，成品色泽鲜明，防腐性好，利于长期保存。

四、低聚糖

低聚糖的主要成分为麦芽糖、麦芽三糖至麦芽八糖等，很少含葡萄糖和糊精的产品，这种糖品的葡萄糖含量很低，甜度低、黏度高、吸潮性低。美国、日本等国家的低聚糖产品中麦芽四糖或麦芽五糖含量较高（30%～50%），麦芽三糖占5%～15%，麦芽糖占2%～8%，葡萄糖占5%～10%。我国研制生产的低聚糖产品中麦芽糖占25%，麦芽三糖占25%，麦芽四糖、五糖、六糖都高达12%～15%，从麦芽三糖到麦芽七糖占总糖的70%以上，这是由所采用的低聚糖酶的来源和性质不同所致。美、日等国家多采用灰色链霉菌、施氏假单胞菌或假单胞菌产生的低聚糖酶，而我国多用高温根霉菌产生的低聚糖酶。

1. 工艺流程

淀粉调浆→液化→糖化→脱色→过滤→真空浓缩→低聚糖（固形物70%以上）。

2. 低聚糖的特点

（1）保健功能。

低聚糖具有抑制肠道中腐败菌的生长、增强人体免疫功能的作用。同时，低聚糖的食用可阻碍牙垢的形成及在牙齿上附着，从而防止了微生物在牙齿上大量繁殖，达到防龋齿的目的。所以低聚糖在美国、日本等国家已经流行，应用于食品工业的许多产品中，尤其是病人、老人和儿童的滋补食品。

（2）甜度。

低聚糖甜度低于蔗糖。如以蔗糖的甜度为100，葡萄糖则为70，麦芽糖为44，麦芽三糖为32，麦芽四糖为20，麦芽五糖为17，麦芽六糖为10，麦芽七糖为5，且随着聚合度的增加甜度在下降。麦芽四糖以上只能隐约地感到甜味，但味道良好，没有饴糖的糊精异味。低聚糖是一种优良的食品原料，它与其他各种食品混合后不会对口味产生不好的影响，而且能够大量使用。与高甜度甜味剂混用，能起到改善口味、消除腻感的作用，混于酒精饮料中可以减少酒精刺激性，起到缓冲效果。

（3）黏度。

麦芽二糖、麦芽三糖及以上等几种麦芽糖之间存在着明显的差异，麦芽二糖的黏度特性与蔗糖相同，麦芽三糖以上麦芽糖的黏度随着聚合度的增加而增加，麦芽七糖至麦芽十糖的黏度极高，使食品有浓稠感，较低聚合度的麦芽二糖、麦芽三糖和麦芽五糖仍能保持较好的流动性，是应用于营养口服液、病后营养滋补液等的糖源。

（4）水分活度和渗透压。

与其他糖品相比，相同浓度低聚糖的水分活度大、渗透压小，因此，适用于调节饮料、营养补液等的渗透压，减少渗透压性腹泻，提高身体对营养物质和水分的吸收速度和效率。

（5）其他特性。

低聚糖在人体内具有较高的利用率，它的利用率甚至超过葡萄糖和蔗糖。对于氨基酸和还原糖引起的美拉德反应，可以利用低聚糖作为甜味剂，避免食品着色。另外，大部分的低聚糖还具有抗老化和不易析出晶体的特性，它可形成光泽的皮膜，对各类食品，尤其是蜜饯，有很特殊的利用价值。

五、麦芽糊精

以淀粉为原料水解到 DE 值 20 以内的产品称为麦芽糊精。麦芽糊精的主要成分是糊精和四糖以上的低聚糖，还含有少量麦芽糖和葡萄糖。麦芽糊精具有许多独特的理化性能，如水溶性好、耐熬煮、温度高、黏度高、吸潮性低、抗蔗糖结晶性高、赋形性质佳、泡沫稳定性强、成膜性好及易于人体吸收等。由于这些特性，使它在固体饮料、糖果、果脯蜜饯、饼干、啤酒、婴儿食品、运动员饮料及水果保鲜等多种食品的加工和生产中得到应用，是一种多功能、多用途的食品添加剂，是食品生产的基础原料之一。

麦芽糊精的生产工艺一般有酶法和酸酶法两种。酸法水解产品过滤困难，产品的溶解度低，易变混浊或凝沉，工业化生产一般不使用此法。生产 DE 值在 5~20 的产品常用酶法生产。对于生产 DE 值在 15~20 产品时，也可用酸酶法，先用酸转化淀粉到 DE 值 5~12，再用 α-淀粉酶转化到 DE 值 15~20。用这种方法生产的产品与酶法相比，过滤性质好，透明度高，不变混浊，但灰分较酶法稍高。酶法生产麦芽糊精的生产工艺如下：

1. 工艺流程

淀粉→调浆→液化→升温灭酶→脱色→过滤→真空浓缩→喷雾干燥。

2. 操作要点

（1）调浆。先将淀粉调成 21 度波美度，再用 N_2CO_3 溶液调 pH 值到 6.0~6.5，用醋酸钙调节钙离子浓度到 0.01 M。

（2）液化。加入一定量的液化酶，用喷射液化器进行糊化、液化。淀粉浆的温度从 35 ℃ 增加到 148 ℃，经过液化的淀粉浆由喷射液化器下方卸出，引入保温罐中，在 85 ℃ 时再把剩余的酶加入，放置 20~30 min。经过液化的液化液，葡萄糖值（DE）达到 15~20，pH 值为 6~6.5。

（3）脱色和过滤。在液化液中直接加入活性炭混合均匀，脱色 20~30 min，然后用扳框过滤机过滤，成为无色透明液体。

（4）浓缩。在真空浓缩蒸发器中将糖液进行浓缩，通过浓缩使麦芽糊精的浓度从 35% 增加到 60% 左右。

（5）喷雾干燥。将浓缩后的麦芽糊精喷雾干燥，成为疏松粉状麦芽糊精。产品需要严密包装以防受潮。

3. 麦芽糊精的主要用途

（1）在糖果中的应用。

在糖果中应用麦芽糊精，可以增加糖果的韧性，防止糖果返砂和烊化，能降低糖果的甜度，改变口感，改善组织结构，大大延长糖果的货架期。

（2）在饮料工业中的应用。

很多饮料中添加麦芽糊精可以大大突出原有的天然风味，减少营养损失，提高溶解性能，增加稠度，改善口感，降低甜度，提高综合经济效益。

（3）在其他食品中的应用。

方便面食品配料中添加麦芽糊精后可以大大改善产品风味，增加品种，降低成本，提高经济效益。此外，在乳制品、保健食品、西餐食品、罐头、果冻、果茶等食品中也明确规定可以添加。

（4）在造纸工业中的应用。

麦芽糊精具有较高的流动性及较强的黏合力，在造纸行业中可以作为表面施胶剂和涂布涂料的黏合剂，不但吸附在纸面纤维上，同时也向纸内渗透，提高纤维间的黏合力，改善外观及物理性能。

六、中转化糖浆

中等转化程度的糖浆（DE 值 38～42）是生产历史悠久、产量最大的一种糖浆，又称"标准"糖浆，广泛应用于饮料、糖果、糕点等食品及医药用糖浆生产。这种糖浆生产一般采用酸法工艺。

1. 工艺流程

淀粉→调浆→糖化→中和→过滤→脱色→离子交换→脱色→浓缩→成品。

2. 操作要点

（1）调浆。生产高质量的中转化糖浆需用杂质少的精制淀粉，如果使用质量差的淀粉，依靠糖化后精制提高糖浆的质量是不合算的。先加水，在搅拌条件下加入淀粉，调淀粉乳浓度约为 40%，用盐酸调节 pH 值到 1.8～2.0。

（2）糖化。用耐酸泵将淀粉乳打入压力糖化罐中，关闭淀粉进料管和蒸汽排出管，开大进气管阀门，提高罐内压力到 0.28 MPa，保持此压力 5～6 min，以淀粉及水解物遇碘呈色上的差异判断糖化终点。方法是：将 10 mL 稀碘液（0.25%）于小试管中加入 5 滴糖液混匀，观察颜色变化。将已知 DE 值的糖浆和稀碘液混匀制成标准色管，将糖化液显色后与标准色管比较，以确定所需的糖化终点。升压过程中，排气阀要适当开大，大排气可使料液翻腾好，水解均匀，当罐内压力达到规定表压时，排气阀可开启少许。

（3）中和、过滤。糖化液转入中和桶，用 Na_2CO_3 中和到 pH 值为 4.8～5.2，开始时可加入定量废炭作助滤剂。中和好的糖液用泵送入过滤机过滤，滤出液冷却到 60 ℃后打入脱色桶中用活性炭脱色。

（4）第一次脱色。在糖液中加入定量活性炭，边加边搅拌，脱色时间不少于 5 min，然后再送入过滤机过滤。

（5）离子交换。将第一次脱色糖液用离子交换滤床进行脱盐、提纯及脱色。糖液通过阳-阴-阳-阴四个树脂滤床后，在贮糖桶内调整 pH 值为 3.8 ~ 4.2。

（6）浓缩。用多胶真空蒸发罐浓缩，保持真空度 500 mmHg 以上，加热蒸汽压力不得超过 1 kg/m^2，控制真空浓缩后的浓度 42% ~ 50%，即可第二次脱色。

（7）第二次脱色。第二次过滤需用新鲜活性炭，操作同第一次脱色。脱色后进行反复过滤，直到滤液清亮为止。

（8）第二次浓缩。操作同第一次浓缩。在浓缩开始时加入适量亚硫酸氢钠，能起到漂白及保护色泽的作用。浓缩到 35 度波美度即为成品。

上述工艺主要用于生产特级、甲级成品，如生产乙级成品，只要求一次脱色和一次浓缩。用喷雾干燥法可得到含水量在 5% 以下的白色粉末状产品，这种脱水糖浆的包装、运输和储存都比液体方便。

七、山梨醇

山梨醇是山梨糖醇的简称，英文全称是 D-sorbitol，分子式是 $C_6H_{14}O_6$，它为无色无味的针状晶体，可溶于水，具有很大的吸湿性，在水溶液中不易结晶析出。由于分子中没有还原性基团，在通常情况下化学性质稳定，不与酸碱起作用，不易受空气氧化，也不易与可溶性氨基化合物发生美拉德褐变。山梨醇对热稳定性较好，比相应的糖高很多，对微生物的抵抗力也较相应糖强，浓度 60% 以上就不易受微生物侵蚀。山梨醇能进入人体内代谢，由于代谢过程是缓慢扩散而被吸收，氧化成果糖而被吸收利用，因此对血糖和尿糖没有影响，非常适合作为糖尿病人的甜味剂。

在用淀粉生产山梨醇时，首先要经酶法或酸法将其转变成葡萄糖，然后进行氢化反应；工艺流程主要包括葡萄糖溶液的制备、加氢反应、催化剂分离、离子交换、溶液蒸发和结晶干燥等。

1. 工艺流程

淀粉→调浆→液化→糖化→脱色→过滤→离子交换→蒸发浓缩→调节 pH 值→催化加氢→沉降→离子交换→浓缩→成品山梨醇液。

2. 操作要点

（1）淀粉糖化。

①淀粉处理。利用酸法或酶法制取葡萄糖浆，淀粉调浆、液化、糖化、脱色和过滤等工艺与葡萄糖生产工艺相同。

②离子交换。经过过滤的糖液有金属离子、有机色素、灰分等杂质存在，影响后续糖的催化加氢，需要除去。由于糖液中的色素大部分都是弱酸性阴离子，常用阴离子交换树脂进行脱色除杂。如果用酸法水解制糖，则需要添加阳离子交换树脂。两者的顺序，通常是先阳离子柱再阴离子柱，可得到 95% 以上的糖液。

③浓缩。采用减压真空蒸发浓缩的方式对糖液进行浓缩，得到浓度为 53% 的葡萄糖液。

（2）葡萄糖溶液氢化。

① 间歇催化加氢制备山梨醇。

工艺流程如下：

葡萄糖液→氢化反应釜→山梨醇溶液→沉降器→澄清山梨醇溶液→离子交换柱→成品。

ⓐ 葡萄糖液的准备。糖化好的糖化液移入计量罐，并用烧碱进行 pH 值调节，使溶液 pH 值达到 8.0。

ⓑ 间歇氢化。在反应釜中，从计量罐中泵入调好 pH 值的葡萄糖液（初始体积按反应釜的 2/3 填装），并加入相应量的催化剂；之后，用氮气将反应釜中的空气置换出来，再用氢气置换其中的氮气，保证反应釜中的空间始终维持 99%以上的氢气纯度。

ⓒ 升温升压。反应釜升温 140 ℃ 左右，再升压至所需要的压力。达到反应温度和压力后，开始搅拌进行反应。反应过程中由于氢气的消耗，需要继续补充氢气，压力维持在 3.9 ~ 7.8 MPa。反应 1 ~ 2 h，通入的氢气达到饱和不再被吸收，并测定反应液的残糖在 0.5% 以下时，反应可以停止。

ⓓ 催化剂回收。反应结束后降温至 100 ℃ 以下，催化剂大部分开始沉降，可以利用反应釜残余压力，使山梨醇液压入高位沉降槽，以沉淀溶液中悬浮的催化剂；约 2 h 后，澄清的山梨醇液放入低位沉淀器，再次沉淀 4 h。回收回来的催化剂视活性高低，可以选择性地重新回用氢化反应釜。

ⓔ 离子交换。澄清的山梨醇液，尚有微量的催化剂（镍离子），必须通过离子交换除去。交换柱中装有阳离子交换树脂，由于阳离子树脂的交换容量大，所以澄清山梨醇的交换，可以多次进行。检查交换柱流出的成品山梨醇液是否含有镍离子，铁离子不超过 20 mg/kg 即为合格。如果发现交换柱漏镍，表示树脂交换容量已经过载，必须进行再生。再生前先用脱离子水顶出交换柱中的山梨醇液，然后再用 5%的盐酸再生，将阳离子交换树脂吸附的镍转化成氯化镍而洗脱。用盐酸再生完毕，再用脱离子水洗去交换柱中的残余盐酸溶液，洗至排出液的 pH 值为 4.5 ~ 5.0，即可重新再用。澄清山梨醇液通过离子交换得到的合格山梨醇液，即可包装出厂。

② 连续催化加氢制备山梨醇。

葡萄糖液连续催化加氢制备山梨醇的工艺流程如下：

氢气→氢气压缩机→高压缓冲器

↓

葡萄糖溶液→调 pH 值→高压进料泵→氢液混合器→预热器→高压反应釜→冷却器→高压分离器→常压分离器→山梨醇液。

ⓐ 制备的葡萄糖液用泵送入计量容器中，并调节 pH 值至 8.0，然后通过计量器用高压泵打入氢液混合器，与来自高压缓冲器的氢气相混合。

ⓑ 混合好的带气料液通过预热器，使已经调好 pH 值的葡萄糖溶液和氢气混合物受热至 90 ℃，然后自动压入高压反应釜（反应釜要预先填满活化好的催化剂）。

ⓒ 葡萄糖溶液和氢气的混合物由下而上地流动，受反应器中催化剂的阻力影响，溶液和氢气交替反复接触催化剂。这时反应器中的压力维持 8.0 MPa 左右，温度 140 ℃ ~ 1500 ℃。

ⓓ 葡萄糖溶液在反应釜中顺利地氢化为山梨醇溶液，从反应釜的顶部排出，通过耐高压的冷却器，进入高压分离器；高压分离器的顶部排出过量的氢气，在底部排出山梨醇溶液。

ⓒ 由于刚从高压下排出的山梨醇溶液还溶解有一些氢气，所以还得通过常压分离器，进一步使微量的氢气放出，收集反应完毕的山梨醇液。

3. 山梨醇在食品中的应用

（1）山梨醇具有吸湿性，故在食品中加入山梨醇可以防止食品干裂，使食品保持新鲜柔软。在面包、蛋糕中使用，效果明显。

（2）山梨醇甜度低于蔗糖，且不被某些细菌利用，是生产低甜度糖果、点心的好原料，也是生产无糖糖果的重要原料，可用于加工各种防龋齿食品。

（3）山梨醇不含有醛基，不易被氧化，在加热时不和氨基酸产生美拉德反应。有一定的生理活性，能防止类胡萝卜素和食用脂肪及蛋白质的变性。在浓缩牛乳中加入山梨醇可延长保存期，能改善小肠的色、香、味，对鱼肉酱有明显的稳定和长期保存的作用。在果酱蜜饯中也有同样作用。

（4）山梨醇代谢不引起血糖升高，可以作为糖尿病人食品的甜味剂和营养剂。

八、焦糖色素

焦糖色素是一种天然着色剂，被广泛应用于食品、医药、调味品、饮料等行业。焦糖色素的生产可用各种不同来源、不同加工工艺的糖质原料，常用淀粉质原料生产或直接用糖浆生产。生产工艺多用常压氨法，基本原理是糖质原料中的还原糖与氨水在高温下发生美拉德反应，生成有色物质。焦糖色素的颜色深浅用色率（EBC）表示，色率的高低与糖质中还原糖含量、氨水用量、反应温度等因素有关。一般糖质中还原糖的含量（DE）值越高，色素色率越高。

1. 工艺流程

淀粉质原料→液化→糖化→过滤澄清→浓缩→焦糖反应→稀释→液体色素；

　　　　　　　　　　　　　　　　　　　　　↓

　　　　　　　　　　　　　喷雾干燥→粉末色素。

2. 操作要点

（1）糖化。淀粉质原料可以直接利用马铃薯或其淀粉，其液化、糖化工艺与葡萄糖浆生产工艺相同，可以采用双酶法、酸法或酸酶结合法。使用糖浆、糖蜜等作为原料时，可直接浓缩进行焦糖反应。

（2）澄清过滤。糖化液中含有一些不溶性的物质，须通过过滤器除去。过滤用板框过滤机、回转式真空过滤器等进行过滤，在过滤前先涂一层硅藻土作为助滤剂。如生产高质量的色素，还需进行脱色、离子交换处理，其处理方法与葡萄糖浆生产工艺相同。

（3）浓缩。糖化液浓缩可直接采用常压蒸发器进行浓缩，温度达到 135～140 ℃时，糖液变浓。

（4）焦糖反应。焦糖反应即美拉德反应，在糖液中分次加入氨水（浓度为 20%～25%）进行反应，反应温度维持在 140 ℃左右，氨水的用量是糖液干物质的 20%，反应时间为 2 h。

（5）液体色素。反应结束后，加水稀释到 35 度波尔度，色率 3.5 万 EBC 单位左右，包装后即为成品液体焦糖色素。

（6）粉末色素。将上述液体色素喷雾干燥或将不经稀释的膏状色素经真空干燥后粉碎，即得粉末固体焦糖色素，色率在 8 万 ~ 10 万 ERC 单位。

九、马铃薯饴糖

饴糖，也叫糖稀，是利用麦芽中的糖化酶作用于淀粉所制成的一种浅黄色、黏稠、透明的液体。它味甜，具有麦芽糖的特殊风味，广泛用于糖果、糕点、罐头、酒类及饮料等的生产中。马铃薯饴糖是以马铃薯为原料，经蒸煮、糖化等工序制成，具有原料易得以及制法简单等特点。

1. 工艺流程

原料预处理→蒸料→一次糖化→二次糖化→熬糖→成型→成品。

2. 操作要点

（1）原料预处理。将 10 kg 马铃薯除杂、洗净，用粉碎机粉碎成米粒大小。再将 5 kg 大麦放在清水中浸泡 1.5 ~ 2.5 h，水温应保持 20 ~ 30 ℃。当大麦浸泡含水率达到 42% ~ 46% 时，将大麦从水中捞出，摊平放在室温 25 ~ 30 ℃、相对湿度 75% ~ 85% 的室内。每天再用喷壶给大麦表面洒水两次，使大麦发芽，3 ~ 5 天后，麦芽长到超过 2 cm 后备用。

（2）蒸料。将粉碎后的马铃薯加入谷壳混匀，再把约 1 kg 的清水洒在配好的原料上，充分搅匀后放置 1 ~ 2 h。然后将其分成三批，加至笼屉上蒸。第一批蒸料为 40% 左右，上气后加第二批 30% 左右；等气再透上来后将剩余料全部蒸上，上气后再蒸 2 ~ 3 h；将料全部蒸透。

（3）一次糖化。待料蒸好后，趁热取出倒入木桶里，加入适量浸饱过麦芽的水，充分搅拌均匀。当料温降到 60 ℃ 左右时，加入原料量 10% 经处理过的麦芽，进行糖化，充分搅匀后再加入适量麦芽水。

（4）二次糖化。待料温下降到 50 ~ 58 ℃ 时，保温糖化 4 h。以后再加入 60 ~ 75 ℃ 的温水 5 ~ 10 kg。继续保温，放入桶中充分糖化 24 h。

（5）熬糖。将糖液过滤，弃去滤清。滤液放入大锅中熬煮，熬煮时前期和中期火力要大些，后期文火慢熬，边熬煮边搅拌。当料液变稠、呈黄色时，可倒入模具中成型，即为成品。

十、马铃薯薯渣生产饴糖

马铃薯薯渣是提取淀粉后的下脚料，利用薯渣制饴糖，可充分利用马铃薯资源，变废为宝。下面介绍适合于小型作坊加工饴糖的生产技术。

1. 工艺流程

麦芽制备→配料、糊化→糖化→熬制→饴糖。

2. 操作要点

（1）麦芽的制备。将大麦在清水中浸泡 1 ~ 2 h，水温保持在 20 ~ 25 ℃。将大麦从水中捞出后，放在室内发芽，每天洒水 2 次，约 4 天后麦芽长到 2 cm 即可使用。

（2）配料、糊化。马铃薯薯渣研碎、过筛，加入 25% 的谷壳，把 8% 的清水洒在配好的原料上，拌匀后放置 1 h。将混合料分三次上屉蒸制，第一次加料 40%，上气后加料 30%，再次上气后加进余下的混合料，从蒸汽上来时计算，蒸煮时间为 2 h。

（3）糖化。物料蒸好后放入桶中，加入适量浸泡过麦芽的水，拌匀。当温度降至 60 ℃ 时，加入制好的麦芽，麦芽用量为料重的 10%。拌匀，倒入适量麦芽水，待温度降至 54 ℃ 时，保温 4 h（加入 65% 的温水保温），充分糖化后，把糖液滤出。

（4）熬制。将上述得到的糖液放入锅内，熬糖浓缩，开始火力要猛，随着糖液浓缩，火力逐渐减弱，并不停地搅拌，以防焦化。最后以小火熬制，浓缩至 40 度波尔度时，即成饴糖。

十一、马铃薯软糖

马铃薯淀粉软糖是以马铃薯淀粉、白砂糖为主料，经熬制而成的一种软糖。其质地软糯而略带弹性，半透明，口感甜而不腻、绵软爽口，深受消费者喜爱。

1. 原料配方

马铃薯糊料 5 kg，白糖 3 kg，食用明胶 1.3 kg，苯甲酸钠 10 g，亚硫酸钠 2.4 g，香精、食用色素和柠檬酸适量备用。

2. 工艺流程

原料→清洗漂白→煮薯磨糊→熬糖→成型→包装→成品。

3. 操作要点

（1）清洗漂白。挑选优质马铃薯用水反复清洗，滤干水分，去除表层薯皮和不洁物，切成长、宽约 1.5 cm 的薯条随即投入盛有冷水的盆中，以防腐变。接着将薯条滤尽水分，放入配制的 0.4% 亚硫酸钠的水溶液中，然后再滤尽水分。

（2）煮薯磨糊。煮前将薯条放入热水中烫 2 min，随即投入冷水中漂洗 2 次，滤尽水分后，将薯条放入锅中加入冷水，加水量以浸没薯条为宜，然后煮沸至薯条发软即用手捏薯条能裂开即可停煮，捞出滤尽水分，再将薯条磨成薯糊，越细越好。

（3）熬糖。将水、白糖加入夹层锅中加热至白糖溶化，再加入先前计算好质量的薯糊和柠檬酸，当 pH 值为 3 的时候停止加酸。当温度熬到 107 ℃ 时再向糖浆中加入溶化的苯甲酸钠及食用明胶（明胶在熬糖前放入容器加入两倍的冷水中，然后将盛明胶的容器放入 50 ℃ 水中使其溶化），再煮沸 3~5 min，停火。在熬制过程中，要不断用铲子铲锅底，当温度降到 60 ℃ 左右时加入香精及色素（先前用食用酒精调好）拌匀。

（4）成型。在糖浆温度 60 ℃ 时将糖浆倒入盘中或模具内，厚度约 12 mm，倒入后模具水平静置，让其自然冷却，不可移动，直到糖凝固为止。最后用不锈钢刀将糖切成长约 18 mm、宽约 10 mm 的块状，根据需要也可切成其他形状，洒涂一层白砂糖，再用刀沿底铲出，放入盛有白糖的盘内，使其不粘连，晾干 24 h 左右或烘干后包装，即为马铃薯软糖。

十二、红树莓马铃薯软糖

红树莓马铃薯软糖是以马铃薯为主要原料，添加红树莓果汁调色，制得的软糖。产品颜色为鲜艳紫红色，酸甜口味适中，无其他异味，口感软韧，其综合感官品质较好，且有一定的营养价值，市场前景广阔，有生产开发价值。

1. 工艺流程

马铃薯→制糊→糖化→淀粉糖浆→加变性淀粉→加水→加蔗糖→加红树莓果汁→加凝胶（明胶、魔芋胶）熬制糖浆→成型→干燥→软糖。

2. 操作要点

（1）制马铃薯糊。取 5 kg 马铃薯清洗干净，去皮，切块，放入清水中煮熟，制作马铃薯泥，加入马铃薯质量 30% 的水，制成马铃薯糊。

（2）糖化。调节马铃薯糊的 pH 值到 4.2，将水浴锅温度调至 60 ℃，糖化 3 h。

（3）溶胶。将明胶加入 2 倍水在 75 ~ 85 ℃ 下保温 30 min。将 50 g 魔芋胶用 3 mL 沸水先进行溶解至糊状，再加入糖浆中。

（4）熬制。加入马铃薯质量 50% 的白砂糖，500 g 变性淀粉，加入 130% 的水和 4 L 的红树莓果汁，将融化好的凝胶剂加入糖浆。将糖的浓度熬至 73% 后，停止加热。

（5）成型。将熬好的糖浆趁热浇注进模具，待其冷却结块，即可成型。

（6）干燥。用热风干燥糖体，烘干温度 63 ℃，相对湿度 70% 以下，干燥 72 h。

十三、马铃薯粉糖

1. 工艺流程

制麦芽→薯粉糊化→糖化→熬糖→加工成糖。

2. 操作要点

（1）制麦芽。将大麦或小麦用水浸泡 3 ~ 4 h 后取出沥干，并在 20 ~ 24 ℃ 条件下发芽，5 ~ 7 天，待麦芽现青并长到 3 cm 长即为鲜麦芽。将鲜麦芽干制，即为干麦芽。将鲜麦芽或干麦芽对水，用石磨或磨浆机磨成麦芽浆，要随磨随用，磨得越细越好。

（2）薯粉糊化。按干马铃薯淀粉 10 kg 加冷水 15 kg 的比例调匀，湿马铃薯淀粉加水量要适当减少，再加入 1 kg 鲜麦芽或 0.75 kg 干麦芽调成薯粉麦芽乳，倒入 45 kg 沸水中搅匀，并加热煮开，一定要煮熟煮透。麦芽不宜过多或过少，多者颜色发黄，少者熬不成糖。

（3）糖化。将煮熟后的薯粉麦芽乳退火降温至 50 ℃ 左右，再加入 1 kg 鲜麦芽或 0.75 kg 干麦芽，让乳液在锅中充分糖化。一般 2 h 后糖渣就会全部沉淀，上面出现一层清水。此时再烧火煮开，用布过滤。滤出液即为糖液，糖渣可作饲料。

（4）熬糖。将糖液盛入锅内，烧大火煎熬，使水分蒸发，中途不得停火，经 4 ~ 6 h 后，糖液即成浓稠状，取少许滴入冷水中，冷却后一敲即成碎块时，熄火取糖。不要熬过头，否则会炭化，味变苦。1 kg 干甘薯淀粉可熬糖 0.8 ~ 0.9 kg。

（5）加工成糖。薯糖可加工成块糖、豆丝糖和米花糖。

① 块糖。从锅中取出来的糖冷却至 35 ℃ 时，加少许熟芝麻和橘子皮粉拌匀、拉成条，一端放在洁净的木桩上，另一端用圆棒穿起，双手来回扯动，直到颜色由黄变白为止，就成为块糖。

②豆丝糖。将冷至 35 ℃ 的糖，粘上熟豆粉，并加倍挽圈拉扯，由细条拉成细丝时，就成为豆丝糖。

③米花糖。先在锅中放 50 g 食用油煎熬，取 3 kg 糖加文火熔化，加入 3 kg 炒米花，再撒一点熟芝麻和橘子皮。待全部拌匀后，从锅内趁热取出放在干净的木板上，再用另一木板加压成长条形，压得愈紧愈好，并立即用锋利快刀切成小块，即为米花糖。

第八章　马铃薯副产物综合利用

第一节　马铃薯薯渣的综合利用

　　对于薯渣的利用，国内外学者做了多方面的尝试，即用薯渣来生产酶、酒精、饲料、可降解塑料，以及制作柠檬酸钙，制取麦芽糖，提取低脂果胶，制作醋、酱油、白酒，制备膳食纤维等。目前，对于马铃薯薯渣的开发主要包括发酵法、理化法和混合法。发酵法是用马铃薯薯渣作为培养基，引入微生物进行发酵，制备各种生物制剂和有机物料；理化法是用物理、化学和酶法对薯渣进行处理或从薯渣中提取有效成分；混合法是把酶处理和发酵两种方法综合运用。国内对于马铃薯薯渣的处理利用研究还处于起步阶段，主要集中在提取有效成分如膳食纤维、果胶等及作为发酵培养基。

一、马铃薯薯渣特征

1. 主要成分

　　马铃薯薯渣主要含有水、细胞碎片、残余淀粉颗粒和薯皮细胞或细胞结合物，其化学成分包括淀粉、纤维素、半纤维素、果胶、游离氨基酸、寡肽、多肽和灰分。有些资料还认为含有阿拉伯半乳糖。其成分与含量在不同的资料中略有不同，但可以肯定其中的残余淀粉含量较高，纤维素、果胶含量也较高。

2. 流体特性

　　马铃薯薯渣含水量很高，达 80% 左右，但不具备液态流体性质，而表现出典型胶体的理化特性。其黏性较高，薯渣中的水分结合牢固，因此常温常压条件下从胶体中除去水分是非常困难的，成本高、耗能多。如果加压去除约 10% 的水分，体系就表现出类似蛋白软糖的性质。水分虽然不是牢固地与细胞壁碎片中的纤维和果胶结合，但是它被嵌入在残余完整细胞中，需要通过细胞膜交换到外界以除去。有报道显示，可以通过加入细胞壁降解酶来解决这个问题，但是薯渣的量很大，从成本的角度考虑，这种方法并不可行。

3. 微生物性质

F. Mayer 和 J. O. Hillebrandt 通过培养基筛选，发现薯渣中的自带菌共 15 类 33 种菌种，其中有 28 种细菌、4 种霉菌和 1 种酵母菌。由于薯渣中含有多种微生物，因此，除去薯渣中的水分，使其转化成利于长期储存、抗微生物污染的形式是非常必要的，也利于运输和进一步利用。

二、马铃薯薯渣综合利用

马铃薯薯渣自身的特点为其综合利用造成了一定困难，其含水量大且水渣结合紧密，用普通方法难以分离，用烘干法能耗较大，得不偿失，即使分离出薯渣，由于其粗纤维含量高，蛋白含量低、质量差，直接作饲料，动物也不易消化吸收。因此，对于薯渣的利用，国内外学者做了多方面的尝试和研究探讨。

（一）薯渣发酵产品

1. 发酵转化为工业产品

马铃薯薯渣通过微生物发酵，转化成为新的高附加值发酵产品，目前国内外利用不同种类的微生物发酵制取如乳酸、柠檬酸钙、酒精、维生素、果糖等发酵产品。

其中应用最广的是通过生物发酵的方法用薯渣生产燃料级酒精。在 Grand Forks 和 North Dakota，每天产生 770 t 的薯渣，若将这些薯渣充分利用，能转换成将近 4 万吨的燃料级酒精，具有较高的经济价值。其工艺流程为：首先将薯渣变成小颗粒，经加热，调节 pH 值后用多种酶进行处理；随后将淀粉还原成糊精，冷却，再添加另一种酶将糊精水解为糖，糖经酵母发酵形成酒精。酒精蒸馏去水后进一步脱水，可作为动物饲料。

P. K. R. Kumar 等接种镰刀菌分批补料发酵马铃薯薯渣，将其转化成乙酸和酒精，并对分批补料发酵中补料、补氮、通气的时间间隔及羧甲基酶、纤维素、木聚糖酶的活性和产量做了详细的研究。

2. 生产蛋白饲料

采取微生物发酵技术，利用马铃薯薯渣配合其他营养物质生产禽畜饲料，其生产工艺简单，产品市场前景广阔，已成为马铃薯薯渣综合利用的主要途径。发酵方法以马铃薯薯渣形态划分，大体可以分为液态发酵、半固态发酵和固态发酵。其中液态发酵的优点是发酵充分，微生物生长迅速，在生成饲料中干酵母产量可达 19 ~ 20 g/L，单细胞蛋白中的蛋白质含量可达 12% ~ 27%；缺点是耗能大，生成的单细胞蛋白饲料造价较高，经济效益较低。因此，液态发酵马铃薯薯渣生产单细胞蛋白饲料的产业化实现仍然较为困难。

半固态、固态发酵马铃薯薯渣生产单细胞蛋白饲料，是目前马铃薯薯渣转化饲料研究中广泛采用的方法，它具有能耗低、适合工业化的特点。国外许多学者利用酵母菌、霉菌、毛壳菌、镰刀菌、放线菌等进行固态发酵生产蛋白饲料，能产生 15% ~ 32.4% 的蛋白质。国内学者主要利用酵母菌和霉菌为发酵菌种进行马铃薯薯渣的发酵，研究其适合的发酵方式和合理的菌种组合，采用的方法有固态生料发酵、固态熟料发酵、半固态发酵等，其中适合应用的方法为固态生料发酵，生产的蛋白饲料中蛋白质含量达到 20%。

3. 生产酶

U. Klingspohn 等用稀硫酸处理马铃薯淀粉渣，通过离心机分离，将果胶和淀粉从纤维素及半纤维素中分离出来，以分离的纤维素及半纤维素和马铃薯废汁液为培养基，接种里氏木霉生产纤维素酶。另外，U. Klingspohn 等还利用康氏木霉水解成葡萄糖、木糖，然后利用水解产物生产单细胞蛋白。S. S. Yang 利用薯渣等富含纤维素的废弃物，添加 20%米糠、2.5%$(NH_4)_2SO_4$、1.0%$CaCO_3$、2%$MgSO_4 \cdot 7H_2O$、0.5%KH_2PO_4，以及少量氨基酸配制培养基，培养基水分含量保持在 64% ~ 67%，利用链霉菌对其在 25 ~ 30 ℃ 条件下进行同态发酵生产土霉素进行了研究。

（二）提取果胶

马铃薯薯渣中含有较高的胶质含量，约占干基的 17%，可作为提取果胶的一种来源，一般采用条件温和的萃取方法从薯渣中提取果胶，尽量不破坏其结构使其结构保持完整。国外有学者研究了果胶的提取工艺和不同条件下提取果胶的凝胶性能。国内有学者以马铃薯薯渣为原料，在微波条件下，用稀硫酸溶液萃取、硫酸铝沉淀提取果胶；还有以水和硫酸铝为萃取液从马铃薯薯渣中提取果胶的。

（三）制备膳食纤维

膳食纤维（Dietary Fiber，DF）是一种复杂的混合物，包括了食品中的大量组成成分，如纤维素、半纤维素、木质素、胶质、改性纤维素、黏质、寡糖、果胶、角质等。膳食纤维一般分为可溶性膳食纤维（SDF）和不溶性膳食纤维（IDF）两大类。自 20 世纪 70 年代以来，膳食纤维的摄入量与人体健康的关系越来越受到人们的关注，被誉为"第七大营养素"。马铃薯薯渣中的纤维含量极高，占干基的 20% 左右，且马铃薯本身是一种安全的食用作物，因此马铃薯薯渣是一种安全、廉价的膳食纤维资源。国外许多学者探索了将马铃薯薯渣直接添加到食品中作为脂肪替代物和纤维添加剂，用以生产休闲饼和蛋糕，适用于糖尿病、肥胖症、心血管疾病、冠心病、肠癌患者以及其他营养失调的人。此外，还有将薯渣作为配料添加在水果罐头、果酱、色拉酱、番茄酱、果汁和果汁饮料、糖果和水果馅饼中。

目前，国内对马铃薯薯渣膳食纤维的研究主要集中于提取工艺和纤维的功能化方面。提取膳食纤维的工艺方法主要有酒精沉淀法、酸碱法、挤压法、酶法等。这几种方法在国内都有相关的文献报道，其中推荐较好的方法有酶法和酸法，制备的薯渣膳食纤维产品外观白色，持水力、膨胀力高，有良好的生理活性。此外，黄崇杏等研究用蒸汽爆破的方法，使薯渣纤维功能化。爆破处理后，纤维素、半纤维素、聚戊糖等化学成分的含量均有不同程度的变化，原料离解为细小纤维，半纤维素、纤维素部分水解成可溶性糖类，木质素被软化和酸性降解，在降解的物质中发现愈创木基丙烷、香草乙酰和紫丁香基物质。吕金顺等人用水蒸气爆破和氧化剂法对马铃薯废渣进行处理，制备马铃薯膳食纤维，并分析了其结构特征，表明在生物体内对致病物质有一定的吸附作用，并能吸附胆固醇。

（四）生产饲料

马铃薯薯渣含有淀粉、蛋白质和纤维素等成分，具有作为饲料的潜力。但是由于粗纤维含量高，适口性较差，蛋白质含量较低，无法直接作为饲料应用。利用微生物发酵，提高蛋白质含量，将马铃薯薯渣转变为适合动物的饲料。1970 年以后，日本大部分淀粉厂都建立了饲料加工厂或饲料加工车间。如北海道羊蹄淀粉饲料厂日处理马铃薯 1 000 t，产 200 t 淀粉，50 t 饲料。饲料中主要成分是马铃薯淀粉渣，其次是含量 18% 的蛋白质，这都是从加工淀粉的废弃物中分离出来的。湿粉渣经过脱水、干燥，与浓缩蛋白混合，再经过干燥、粉碎制成精饲料。

（五）生产可降解塑料

美国伊利诺伊州的 Argonne 国家实验室从 1988 年开始就致力于这方面的研究。这项研究首先将马铃薯薯渣等含淀粉的废弃物在高温条件下经 α-淀粉酶处理，将长链的淀粉分子转化为短链，再经过葡萄淀粉酶糖化成葡萄糖。葡萄糖经乳酸菌发酵 48 h 后，95% 的葡萄糖转化为乳酸，发酵后乳酸经过炭滤进一步纯化制成可降解的塑料。关于这方面的研究，Argonne 国家实验室还一直在不断地改进和更新这项技术。

（六）制备醋和酱油

利用马铃薯薯渣制备醋和酱油，是适合家庭作坊的一种实用生产方法，此方法用马铃薯薯渣代替部分粮食原料，可节约生产成本，创造效益。

第二节　马铃薯薯渣产品

一、制取乳酸

乳酸制备主要有发酵法、合成法、酶法等。发酵法因其工艺简单，原料充足，发展较早而成为比较成熟的乳酸生产方法，约占乳酸生产的 70% 以上，但周期长，只能间歇或半连续化生产，且国内发酵乳酸质量达不到国际标准。合成法可实现乳酸的大规模连续化生产，且合成乳酸也已得到美国食品和药品管理局（FDA）的认可，但原料一般具有毒性，不符合绿色化学要求。酶法工艺复杂，其工业应用还有待于进一步研究。乳酸发酵的原料一般是玉米、大米、马铃薯等淀粉质原料，而利用马铃薯薯渣发酵乳酸，可达到废物利用，提高附加值的目的。

1. 原理

乳酸发酵是微生物在厌氧条件下通过糖酵解途径（EMP 途径），利用葡萄糖生成丙酮酸，丙酮酸经乳酸脱氢酶作用进一步还原成乳酸的过程。乳酸发酵有两种形式：同型发酵和异型发酵。同型乳酸发酵仅有乳酸单一发酵产物，异型乳酸发酵的发酵产物中除乳酸外，同时含有乙酸、乙醇、CO_2 等副产品。乳酸发酵在发酵工业及食品工业中具有重要作用，泡菜、酸菜、青贮饲料、乳酪及酸牛奶等产品皆为乳酸发酵的产物。德氏乳杆菌（*Lactobacilus delbrucki*）是工业上常用的菌种。乳酸杆菌不能直接发酵成淀粉，因此首先必须将马铃薯薯渣中的淀粉进行糖化，使之成为单糖或二糖，然后在乳酸杆菌酶的作用下，经过多次逆转分解生成丙酮酸，然后进一步转化为乳酸。

2. 工艺流程

马铃薯干粉渣、辅料→混合→糊化→糖化→发酵→中和过滤→浓缩结晶→过滤→洗涤→母液→溶解过滤→脱色抽滤→离子交换→二次浓缩脱色抽滤→成品。

3. 操作要点

（1）黑曲霉菌培养。

黑曲霉菌的培养要经过四个过程：

试管斜面培养→三角瓶斜面培养→制种曲→通风制曲，

其中，试管斜面培养和三角瓶斜面培养的培养液，为小米加水的培养基液，种曲和制曲则为使用麸皮加水所制成的曲料。

（2）乳酸杆菌培养。

培养乳酸杆菌的培养液配制：3～4 波美度饴糖 100 g，蛋白胨 0.5 g，牛肉膏 0.1 g，酵母粉 0.1 g，KH_2PO_4 0.05 g，$MgSO_4$ 0.059，NaCl 0.2 g，$CaCO_3$ 1.5 g；

乳酸杆菌的培养过程：试管斜面培养→三角瓶一级扩培（350 mL 培养液）→大烧瓶二级扩培（1 200 mL 培养液）；

培养条件：培养温度都为 $(49\pm1)°C$，培养时间为 48 h。

（3）糊化和发酵。

① 在投料前，对马铃薯薯渣要进行淀粉含率和水分的测定。当淀粉在干物质中的含率低于 45% 时，要用低档淀粉或用回收池中的淀粉进行补充。

② 将马铃薯薯渣放入糊化锅中，加入干物质质量 10 倍的水，充分搅拌。在打开锅顶放气阀后，再通入蒸汽，待锅内温度升高后，锅内产生的蒸汽将锅内的空气排挤出去。待放气阀开始向外排放蒸汽时，将放气阀关闭，使锅内压力升到 0.2 MPa，保持 15 min，然后停止通蒸汽，打开放气阀降压，再打开出料阀，将已经灭菌和糊化了的糊化醪放入发酵池中。

③ 计算出能将糊化醪冲淡至 11%～12% 浓度所需要的水量，并把这些水直接或通过冲洗糊化锅加入发酵池中。对于发酵池中的糊化醪要进行翻动式搅拌，并在其周围通入干净冷凉的空气，待糊化醪的温度降至 55 ℃ 左右时，投入糊化醪量 0.5% 的黑曲霉麸料曲，继续进行搅拌糖化。当糊化醪的温度降至 50 ℃ 左右时，加入糊化醪量 8%～10% 的乳酸杆菌二级培养液，搅拌均匀，糊化醪即开始发酵。在发酵过程中，要使温度保持在 $(49\pm1)°C$ 的范围内，在此期间，每隔 2 h 要搅拌一次，约 10 min。

④ 发酵 12 h，可用酸度计测量发酵醪的酸度，如果 pH 值低于 5 时，可投入 $CaCO_3$ 中和，使 pH 值处于 5.5～6.2。总投入量为不大于原料中淀粉（绝干值）总量的 70%。

⑤ 发酵 4 天后，测量发酵醪中的残糖，当残糖小于 0.1% 时，发酵即告结束。最后，待发酵结束后，向发酵池中投放氧化钙粉末，同时充分搅拌，并测量发酵醪液的碱度，当 pH 值达

到 10 时，停止加入氧化钙。一般情况下，氧化钙的加入量不大于淀粉（绝干值）总量的 10%。

（4）压滤。用板框压滤机处理发酵醪液，滤液即是较稀的乳酸钙溶液。

（5）酸解。将乳酸钙溶液泵入蒸发器，浓缩至相对密度为 1.082~1.107 时，再泵入结晶罐。静置 3~5 天，使乳酸钙完全结晶析出。然后利用离心机过滤脱水，使脱出液回到蒸发器，与下次从压滤工段送来的乳酸钙溶液共同浓缩，要连续不断。

对于浓缩的乳酸钙晶体，要将其置入酸解锅中，加水溶解，同时在锅的夹层通入蒸汽，使乳酸钙及锅内的水升温，直至乳酸钙完全分解，同时控制溶液的相对密度使之达到 1.098。然后在搅拌的情况下加入 0.2%(W) 的活性炭，逐渐加入浓度为 40%~50% 的硫酸液，至乳酸钙完全溶解。此时，锅中溶液略呈酸性。放置 4 h 后，将溶液用真空过滤器进行抽滤，经过抽滤后，滤液为浓度 20%~25% 的稀乳酸，滤渣为硫酸钙。

（6）浓缩与精制。

将稀乳液泵入蒸发器内，进行真空脱水，并加入 0.2%(W) 的活性炭，进行脱色。当蒸发器内的真空度达到负压(85±5) kPa、蒸发器内的水温为 85 ℃ 左右时，就可以产生蒸发，使乳酸浓度达到 50%~53%（相对密度为 1.098）。之后出料，再进行真空抽滤，滤液即为乳酸粗品。

用离子交换树脂对乳酸粗品进行精制，除去钙、铁、氯及硫酸根等杂质，使之成为中乳酸。再对中乳酸进行一次脱色和浓缩，使其浓缩至相对密度为 1.133。最后，对浓缩的中乳酸进行真空抽滤，所得滤液即为含量为 80% 的乳酸成品。

二、制取柠檬酸钙

柠檬酸钙在食品加工工业中作为螯合剂、缓冲剂、组织凝固剂以及钙质强化剂，主要用于生产乳制品、果酱、糕点等。利用马铃薯薯渣采用固体发酵生产柠檬酸钙，设备要求简单、投资少、见效快，又可节约粮食，发酵后的曲渣还是良好的猪饲料。

1. 工艺流程

马铃薯薯渣→配料→蒸料→摊晾→补水接种→装盘→发酵→柠檬酸提取→中和→包装→成品。

2. 操作要点

（1）配料。马铃薯薯渣 100 kg，碳酸钙 1 kg，米糠 10 kg 或麸皮 8.5 kg（提供适量氮源），尿素 0.4 kg 或硫酸铵 0.7 kg。

（2）蒸料。将马铃薯薯渣和辅料加入旋转蒸锅后，旋转锅身，使干料翻拌均匀。通入蒸汽干蒸 1 h，再从轴中的进水管徐徐向锅内干料加入预先定量的水，加完后使物料浸润 20 min。通入蒸汽加压至 0.15 MPa，蒸馏 10 min。排气降压，抽真空加快物料冷却，打开出料口。整个蒸料操作都是在锅身旋转时进行的，快而均匀，灭菌彻底，料质熟而疏松，操作简便。

（3）摊晾。料蒸好后，出锅摊晾，降低料温，同时打碎蒸料时黏结的料团。

（4）补水接种。曲料中的含水量为 71%~77% 时，才能达到较高产酸水平，但为了防止蒸料黏结，生料含水量通常不超过 60%，所以水分需在蒸料后补足。补加的水需预先煮沸 10 min 灭菌，待冷却后使用，黑曲霉种曲和抗污染剂可一并加入补加的水中，接种量 2%~3%，pH 自然。

（5）装盘。将补水接种完毕的马铃薯薯渣曲料装进搪瓷盘，曲层 4～7 cm，在气温低的季节曲层可略厚些，气温高的季节曲层可略薄些。

（6）发酵。装盘后，将曲盘放进曲室的曲架上进行培养，通常应控制曲室湿度 85%～90%，因黑曲霉是好氧微生物，发酵过程要注意适当通风。曲室温度应进行分段调节和控制，整个发酵过程分为三个阶段：第一阶段为前 18 h，料温为 27～35 ℃，室温在 27～30 ℃；第二阶段为 18～60 h，料温为 40～43 ℃，不能超过 44 ℃，室温要求 33 ℃ 左右；第三阶段为 60 h后，料温在 35～37 ℃，室温为 30～32 ℃。由于曲架的上层与下层温度相差较大，所以在发酵 40 h 时，应进行一次拉盘，即将上下层曲盘对调，整个发酵过程中不需扣盘或翻动。发酵过程中应每隔 8 h 取样测定酸度并进行显微镜检查，以确定发酵是否正常。当柠檬酸生成量达到最高时即可终止发酵。

（7）柠檬酸提取。将成熟曲放入浸曲池，用水浸取曲中的柠檬酸，第一次浸曲液用热水，以后数次浸取液用温水，每次浸曲 1 h。然后开启浸曲池底液阀放液，利用浸曲池曲渣作自然滤层，经多次浸曲至浸曲液酸度在 0.5% 以下时，停止浸泡并进行出渣。将浸液倒入搪瓷锅，加温至 95 ℃ 以上，使酶等可溶性蛋白质变性析出，保持 10 min 后，停止加热，静置沉淀 6 h后，上清液转入中和槽。

（8）中和。将经过沉淀的上清液移入中和罐，加温至 60 ℃ 后，加入碳酸钙中和，边加边搅拌。柠檬酸与碳酸钙形成难溶性的柠檬酸钙，从发酵液中分离沉淀出来，达到与其他可溶性杂质分离的目的。在上清液中和过程中，控制中和的终点很重要，过量的碳酸钙会使胶体等杂质一起沉淀下来，不仅影响柠檬酸钙的质量，而且给后道工序造成困难。一般按计算量加入碳酸钙（碳酸钙总量=柠檬酸总量×0.714），当 pH 值为 4.8～5.2，滴定残酸为 0.1%～0.2%时即达到终点。加完碳酸钙后，升温到 90 ℃，保持 0.5 h，待碳酸钙反应完成后，倒入沉淀缸内，抽去残酸，再放入离心机中进行脱水，用 95 ℃ 以上的热水洗涤钙盐，以除去其表面附着的杂质和糖分。洗涤终点的测定方法是：取 20 mL 洗涤后的水，滴 1 滴 1%～2% 的高锰酸钾溶液，3 min 不变色即说明糖分已基本洗净，洗涤达到终点。

（9）包装。洗净的柠檬酸钙不要储放过久，否则会因发霉变质造成损失，要迅速在 90～95 ℃ 下烘干冷却后密封包装存放。

三、生产单细胞蛋白质饲料

马铃薯鲜渣或干渣均可直接作饲料，但其蛋白质含量低，粗纤维含量高，适口性差，饲料品质低。以马铃薯薯渣生产单细胞蛋白质饲料可以变废为宝，开辟饲料新资源，避免废渣污染环境，且通过发酵可改善粗纤维结构，并产生淡淡的香味，增加饲料适口度。单细胞蛋白质主要是指通过发酵方法生产的酵母菌、细菌、霉菌及藻类细胞蛋白质。用马铃薯薯渣生产的单细胞蛋白质饲料营养丰富，蛋白质含量较高，且含有 18～20 种氨基酸，组分齐全，富含多种维生素。除此之外，单细胞蛋白质饲料的生产具有繁育速度快、生产效率高、占地面积小、不受气候影响等优点。因此，在当今世界蛋白质资源严重不足的情况下，发展单细胞蛋白质饲料的生产越来越受到重视。

1. 工艺流程

马铃薯薯渣→制培养基→灭菌→接种→拌匀→密封→固态发酵→干燥→粉碎→包装→成

品→储藏。

2. 操作要点

（1）培养基的配制。

① 马铃薯薯渣固体培养基。马铃薯薯渣 85%、麸皮 15%，在此基础上加入$(NH_4)_2SO_4$ 1.5%、KH_2PO_4 0.6%，尿素 1.5%，$MgSO4 \cdot 7H_2O$ 0.05%。

② 麦芽汁液体培养基。4 波美度，pH 值约为 6.5，121 ℃(0.1 MPa)灭菌 30 min。

③ 麦芽汁斜面培养基。5～6 波美度，pH 值约为 6.5，2% 琼脂，121 ℃(0.1 MPa)灭菌 30 min。

④ 麸皮培养基。将麸皮和水按 1∶1 的比例混合均匀后，装入 250 mL 三角瓶，每瓶装 50 g，121 ℃(0.1 MPa)灭菌 30 min。

（2）菌种扩大培养。

将黑曲霉原种接种到麦芽汁斜面培养基上，在 28 ℃ 下培养 72 h，再接种到麸皮培养基上，在 28 ℃ 下扩大培养 72 h，50 ℃ 低温烘干后粉碎待用。将热带念珠菌原种接种到麦芽汁斜面培养基上，在 28 ℃ 下培养 72 h，再接种到麦芽汁液体培养基中，在 28 ℃ 恒温摇床（120 r/min）中培养 72 h。

将白地霉原种接种到麦芽汁斜面培养基上，在 28 ℃ 下培养 72 h，再接种到麦芽汁液体培养基中，在 28 ℃ 恒温摇床（120 r/min）中培养 72 h。

（3）接种、发酵。分阶段将菌种接入马铃薯薯渣固体培养基中，黑曲霉先发酵 24 h，再接入白地霉和热带念珠菌发酵 48 h，温度为 28 ℃，接种量为 15%，三者比例为 1∶1∶1。

（4）干燥。50 ℃ 低温烘干后即可作为饲料使用。

四、制取果胶

果胶的主要成分为多缩半乳糖醛酸甲酯，具有可溶性，是一种无毒、安全性高的食品添加剂，可用作果酱、果冻、果汁、冰激凌及婴儿食品的稳定剂、蛋黄乳化剂和增稠剂。马铃薯薯渣是马铃薯加工淀粉的副产物，常被作为垃圾废弃掉。由于马铃薯薯渣中胶质含量较高，占干基的 15%～30%，利用提取淀粉后的马铃薯薯渣提取果胶，可变废为宝，同时产量大，具有实用性，大大提高了农产品的附加值，提高了经济效益。

（一）方法一

1. 工艺流程

马铃薯薯渣→预处理→加水混合→调节 pH 值→微波加热→过滤→饱和硫酸铝沉淀→调节pH 值→离心过滤→加入脱盐液沉淀→抽滤→干燥→果胶成品。

2. 操作要点

（1）预处理。取制备好的干马铃薯薯渣 5.0 g，加水 100 mL 浸泡一定时间，然后去除水分，再用 40 ℃ 温水洗涤 2～3 次，洗去马铃薯薯渣内的可溶性糖及部分色素类物质。

（2）调节 pH 值。pH 值在 1.5～2.5 时，马铃薯薯渣的果胶水解强烈，果胶产率较高。当提取液 pH 值降低到 1.0 时，马铃薯薯渣中的果胶水解过于强烈，果胶脱酸裂解，使果胶产率下降。当提取液 pH 值为 3.0 时，一方面，马铃薯薯渣中果胶水解缓慢，生成的果胶量少；另一方面，加入硫酸铝生成果胶酸铝胶体，在酸化时不能转化果胶。

（3）微波加热。微波最佳功率为 595 W。试验表明，随着微波功率的提高，果胶产率增加显著。这是由于微波功率升高，使加热温度升高，促使马铃薯薯渣中的不溶果胶更快水解，水解程度更深，则最后所沉淀的也更多，果胶产率也更高。但功率过高，即温度过高，马铃薯薯渣中的果胶水解过于强烈，使得果胶裂解成可溶性糖类，产量下降。

（4）饱和硫酸铝沉淀。每 5.0 g 马铃薯薯渣需添加 4.0 mL 饱和硫酸铝，当硫酸铝用量由少到多变化时，滤液中所生成的果胶酸铝也随之增加，最后所得的果胶产率也会增加，但用量太大，既造成浪费，又给脱盐操作带来困难。

（5）加入脱盐液沉淀。脱盐液由 60%乙醇、3% 浓盐酸、37% 蒸馏水组成，当脱盐液用量太少时，Al^{3+}置换不彻底，影响果胶品质；脱盐液用量大，有利于 Al^{3+}的置换及果胶的沉淀，但用量太大又造成浪费。脱盐时间太短，Al^{3+}置换不完全，但脱盐时间太长，由于脱盐液酸性太强使得果胶会水解。因此，通常脱盐以 40 min 为宜，既可充分脱盐又可避免果胶水解。

（二）方法二：马铃薯中低甲氧基果胶的提取技术

1. 工艺流程

原料→除酶→酸性水解→脱脂转化→真空浓缩→沉淀分离→干燥粉碎。

2. 操作要点

（1）原料预处理。取 30 g 马铃薯薯渣加入定量 50～60 ℃ 水中，浸泡 30 min 除去天然果胶酶，沥干备用。

（2）酸液水解。将上述处理物加水，加硫酸调至 pH 值为 2，在 90 ℃ 保温水解 60 min。趁热用布过滤或抽滤，所得滤液即水溶性果胶。

（3）脱脂转化。将滤液冷却后加入酸化乙醇，在 30 ℃ 下保温 6～10 h，进行脱脂转化，即高甲氧基果胶转化为低甲氧基果胶。

（4）浓缩沉淀。将上述低甲氧基果胶液经真空浓缩后冷却至室温，加入乙醇溶液中，最终乙醇的含量应控制在 50% 左右。此时得白色絮状的果胶沉淀，分离得低甲氧基果胶体。

（5）干燥粉碎。将低甲氧基果胶体在 60 ℃ 下真空干燥 4 h，粉碎成 60～80 目，可得 3.39 g 低甲氧基果胶。

（三）理化性质

利用马铃薯薯渣提取的果胶产品色泽好、凝胶强，质量符合食品化学标准。其提取率平均约为 10.8%，高于胡萝卜渣（提取率 1.04%）和西瓜皮（提取率 2.21%）的果胶提取率。

五、制取膳食纤维

将马铃薯薯渣通过酶解、酸解、碱解、灭酶、干燥及粉碎等处理获得的膳食纤维外观为白色，持水力强，膨胀力高。因此，利用马铃薯薯渣制备膳食纤维来源广泛，市场前景非常光明。

1. 工艺流程

马铃薯薯渣→前处理→α-淀粉酶酶解→酸解→碱解→灭酶及功能化→漂白→冷冻干燥→超细粉碎→成品→包装。

2. 操作要点

（1）前处理。将已提取淀粉的马铃薯薯渣进行除杂、过筛、水漂洗湿润、过滤处理。

（2）α-淀粉酶酶解和酸解。将马铃薯薯渣用热水漂洗除去泡沫后，再用一定浓度的 α-淀粉酶在 50 ~ 60 ℃下水浴加热，搅拌水解 1 h，过滤，温水洗涤，洗涤物进行硫酸水解。

（3）碱解。将酸解后的马铃薯薯渣用水反复洗涤至中性，再用一定浓度的碳酸氢钠进行碱解。

（4）灭酶及功能化。将已碱解的马铃薯薯渣用去离子水反复洗涤后放在有气孔的盘中，置于距水面 3 ~ 4 cm、能产生 $2×10^5 ~ 4×10^5$ Pa 的高压釜中进行水蒸气蒸煮。一定时间后急骤冷却，使纤维在急剧冷却下破裂，既进行了灭酶，又进行了功能化处理。处理后，纤维素、半纤维素、聚戊糖等化学成分的含量均有不同程度的变化。原料分解为细小纤维，半纤维素、纤维素部分水解成可溶性糖类，木质素被软化和酸性降解。

（5）漂白。经上述处理的马铃薯薯渣颜色较深，需要漂白。可选用 6% ~ 8%过氧化氢作为漂白剂，在 45 ~ 60 ℃下漂白 10 h。产品用去离子水洗涤，脱水，置于 80 ℃鼓风箱中干燥至恒重。最后粉碎成粒径为 125 ~ 180 μm 的产品。

除采用酶法制备膳食纤维外，还可利用微生物发酵法生产膳食纤维。采用菌株 C13 和菌株 D31 分步发酵马铃薯薯渣，获得膳食纤维总含量达到 35 128 g/L 的发酵液，其中可溶性膳食纤维含量为 6 131 g/L。

六、下脚料回收淀粉

在法式油炸马铃薯薯片、马铃薯薯条、脱水马铃薯和其他特殊马铃薯产品的加工过程中，往往会有一定数量的淀粉游离到工厂的过程水和输送水中。游离淀粉的数量根据各种产品加工时的切削程度而变化。据一个生产冷冻油炸马铃薯薯片加工厂的典型分析报告可知，加工每吨马铃薯将产生大约 8 kg 的游离淀粉。

原来这些游离淀粉都是作为下脚料而废弃的，它具有较高的生物需氧量并且由于不易觉察的污染趋向而被排放或用于灌溉农田。当马铃薯加工的过程水中所含淀粉浓度较低时（0.5%左右），可以使用旋液分离器将其浓缩到35%（大约 18 波美度）。在浓缩前也可以考虑先用 140 ~ 150 目筛子筛滤淀粉水，除去马铃薯皮等杂质和淤泥，然后送到装有搅拌装置的贮罐，或装入槽车直接运输到淀粉中心加工厂。可选择的方法是：先将浓缩后的淀粉乳置于一个沉淀灌中，沉淀后排出上层清液，就能获得一种含 50%干物质的湿淀粉饼，然后再将这个沉淀罐送到淀粉加工厂。这些方法应根据其经济性质来选择，在每个方法中都应考虑到，在浆中或沉淀罐中添加二氧化硫以防止淀粉的降解。

在马铃薯加工时还会有大量的加工废料、碎屑以及一些被剔出不宜食用的劣质马铃薯等。通常，这些下脚料同削下的皮屑等混合而作为牛饲料。若用一台小型粉碎机和分离筛处理这些物料，则可从每吨马铃薯的加工中回收 70 ~ 90 kg 的额外淀粉。而在其他马铃薯产品的加工中，淀粉回收不被优先考虑，否则还可能获得更高的效率。总之，淀粉的价值高于牛饲料，并且可以较快收回所用设备的投资费用。必须注意：从收集淀粉到干燥期间，应防止微生物的作用，否则可能会导致淀粉的降解和黏度的轻微下降。

马铃薯生产淀粉的废液中含有丰富的营养成分，弃之可惜且污染环境，因此，人们试图对马铃薯淀粉废液进行加工处理，将其用于食品工业，但这一过程因处理过的淀粉汁液具有马铃薯所特有的一种异味而裹足不前。为有效利用马铃薯的汁液，采用葡萄糖转化酶处理的新工艺，不仅有效去除了汁液中的不愉快口味，而且所得产品富含糖、氨基酸、有机酸与矿物质等营养成分，可作为食品添加剂广泛用于饼干、糕点、饮料、西式点心的生产中，而且完全符合食品卫生的要求。

1. 工艺流程

马铃薯淀粉废液→加热浓缩→离子交换树脂处理→葡萄糖转化酶处理→干燥→白色粉末或颗粒产品→包装→成品。

2. 操作要点

（1）加热浓缩。将从马铃薯淀粉生产线收集到的废液进行加热浓缩，过滤回收其中被凝固的蛋白质，分离得到的脱蛋白液送下道工序。

（2）离子交换树脂处理。有间歇法或塔式转换法两种，树脂以选用苯乙烯型阴离子交换树脂为佳。间歇法是让活化的离子交换树脂与脱蛋白液混合，树脂用量一般为 1 L 待处理液配入 50 g，混合时间一般须维持 1～1.5 h。通过振荡和搅拌，使两者充分接触，脱蛋白液中的臭味和有色物质附着于离子交换树脂上，并随着树脂的定时交换一起被除去；塔式转换法是将活化的离子交换树脂充填到塔内，脱蛋白液从上部流入，经树脂充分吸附臭味和有色物质后，从塔下部流出。

（3）葡萄糖转化酶处理。将上述已脱蛋白、脱臭、脱色的汁液送入发酵罐内，葡萄糖转化酶的添加量一般为汁液质量的 0.2%，处理液酸度一般控制在 pH 值为 5.0～5.5。酶反应温度在 40～55 ℃，酶反应时间随转化酶的加入量、酶反应温度及 pH 值等因素的差异而不同，通常需 15～24 h。经酶处理后的脱蛋白液为透明液体。

（4）干燥。通过以上步骤处理后的马铃薯汁液可直接添加到食品中；若因包装、运输或食品生产的需要，也可继续加些淀粉、糊精、明胶、大豆蛋白等添加剂，经喷雾干燥或真空干燥处理，制成粉末状或颗粒状，密封包装。

第九章　马铃薯食品质量控制

第一节　质量保证体系

一、引入质量保证体系的原因

引入质量保证体系的原因之一是：增加高层管理人员的质量保证意识，以确保产品安全、卫生，符合所有食用要求、公司质量标准和质量方针等方面的要求。生产货架期长的产品要承担很大的风险，并有可能失败，它要求每个"单元操作"阶段都发挥出高效能。所有预处理阶段的物理和化学参数、产品灭菌和包装工艺过程，以及可能造成再污染的各个环节，都必须在有丰富经验的控制人员的监督下予以认真检查并做好记录。质量产生、形成和实现的整个过程是由多个环节组成的，每个环节的质量都会影响最终质量。生产过程控制比对最终产品控制更有效，也更重要。能够确保生产出具备合格质量、安全卫生产品的适宜方法应该应用到每一个操作环节中。下面以马铃薯薯片的生产工艺为例：

（1）了解原料的品种、成熟度、大小、相对密度、缺陷、鲜薯原料、温度、还原糖含量、土壤类型和生长条件、马铃薯块茎储存时的相对湿度及温度、储藏时间、储藏过程中总糖和还原糖含量等。

（2）除杂和整理。马铃薯原料必须去除石头、杂物和柴枝，然后手工或机械拣选，去除有缺陷部分。

（3）清洗。去除表面泥土，用清水清洗干净。

（4）去皮和护色。考虑去皮方法、加水量、加入化学药剂量和停留时间、操作效率、废物去除效率、废水利用。

（5）切片。厚度符合产品要求，薄厚均一。

（6）沥干和干燥。去除多余的水分，便于后期原料处理。

（7）油炸。油脂种类和品质的选择、油炸的温度和时间，含油率相对温度。

（8）调味。调味料的添加量、种类。

（9）包装。称重，充气的种类：空气、氮气。

如果在马铃薯薯片的生产过程中出现问题，则需要考虑两个方面：一是因管理方法导致的随机原因，二是由操作人员或生产工人在某一生产环节中出现的问题。大多数原因出自管理人员做出的决定，如供应商的选择、工艺设计、设备编号、设备维修、产品设计、雇员招聘、雇员培训以及领导水平等。这些因素至少占了全部原因的 80%。然而，管理人员却总认为，主要问题出现在第一线工人身上，责怪他们缺乏积极性和主动性。

货架期长的产品中可能出现的问题有：物理问题、化学或感官方面的问题以及与微生物有关的问题。

二、食品质量保证体系

马铃薯加工是一个非常复杂的过程，有许多领域有待于深入研究和开发，我们只考虑技术的应用和与最终产品相关联的有关领域。

质量保证能增加管理者和顾客的信心。质量保证体系分为三个基本部分，即控制、评价和食品系统审计或产品制造及销售。一个企业生产产品的目的是卖给消费者并从中获利，这里，消费者是关键，企业必须取悦消费者使消费者最终对产品建立信心。消费者是质量管理的向导，一个有计划的企业必须成功地、不断地使消费者的要求得到满足。

（一）质量控制

质量控制是成功的必要条件。质量控制就是制订一些与生产线相关联的标准或要求，如特殊单元操作和生产过程。质量保证是职工的一个工具，它能使工人按照规定的工艺参数或要求进行单元操作，使质量达到要求。因此必须花费大量的时间和精力对员工进行专业质量管理培训。

质量保证的主要目的是要获得所有影响生产工艺和生产质量的信息，这些信息能使管理者掌握整个生产过程，它可以引导管理者从给定原料中制订正确的生产工艺或制订符合质量要求的生产工艺。因此，质量要求应服务于以下几点：

（1）改进原料加工过程的要求；

（2）改进生产工艺，减少浪费，提高效率和增加产量；

（3）加强秩序，遵守现行的良好生产规范（GW），并提高食品厂的卫生条件；

（4）保证生产过程中的安全，遵守 HACCP（危害分析）和 HACCP（危害分析和关键控制点），控制关键控制点；

（5）保持顾客对产品制造和公司的信心。

在实际生产过程中，要根据每一个工艺环节设计出影响操作的关键控制点，并以此指导实际生产。质量保证体系的成功实施还涉及下列其他影响因素：

（1）组织——只对高级管理人员负责，直接对管理者报告，但要和其他部门分享信息；

（2）操作人员要经过资格认证；

（3）掌握生产计划，掌控从原料、生产线到产品的全过程；

（4）理解质量的要求和标准，也就是怎样去发展并理解它；

（5）掌握技术的衡量标准并能够向生产工人解释这些技术的应用；

（6）掌握生产过程控制的技术，能进行数据的统计和分析，并能提出解决问题的方法；

（7）了解生产流程和不同的单元操作过程，掌握质量保证的限制和质量的标准。

（二）质量评价

在实际生产中还涉及一些与马铃薯产品质量有关的评价因素，如：马铃薯块茎的标准化，颜色和颜色标准，质地和质地标准；产品的风味，包括烹调油、盐和调料；缺陷的去除。除了上述内容外，还要建立：现行的良好生产质量管理规范（GMP）以及危害分析和关键控制点（HACCP）。下面以马铃薯风味的评价为例分析说明：

1. 风味

马铃薯虽然味道鲜美，但是风味感官较为平淡，加工的目的就是赋予制品特殊的、吸引人的风味，使消费者对其产生持续消费的欲望。根据马铃薯制品种类的不同，对马铃薯进行不同的后续风味加工。例如，罐装马铃薯是将马铃薯用盐水煮熟后装听；马铃薯沙拉，则要加入洋葱、酪、沙拉调味料等调味品；炸鲜薯片和冷冻薯片，主要由专用的烹调油制作，有时也加一些风味强加剂。因此，马铃薯的风味也是马铃薯质量品质的一个重要评价指标。

马铃薯由于自身的化学组成，使其具有了自己独特的风味特性。例如，它含有较高含量的呈味氨基酸（天冬氨酸、谷氨酸、甘氨酸和丙氨酸等），使马铃薯自身风味更鲜美。造成风味改变的主要化学成分是糖苷生物碱，它具有强烈的苦味。如果马铃薯中糖苷生物碱含量超过 20 mg/100 g 鲜薯，糖苷生物碱可使加工产品的风味变差，使人感受到苦味，那么该马铃薯不能用于加工；当糖苷生物碱含量低于 10 mg/100 g 鲜薯时，糖苷生物碱则可能对风味产生积极的作用。在马铃薯加工的原料处理过程中，一定要将腐烂变质的马铃薯或某一部位清理干净；否则就会影响到最终产品的风味和产品质量。用化学试剂控制虫害和病害会给加工产品带来一些问题，即如果使用含苯类的化合物，则在罐头、脱水或油炸马铃薯制品中产生严重的异味。

马铃薯在加工、包装过程中也可能影响产品的风味，通过人为地控制生产、加工和产品的储藏，可以有效地避免风味改变。利用现代食品添加剂技术向马铃薯原料中添加一些风味物质，可改善制品的口味和口感。添加剂的使用是食品工业上很普通的现象，它对改善食品的风味、口感、加工品质、延长产品货架期等具有重要的作用。因此，对于消费者来说没有必要回避添加剂在食品中的使用问题，消费者对一个新产品的认可和接受主要决定于产品的风味和适口性。

（1）油脂。

每一种油都有它自己的风味，现已经开发出不同用途的特种油脂。花生油、玉米油、菜籽油、大豆油都具有特定的风味，并在马铃薯加工业中较为广泛使用。有些加工厂根据自己产品的特点，也使用混合油。一般要求油脂稳定性高、烟点高、风味良好。

对制造商来说，控制马铃薯油炸制品中油的含量成为最关键的因素。在美国，早期马铃薯薯片中油的含量比现在高。第二次世界大战期间，薯片作为军需品要求含油量在 46%，而现在由于营养学的要求，人们不希望薯片中含油量过高，生产厂家一般将薯片的含油量控制在 30%以下。

影响薯片含油量的因素较多，在实际生产中采用一些特殊的工艺处理以减少薯片的含油量。影响薯片含油量的因素归纳为以下几个方面：

① 马铃薯块茎的相对密度或干物质的含量；

② 油炸前原料薯片的干燥程度；

③ 原料薯片用热水、热盐水和其他化学药品烫漂；

④ 薯片的厚度；

⑤ 油的类型；

⑥ 烫漂时间。

（2）盐量。

油炸薯片的风味受盐和调料等添加剂的影响。盐有增强风味的作用。美国休闲食品协会推荐薯片中盐添加量为(1.75±0.25)%。盐含量的测定：称取 25 g 有代表性的样品并搅拌均匀成浆状，过滤得到 120 ml 的滤液，加入 250 ml 的蒸馏水，将过滤液倒入标液化的 Dichromat 中，可以直接读出数据。该方法是一个快速、准确测定食盐含量的方法，可以对不同浓度的食盐含量给出准确的测定结果。

（3）调味料。

调味料对改善薯片的风味十分重要，现在大约有 1/4 的休闲食品中加入了调味料。现在，使用量多的调味剂是 BBQ，添加量根据口味的要求而不同；使用量次之的常见调味剂是醋、葱和干酪。油炸薯片添加调味料时，可以将调料吹到薯片上，或者把调料调成浆撒在产品上。一些在制马铃薯薯片、薯条或其他制品可以在配料过程中将调味料加到原料中，加工出的产品就具有特定的风味。

每一个生产厂家都有自己的调味料配方，因此生产经销商必须有一套完整的测定各种产品中调味料的分析方法。通用的分析方法是用水或溶剂将薯片中的调味料抽提出来，用分光光度计测定调味料的含量。每种调味料都有各自的吸收波长，因此制造商和经销商必须提供调味料中每种成分的提取方法和定量分析方法。

通常，调味料的添加量为 6% ~ 8%。实际中添加量取决于调味料中载体的用量、有效调味料的含量、调味料的生产厂家等。现在食品法规规定，在食品标签上须明确注明使用调味料的种类和数量。

2. 风味的评价

对休闲食品或一些马铃薯产品进行风味评价是一项非常困难的工作，因为评价工作容易受检测者的个人因素干扰。风味评价以基本接受和不接受为基准。由于马铃薯产品风味种类很多，添加的风味物质的品种也很多，对一个产品就不能做简单的评价，而是制订一套评分标准，由有经验的专业人员对产品进行精确的风味评定，使生产出的同一产品具有统一的、稳定的风味特征。

（1）风味评定。

所有的风味评定都应在洁净、无味的房间中进行，评定小组中每一个成员都独立地进行分析，并单独记录评定结果。如果是新开发的产品，评定小组中的每一个成员都要对产品特有的风味进行鉴定，并邀请对新产品和标准样品同时评价，评价结果分别记录。如果评定人员不能区别两个样品的风味，则说明两个样品之间没有差别；若是评定人员准确地判断出产品的风味和得分，则根据评定结果可决定该产品是否要进一步研究、开发以及是否有市场开发前景。

（2）评分。

马铃薯产品的生产厂家，每天都应举行一个产品评定会议，生产经理、销售经理和质检部门经理等都要参加这个会议，另外还要有 7 个评审专家组成的小组，分别对过去 24 h 的产品进行评价（三班循环制）。

将每 1 h 的样品分别送到评审小组初审，用三位数字或三个字母对样品进行标号，如 435、691、827 等或 AJM、KCZ、PWB 等。样品放在杯里或盘上。评审人员配有一个计分卡、一杯水（用来漱口）、一个空杯（用来盛漱口的水）。采用 10 分制来计分，或对某一特定产品采用特殊的评分标准。实际上，评审人员还是喜欢采用与标准对照的评分方法，他们认为评分的方法很难判断生产出的产品与要求的细微差异。每次评审结果都要列表，并给出与标准之间的差异。

理论上采用方差分析或 F 检验判断评定结果，该方法对研究、实验有意义，但对产品的生产运行是不必要的。实际生产中，将每个人的分析结果列表，将抽样时间和分析数据绘成曲线，根据曲线就可以确定在某一时间内产品的评分及对应的质量。

在评价一个产品的质量时，风味和某种气味可以认为是最初的、最直接的评价指标。风味改变或有异味的产品是不允许在市场上销售的。消费者希望产品永远保持固有的风味和气味。

（三）食品系统审计或产品制造及销售

从马铃薯食品最初的生产加工到最后的销售，操作规程的标准化实施有利于促进食品生产者、经营者及管理者牢固树立标准化意识和质量保证意识。经过专业、独立、合法的第三方认证机构认证后的产品，都应按照认证程序要求在产品包装上印制相应的认证标志或说明，以证明其符合某项标准或者具备某种特征的特性或者功能。这些信息能够使消费者有信心选择购买自己的产品。并且获得认证的生产、加工企业还要接受认证机构的后续监督，保证其产品能够长期、稳定地达到相关标准的要求。

第二节 马铃薯的储藏

马铃薯在收获后，是一个活动的有机体，在储藏、运输和销售的过程中仍然进行着新陈代谢。马铃薯利用空气中的二氧化碳和土壤中的水通过光合作用生成糖，并能将其转化成蔗糖，蔗糖再被运送到根系，在根部被进一步合成淀粉并储存。成熟的马铃薯块茎采收后，经适当的木栓化作用，这时所有的糖被转化成淀粉并储存。马铃薯在储藏期间，其内部物质始终处于一种动态的变化过程，如干物质、淀粉、还原糖、蛋白质、维生素 C 等都会发生变化。因此，马铃薯后期的储藏尤为重要，应尽可能地减少有机物的消耗和淀粉转化。

一、储藏阶段

马铃薯块茎在结束生长后，会进入休眠与萌发时期，此时期经历三个阶段：

1. 储藏早期

第一阶段为薯块成熟期，即储藏早期。期间，薯块表皮尚未完全木栓化，薯块内呼吸作用旺盛，水分蒸发活跃，薯块质量显著减少，如果此时温度较高，薯块表皮容易积聚水气而引起薯块的腐烂。

马铃薯此时正处于后熟期，呼吸的产物如二氧化碳、水蒸气和热量较多，容易造成高温、高湿。此时马铃薯应以降温散热、通风换气为主，温度控制在 3 ~ 5 ℃、相对湿度为 85%~

90%。湿度太大，薯块容易腐烂；湿度低，薯块又容易失水造成皱缩。

2. 储藏中期

在经过了 20~35 天的成熟作用后，进入第二阶段：薯块静止期，即储藏中期。期间，薯块体内积累了大量营养物质，新陈代谢明显降低、生长停止，养分消耗达到最低，进入相对静止的状态，这种现象称为休眠。如果在适宜的低温条件下，薯块的休眠期可以保持较长的时间，最长可达 4 个月。

储藏中期应以防冻保温为主，温度控制在 1~3 ℃，相对湿度为 85%~93%。当外界气温降到-8 ℃时，必须关闭通气孔，防止薯块受冻。每隔 14 天，将窖门和通气孔打开，通风 20~30 min。

3. 休眠后期

第三阶段为休眠后期，此时马铃薯的呼吸作用又开始逐渐旺盛，产生的热量使储藏温度升高，促使薯块迅速发芽，淀粉逐渐转化为糖，此时，薯块质量的减轻程度与萌发程度成正比。如果对马铃薯块茎的萌发得不到合理的控制，其商品品质、加工品质、种用品质都会降低，而且在储藏过程中薯块表皮极易受到损伤，从而遭受病的感染而腐烂。在储藏期间，如能选择较好的储藏条件和储藏方式，通过温度、湿度、通风等环节的有效控制可使块茎处于长期的休眠状态而延迟萌发，这对延长马铃薯的保鲜储藏期十分重要。

储藏后期以降温换气为主，温度控制在 3~4 ℃，相对湿度为 85%~93%，可在早晨和晚间通风换气。期间，由于呼吸作用加强，以及气温、地温的升高，薯块开始萌动，因此要严格控制好温度和湿度

二、储藏的环境条件

影响马铃薯储藏的环境因素有以下几种：

1. 热量

马铃薯储藏的热量主要有四种：自身热量（块茎原有的热量）、呼吸热（块茎呼吸产生的热量）、外源热（储藏外界环境的热量）、土地热（土壤的热量）。

2. 温度

温度影响植物的呼吸和新陈代谢作用，不仅对马铃薯休眠期的长短有一定影响，而且对休眠结束后的薯芽生长速度也有明显影响。储藏温度高，薯块代谢旺盛，呼吸作用迅速，水分易损失，衰老加快，马铃薯块茎的休眠期也会缩短；储藏温度低，薯块代谢缓慢，水分损失少，但当温度较低在 0~1 ℃时，薯块也容易感染干烧病、薯皮斑点病等真菌病，造成储藏损失。一般来说，储藏目的不同，储藏温度会有所不同。另外，马铃薯在-5 ℃温度下 2 h 受冻，4 h 冻透；长期在 0 ℃条件下出芽生长能力下降，最佳的储藏温度则是 3~5 ℃。

3. 湿度

为了保持储藏块茎新鲜的外观品质、延长储藏期，储窖中就需要保持一定的湿度。湿度过高，块茎易被微生物侵染，造成块茎腐烂；湿度过低，会引起马铃薯块茎表皮皱缩，影响

外观品质。最佳的储藏湿度是 80%～93%。适当的湿度可以减少物料的自然损耗，并利于块茎的保鲜。湿度过大则促使块茎早发芽，过小则导致块茎失水变软，外皮皱缩，失去饱满度。

4. 通风

通风不但可以调节储藏窖内的温度和湿度，避免因窖内局部温度过高、湿度过大导致的块茎腐烂，还可以调节窖内的二氧化碳浓度，使得储藏薯块保持在最佳的储藏条件之中。二氧化碳主要是通过影响薯块的呼吸作用来影响马铃薯的储藏。当二氧化碳浓度过低时，薯块的呼吸作用会加强，营养物质消耗加快，薯块的储藏损失也会加快；当二氧化碳浓度高时，块茎的呼吸作用缓慢，营养物质保持较好，储藏损失少；但当二氧化碳浓度过高时，储藏块茎的呼吸作用完全抑制，会导致块茎活力降低，这对于以作为种薯为目的的储藏来说是非常不利的。因此，在储藏中要时刻监测储藏库内的二氧化碳浓度，要在窖中通入新鲜的空气，增加氧气，从而调节环境的空气流通，排出二氧化碳，使块茎呼吸。

5. 光照

在马铃薯储藏中，光照有着双重作用：一方面，光照可以刺激块茎的呼吸和酶的活性，使薯块表皮变绿，并形成对人畜有害的龙葵素，降低其食用品质，因此，鲜食用马铃薯块茎的储藏必须保持无光的环境；另一方面，散射光照射对于种薯的长期储藏却有帮助。散射光能抑制马铃薯块茎发芽，并减慢薯芽的生长速度。种薯下窖前通过 5～7 天光照处理，能够提高种薯的抗病力和耐储性，可以减少真菌侵染，防止疫病在储藏期发生。

三、储藏方法

根据马铃薯的不同用途、薯块的大小，其储藏方法也不同。按照马铃薯的大小分开储藏，如薯块大的袋子应放置在高处位置，薯块小的袋子放置在低处，保证环境的通风；按照马铃薯的品种分开储藏，如不同品种的马铃薯，其休眠期不同，不同休眠期的马铃薯能够相互影响，进而导致马铃薯腐烂变质。另外，同一品种的马铃薯，可能成熟度不同，也需要分开放置。因此，选择合适的马铃薯储藏方法需要综合考虑多方面因素。

目前，马铃薯储藏方法为堆藏、冷库储藏和气调库储藏。一般说来，气调是在冷藏的基础上进一步调节储藏库里的氧气和二氧化碳的气体浓度，因此要求要有与之配套的设备，从而也导致气调库的建设费用较高，成本较高。因此马铃薯的储藏主要以冷藏和堆藏为主，其方法介绍如下：

1. 冷库储藏

冷藏是目前比较常用的马铃薯储藏方法，基本流程如下：

（1）储藏库消毒：办法是将旧土窖的窖壁铲土一层，再用化学药剂喷雾（40%福尔马林50 倍液、1%高锰酸钾均匀喷洒窖壁四周）或熏蒸（每立方米用硫黄粉 15 g 发烟熏蒸 24 h 或每立方米用高锰酸钾 7 g、40%福尔马林 10 ml 熏蒸）。

（2）预储：将马铃薯按不同的用途分别储藏管理，以达到不同的储藏要求。要做到分品种、分级别、分用途单室储藏。然后将新收获的块茎放在通风良好、温度 15～20 ℃的库房中，经过 15～20 天预储，促进表皮的木栓化。另外，新收获的马铃薯，应及时去掉机械损伤薯、腐烂薯、幼小薯、病薯及其他杂质，以保证入库前马铃薯的质量。

（3）冷库储藏：根据马铃薯的不同用途，冷库储藏处理分为三种：

① 加工用原料薯的贮藏。

随着社会的进步和发展，薯条、薯片及薯泥等西式马铃薯加工产品在中国越来越受到欢迎，随之发展的是马铃薯加工产业。为了保证加工原料的供应，马铃薯原料的储藏显得越来越重要。油炸薯片、速冻薯条的原料马铃薯若储藏在 4 ℃ 低温下，块茎的淀粉通过酶的作用，大量转化成糖，使加工薯片、薯条的颜色变深，影响食用风味和外观品质。加工油炸薯条的原料薯短期储藏温度要求为 10 ~ 15 ℃，长期储藏温度以 7 ~ 8 ℃ 为宜。如大量原料薯需要低温贮藏，用于加工时，可将低温储藏的块茎放于 15 ~ 18 高温条件下 14 ~ 21 天进行回暖处理，可使低温转化的糖再逆转为淀粉。

② 鲜食用马铃薯的储藏。

鲜食马铃薯要保证好的外观和口感，因此鲜食马铃薯主要是抑制发芽和防止薯皮变绿。商品马铃薯适宜于储藏在温度 3 ~ 5 ℃、相对湿度 85% 的阴暗环境中。

③ 种薯用马铃薯的储藏。

种薯窖温以 1 ~ 5 ℃ 为宜。种薯一般用木箱储藏，不同品种的种薯或同一品种不同级别的种薯需要分开储藏。在储藏期间应适当通风露光，提高温度，促进皮层产生叶绿素，芽眼部分积累茄碱，有利嫩芽生长，幼苗健壮。完成预储的马铃薯块茎经过挑选后可以散堆或装箱、装袋储藏于冷库中，储藏过程中注意通风散热，储藏量为冷库容积的 60% ~ 65%。

2. 堆藏

堆藏地点宜选择通风干燥的场所，并用福尔马林和高锰酸钾混合熏蒸消毒 2 ~ 4 h，待烟雾消失后，将经过挑选和愈伤的马铃薯入库储藏。堆放马铃薯时，垛堆不宜过高过大。为防止薯块伤热，垛堆中央应放置通气筒，气温下降后再加盖覆盖物。这种方法适于马铃薯短期储藏和在气温较低季节储藏。马铃薯休眠结束后，遇到适宜条件便会发芽，从而使品质和储藏期缩短。为了抑制发芽，可采取药物处理。具体方法是：将 α-萘乙酸甲酯或乙酯 40 ~ 50 g 与 2 ~ 4 kg 细土混匀，均匀撒在 1 000 kg 马铃薯块茎堆中。用药时间最好为马铃薯休眠中期。若用药时间过晚，将降低药效。北方农户储藏马铃薯的方式主要有散堆、袋装和箱装三种。

（1）散堆。散堆的储藏量相对较大，易于进行抑芽防腐处理，且储藏成本最低，但搬运不方便。散堆时，应轻轻地由里向外依次装放，以防碰擦伤马铃薯外皮。如果放置在强制通风低温库，薯块散堆的高度可达 3 ~ 4 m。自然通风窖的储藏薯堆高一般在 1.5 m 左右，不应超过 2.0 m；温度较高的窖的薯堆高应在 1.3 m 以下，否则易因空气流通不畅而导致窖内的温度过高、氧气供应不足。

（2）袋装。袋装的储藏量相对少，优点是搬用方便，但成本较高，且储藏期间挑拣对马铃薯损伤大。装袋时，应将薯块装入小孔编制网袋（35 ~ 45 kg/袋），垛高 7 ~ 9 层，两袋对码或两袋横竖码，垛与垛相距 0.8 ~ 1.0 m，便于通风、观察，且出窖方便。

（3）箱装。箱装主要用于种薯和精品马铃薯储藏，搬运方便，但是储藏量少，成本最高。无论是种薯还是商品薯，都要分品种、大小进行储藏。堆放时，要轻装轻放，由里向外依次堆放。马铃薯采用零散堆放方式时，容易造成伤热发芽，因此至少要倒窖两次，这样不但费工费时，而且会增加损失率。

四、储藏期病害及其防治

马铃薯储藏中会发生多种病害，不仅影响其外观，还会造成巨大的经济损失，因此储藏时要做好其病害防治工作，减少马铃薯储藏中的损失，提高生产效益。本文主要介绍以下三种：

1. 环腐病

环腐病一般在马铃薯开花前后开始表现症状，茎缩短，叶色褐黄凋萎，叶脉间变黄，产生黄褐色斑块，叶缘络向上卷曲。环腐病主要是种薯带菌传播。带菌种薯是初侵染来源，切块是传播的主要途径。田间侵染环腐病的块茎，收获时不及时剔除，储藏期间病害蔓延，发病严重时容易造成烂库现象。

因此，在收获及运输过程中要避免划伤薯块，感病块茎及早剔除，储藏时保持较低温度，可减少侵染和发病的机会。

2. 黑心病

马铃薯黑心病是发生在块茎内部的一种生理性病害，块茎缺氧容易产生黑心病，即块茎内部逐渐由红褐色变为灰蓝色至黑蓝色的病斑，病斑形状不规则，边缘清晰，发病一段时间之后组织开始腐烂。该病的发生与品种、储藏环境条件及收获期间的机械损伤程度有关。马铃薯块茎收获后受阳光暴晒，储藏库通风不畅，或将马铃薯长期置于密闭的塑料袋内，都会引起黑心病的发生。

通过施用足够的钾肥，控制生育后期的灌水量，确定适宜的马铃薯收获期加之良好的储藏环境，才能尽可能地避免黑心病的发生。

3. 晚疫病

马铃薯晚疫病在马铃薯生长的各个时期均可发生，病原以菌丝体的形式在田间残留的块茎、有机体，或储藏的种薯中过冬。马铃薯晚疫病易在凉爽、潮湿的气候条件下发生，但如果灌溉、潮湿状况和凉爽的温度持续，它可在任何地方任何时期发生，即使在较热、较干燥的地区或季节，受到雨水冲刷或灌溉的植株在密集的叶冠底下形成一个潮湿凉爽的微环境，该病也会发生。病原能够在叶片中迅速传播，侵入健康的叶片组织，产生新生孢子。一旦植株受到感染，感染部位很快会产生可由空气和水传播的孢子，进行再度传染。田间侵染晚疫病的块茎，在贮藏期间会发病蔓延。晚疫病菌主要通过伤口、皮孔和芽眼等侵入块茎。

选择优良马铃薯品种，在田间晚疫病发病严重的情况下，应该定期喷洒杀菌剂，及时杀秧，减少薯块与病菌接触的机会。在贮藏前应将烂薯、病薯和伤薯及时剔除，贮藏期间严格控制好温度和湿度，减少晚疫病发病的概率。

第三节　马铃薯加工工艺与质量控制

目前，马铃薯在加工过程中存在极易发生褐变、营养物质损失严重及被微生物污染等问题，以上不良变化会导致马铃薯加工产品的食用品质下降，货架期缩短，极大地影响了马铃薯原料的安全性、商品价值及农民增收。因此，如何保证马铃薯和马铃薯制品的安全，是目前生产者和消费者始终关注的问题。本节主要从马铃薯原料、去皮、护色、漂烫、干燥、油炸、膨化、包装的工艺以及微生物控制方面，明确马铃薯生产环节的关键控制点，阐述具体的相应措施，在提高马铃薯原料利用率的基础之上确保产品的安全。

一、原料

马铃薯不同种类加工制品的主要性质是由原料马铃薯的质量和品质决定的。以薯片为例，为了保证产品质量，尤其是生产厂家为了生产出质量合格、风味和质地稳定的产品，必须对原料马铃薯进行严格的质量控制。从原料本身方面来说，马铃薯所含碳水化合物、有机酸和氨基酸，对马铃薯颜色、质地、风味以及对加工产物的品质有较大的影响。以薯片的加工为例，马铃薯的物理感官特性具有一定的要求，首先要对其特性进行检查，这些特性包括：大小、形状、外观、缺陷、去皮量、芽眼深度、薯肉温度和薯肉颜色，根据这些指标初步判断所选的马铃薯是否适合于薯片的加工。根据上述特性的检测结果，还需要测定马铃薯的相对密度，并进一步进行油炸试验。由于相对密度是决定薯片产率、质地及薯片含油量的重要指标，所以要先测定马铃薯的相对密度，然后再进行油炸试验。鉴于以上要求，应对原料进行精确控制，从而生产出符合要求的合格产品。马铃薯原料的要求具体如下：

1. 外部要求

马铃薯块茎的形状以长椭圆形为好，大小均等，中等大小的块茎，其质量在 50～100 g，淀粉含量高；大块茎和小块茎质量分别在 100～150 g 以上和 50 g 以下，一般含淀粉较少。根据加工产品种类的不同，选择大小合适的马铃薯。加工制成薯片需要马铃薯大小在 40～60 mm，薯条则在大于 50 mm，形状要求规整一致。

加工目的的不同，对马铃薯块茎的大小要求也不同。家庭消费用的马铃薯希望在进行简易处理和加工过程中去皮损失的程度较小，块茎越小，损失越大。在实际生产中，生产厂家购进的一批马铃薯往往是形状大小各异，为了确保产品形状的统一和生产时的方便，要对鲜薯根据形状大小进行分级处理，如直径在 4～7.5 cm 的块茎较好，直径在 2～4 cm 的较小块茎只适合于加工罐头。工厂将不同大小的马铃薯进行分级处理后，加工成不同形状和大小的产品，并在包装量上做出调整，这样可以合理利用原料，减少浪费。

2. 马铃薯表皮

一般表皮干爽、易去皮的马铃薯最受欢迎，其表皮和表皮厚度也是影响质量的重要因素之一。在表皮木栓化后去皮，如果储藏时间越长，尤其是储藏时湿度较低的情况下，表皮就越厚。长时间储藏再加上块茎的一些特殊形状会使去皮损失率超过 20%；刚收获的新鲜马铃薯，表皮薄，容易去皮，用尼龙就可以刷去表皮，去皮损失率低；但是，当储藏一段时间后，马铃薯则需要用金刚砂刷子刮去表皮。光面马铃薯去皮容易，去皮损失率小；但也有的加工厂愿意用麻面马铃薯；同样大小和形状的马铃薯，麻面比光面马铃薯的去皮损失率要高。

3. 龙葵素

近年来，马铃薯龙葵素中毒事件时有发生，主要是对马铃薯处理不当，导致食物中毒。龙葵素又称茄碱（Solanine，$C_{45}H_{73}O_{15}N$），它是一种有毒性的甾系糖苷生物碱，主要集中在薯皮和萌芽中。在通常情况下，马铃薯中龙葵素含量比较低，不会引起中毒。马铃薯中龙葵素含量安全标准为 20 mg/100 g，一般成熟的马铃薯中，含量为(7 ~ 10) mg/100 g，食用是安全的。当马铃薯变绿或发芽，就会产生大量的龙葵素，含量可增至 500 mg/100 g，超过安全标准，容易引起食物中毒。食用含有大量龙葵素的马铃薯及其制品引起中毒虽然轻者只会产生头晕、恶心、呕吐、腹痛等症状，但严重者会出现昏迷、抽搐，甚至死亡。因此，如何尽可能地降低糖苷生物碱的含量是马铃薯块茎和加工产品生产过程中的关键，要通过马铃薯原料的储藏、预处理以及蒸煮等方面进行控制，其具体措施如下：

（1）储藏。

在收获、运输、加工、销售过程中，光照能促进马铃薯及其制品中的龙葵素快速地合成，特别是紫外照射更容易产生糖苷生物碱，其含量比没有光照的条件时增加将近 1 倍，因此储藏过程中要减少光照，如储藏窖等。

除了光照条件外，马铃薯及其制品中的龙葵素含量还与储藏时间、储藏温度、空气湿度、氧气浓度以及二氧化碳浓度密切相关。随着储藏时间、储藏温度、氧气浓度以及二氧化碳浓度的增加，马铃薯中的龙葵素含量都会得以增加。因此，最好将马铃薯储藏在干燥、通风、低温的条件下，一般储藏温度在 4 ℃ 左右比较适宜。

此外，马铃薯块茎中糖苷生物碱的合成可以被一些生理胁迫诱导，如物理损害或微生物侵害等。所以，人们在采购、贮存、加工马铃薯时要按规范进行，以避免马铃薯块茎损伤。

（2）预处理。

在食用马铃薯时，对生芽的马铃薯，要挖去芽眼及附近的皮肉，并将变紫表皮削除，然后将削好的马铃薯放入冷水中浸泡 40 min 左右，以使剩余龙葵素溶于水中。另外，由于生物碱主要集中在皮层，因此可以通过去皮方式显著降低糖苷生物碱的含量。

（3）蒸煮。

在蒸汽中蒸熟马铃薯块茎，糖苷生物碱含量减少 65%；在水中煮熟块茎，其含量可减少 80%。还可在烹调时放些醋，也可以破坏龙葵素，降低龙葵素的含量，避免引起食物中毒。

4. 干物质含量

马铃薯干物质是指块茎除去水分和外皮之后的质量，其干物质含量高低直接关系到加工产品的质量和产量。马铃薯块茎的干物质在 18%左右，其中以淀粉含量最高，其次是糖类、蛋白质和维生素等物质。若马铃薯用于薯片、薯条加工，要求淀粉分布均匀，还原糖的含量需低于 0.25%；若用于全粉加工，要求干物质含量保持在 20%以上，还原糖的含量在 0.2%以下；马铃薯淀粉类产品的加工，要求淀粉含量较高，保持在 16%以上。

干物质含量的高低，关系到加工制品的质量、产量和经济效益。干物质含量高，油炸食品（如薯片、薯条）的含油量就低，在加工过程中用于蒸发水分所用的能量就少，同时生产出的产品量就越多；若干物质过低，又会导致产品组织欠佳。所以，用于油炸的马铃薯的干物质含量为 22% ~ 25%；用于煎炸的马铃薯的干物质含量为 20% ~ 24%。

5. 含糖量

碳水化合物在马铃薯制品（脱水制品、切片、冷冻或油炸产品）的颜色形成方面起着非常重要的作用，马铃薯的含糖量高低，直接影响产品质量，特别是还原糖与氨基酸作用发生美拉德反应使这些马铃薯制品的颜色变黑。如在炸条时，如用含糖量高的原料薯，则会使薯条发软，表面发黑；炸薯片时，原料薯含糖量较高，会使产品失去酥脆感，色泽变黑。使产品产生变色的原因，主要是马铃薯中的还原糖和氨基酸发生反应的结果，变色必然引起食品的变陈，一般要求含糖量不要超过 0.4%。

做原料用的马铃薯在加工以前的储藏技术，是炸薯片、炸薯条生产全过程的关键环节。在加工前的储存阶段中，马铃薯块茎将糖化和发芽，两者对加工都不利。为了防止块茎发芽，应该把块茎储存在低温环境中，如 3~5 ℃ 条件下。但是，在这种低温条件下，块茎中的淀粉很容易糖化。一般采用的方法是：先把块茎在低温环境中储存一个阶段，到加工前的 1~2 个月，再把块茎转移到 10~16 ℃ 的环境中保存一段时间进行"调整"，目的是使块茎中还原糖成分再转换成淀粉。为了防止块茎发芽，可以使用"发芽抑制剂"来抑制块茎发芽。

6. 马铃薯的薯肉颜色

马铃薯的薯肉颜色有白色、黄色。溶解在表皮细胞汁液中或周围皮质细胞中的花青素苷使表皮带有颜色。在马铃整块茎中已经检测出十多种不同的类胡萝卜素，它们与薯肉颜色有直接关系：黄色薯肉加工的薯片质地较好；黄色薯肉与白色薯肉相比，前者加工薯片的颜色较深。

7. 马铃薯油炸预实验

在了解了马铃薯的一些基本物理性质之后，在正式投产之前，应模拟工业生产条件进行油炸预试验，摸索出最佳工艺条件。影响油炸薯片质量的主要因素是马铃薯的相对密度、切片厚度和油炸温度。试验证明，薯片厚度、形状、油炸温度和马铃薯的相对密度这些指标的微小变化就可以使油炸时间成倍地改变，进而影响到最终薯片的含油量。因此，生产企业为了保证其产品的质量恒定，在每一批原料投放生产之前必须进行油炸试验。

马铃薯块茎在收获前、收获中和收获后必须使其温度保持在 10 ℃ 以下，低温将使蔗糖转化为还原糖的速度增加，特别是使果糖含量增加。虽然马铃薯品种不同，但它们的化学组成并没有多大的区别。

8. 加工用马铃薯的品质要求

（1）鲜食菜用型马铃薯。要求薯形为圆形或椭圆形，薯形美观，表皮光滑，芽眼浅，白皮白肉或黄皮黄肉，大中薯率高（在 75% 以上），薯块大小均匀整齐，无畸形，无赖皮，无青皮，无空心，耐贮运。薯块肉质鲜嫩，不易产生褐变，对淀粉含量要求不高，淀粉含量 13%~17%，维生素 C 含量 15 mg/100 g 以上，粗蛋白质含量 1.8% 以上，龙葵素 20 mg/100 g 以下，食味好，有薯香味，无土腥味、回生味或麻口感，煎、炒时不易成糊状。鲜食菜用型马铃薯品种一般分为早熟菜用型品种与晚熟菜用型品种两类。

（2）淀粉加工型马铃薯。适于淀粉加工的马铃薯品种，除了产量要高，关键是淀粉含量要高，同时薯块芽眼要浅。国内高淀粉马铃薯品种的标准薯块淀粉含量 18% 以上。一般淀粉含量愈高的品种，熟性就愈晚。利用高淀粉的品种，淀粉加工企业将获得更加显著的经济效益。当淀粉提取率为 90% 时，生产 1 t 精淀粉，用淀粉含量 14% 的品种做原料，需要原料薯 6.35 t；如用淀粉含量 18% 的品种，只需要原料薯 4.94 t。由此可见，利用淀粉含量高的品种，可大大节省加工的生产成本。

（3）油炸薯片、薯条加工型马铃薯。

① 油炸薯片加工型马铃薯。马铃薯品种应具有的主要性状。薯块还原糖含量 0.2% 以下，最高不超过 0.3%；干物质含量 19.6% 以上（薯块比重 1.0800）；薯形为圆形或短椭圆形，芽眼浅，白皮白肉，薯块中等大小（50 ~ 150 g），无青皮，无空心，薯肉不产生褐斑，耐储藏。如在低温储藏条件下，淀粉不转化糖的品种最好。

② 油炸薯条加工型马铃薯。马铃薯品种应具有的主要性状。薯块还原糖含量 0.3% 以下，最高不超过 0.4%；干物质含量 19.9% 以上（薯块比重 1.0815）；薯形为长形或长椭圆形，长度在 6 cm 以上，宽不小于 3 cm，单薯重 120 g 以上，大薯率高，芽眼浅，白皮白肉或褐皮白肉，无空心，无青皮，耐储藏。

③ 全粉加工型马铃薯。凡是适合油炸薯片加工或油炸薯条加工的马铃薯品种，均适合马铃薯全粉加工。

二、去皮

目前，国内外马铃薯去皮技术有机械去皮、化学去皮、远红外辐射去皮、火法去皮和蒸汽去皮这几种方法，关键是要根据实际情况尽量选用对原料损耗小的方法，防止去皮过度。去皮后薯块外表要光洁。去皮后要用清水冲洗薯块表面，进一步剔除不合格的薯块。先对几种马铃薯去皮技术分析如下：

（一）机械去皮法

马铃薯机械去皮法是最早出现的去皮方法。该方法主要是通过物理摩擦达到去皮的目的，优点是原理简单并且广泛适用于马铃薯块茎类原料的处理。根据使用机器的不同又分为两类：

1. 机械摩擦去皮法

机械摩擦去皮机的形式较多但原理都是通过机械结构使得马铃薯与摩擦件之间产生摩擦从而去除皮屑。根据摩擦件形式可分为砂盘和毛刷辊两类，下面主要介绍砂盘与毛刷辊两种形式的去皮机。

（1）砂盘摩擦式去皮机。该去皮机的工作原理是在离心力、摩擦力的作用下，使马铃薯与砂盘不断碰撞与摩擦，将表皮均匀去除。最后再通过清水的冲洗，将摩擦下的马铃薯皮冲洗并通过砂盘的间隙排出。

该去皮机去皮的效果较差，不能去除马铃薯表面凹坑内的表皮。由于马铃薯皮是依靠机械摩擦的方式去除的，所以去皮后的马铃薯淀粉损失量较大，去除后的马铃薯皮屑较细，也不能进行再次加工，从而造成了原料的浪费。

（2）毛刷辊摩擦式去皮机。该去皮机的工作原理是使马铃薯与毛刷辊上的毛刷不断摩擦，同时注水管中流出的水流会带走摩擦下的马铃薯皮屑，达到均匀去皮的目的。

该去皮机毛刷辊上的毛刷由于不断摩擦容易产生毛刷磨损、松散、倒伏等现象，所以需要定时修剪或更换毛刷，去皮后的马铃薯质量较差，同砂盘式去皮机存在类似的缺陷。

2. 离心式切削去皮法

离心式切削去皮机是针对机械摩擦去皮机的缺陷改进而成的去皮机械。该去皮机的结构是利用在料盘内马铃薯运动的摩擦力与离心力，使得做旋转运动的马铃薯在与挡板的碰撞下与料盘上的切削刀片产生相对速度而将马铃薯皮屑均匀切削下来。

相对于机械摩擦去皮法，离心式切削去皮机用设置在工作盘上的可调节切削刀片代替了摩擦件构件，可针对不同皮屑厚度的马铃薯自由调整切削厚度并且减少了去皮后的马铃薯的淀粉损失量，切削下的马铃薯皮屑呈片状，也可以进行再次加工，减少了原料的浪费。

利用上述机械去皮法处理的马铃薯去皮率能达到 90%左右（凹坑处皮屑难以去除），可是去皮质量较差，去皮后的马铃薯表皮，由于不断摩擦使表面损伤严重，造成过多的果肉和淀粉损失。

（二）化学去皮法

化学去皮法是果蔬去皮时常用的去皮方法。传统的热碱方法就是将果蔬浸泡在高温的碱液中以去除表皮，但会出现过度熟化而产生果肉损失等缺陷。针对以上缺陷，有学者通过试验研究提出了马铃薯二次浸碱去皮法，此方法有两次浸碱过程，在每次浸碱过程后增加保持阶段，相比于传统热碱法可以降低碱液的浓度和温度，同时因过度熟化而产生的果肉损失也明显缓解。

另一种改进方法是低温化学脱皮剂法，就是利用添加了果蔬脱皮剂的烧碱溶液制成的化学脱皮剂，在低温的环境下去除马铃薯表皮。果蔬脱皮剂是一种以表面活性物质为主要成分的助剂，可大幅度降低烧碱的用量与脱皮时的温度，提高脱皮液反复使用的能力。

相比于机械方法，化学方法可以去除马铃薯凹坑内难以去除的表皮，也不会产生过多的淀粉损失与表面损伤，但是在去除表皮后需要用大量的清水冲洗掉马铃薯表面的碱液和脱皮剂，所以工业化成本较高，处理后的废液直接排放也会造成环境污染。

（三）远红外辐射去皮

远红外辐射去皮的原理是利用水在较宽的波长范围内对远红外辐射具有选择性的吸收带，也就是说，马铃薯内的水分对远红外辐射的吸收较快，可引起水分子的快速共振，内部分子间相互碰撞发生自热效应，从而快速有效地加热水分，同时穿透的深度较浅，达到只去除浅表层皮屑而不加热马铃薯内部组织的目的。

为了达到良好的去皮效果，需要合理地控制远红外辐射波长与马铃薯内水分吸收波长的匹配程度。在实际的去皮过程中，要通过确定合理的远红外辐射器与被处理马铃薯之间的距离和远红外辐射处理的时间来表征匹配的程度。李葆杰等选择辐射时间短、穿透作用浅的镍铬合金丝石英管辐射器（波长 2.6~2.8 μm）作为辐射源，并通过反复的试验研究，得到了最佳的辐射器与马铃薯之间的距离 50 mm 与加热时间 60 s，辐射照射后利用简单的毛刷去皮机就可去除马铃薯表皮。

这种方法去皮效果佳，凹坑处的皮也能轻易去除。缺陷就是去皮过程中需要合理地控制辐射距离与时间，否则会使得马铃薯表皮由于过度辐射而焦化，影响后续加工。

（四）火法去皮法

马铃薯火法去皮法是通过控制高温加热时间使得马铃薯一定深度的皮层在高温下碳化，并通过冷却和洗刷去除碳化层得到去皮马铃薯的方法。如通过加热从上向下运动的马铃薯，表面碳化的马铃薯落入水槽中经过后续的毛刷去皮可去除表皮。

火法去皮法的去皮效果较好，没有机械去皮法严重损伤果肉和化学去皮法产生废液污染的缺陷，但针对不同皮层厚度的马铃薯则需要合理的调整加热时间，避免因加热时间过长而产生的表皮过度碳化现象。

（五）蒸汽去皮法

蒸汽去皮法是国外发展较成熟的一种去皮方法。原理是利用高温蒸汽在短时间内加热马铃薯，使得马铃薯表皮层间的水分快速升温产生一定压力，通过快速地放气使得马铃薯外部压力降低，表皮层内的水分由于压力降低而快速蒸发将皮层撑破，从而达到快速去除马铃薯全表皮的目的。

在蒸汽去皮过程中，饱和蒸汽既能与马铃薯充分接触，又能避免去皮过程中冷凝水对马铃薯煮的过程，去皮效果也好，所以适合于大规模的工业化生产，在外国得到了广泛应用。

三、护色

马铃薯在加工生产过程中颜色等外观品质发生改变，主要是因为马铃薯去皮切割后非常容易发生褐变，使外观品质和营养价值大为降低，造成极大的损失，因此，如何抑制马铃薯褐变是马铃薯护色工艺的关键。导致褐变的原因主要包括酶促褐变和非酶促褐变。

（一）酶促褐变

由于马铃薯加工过程中要经过去皮、破碎等过程，与空气接触，极易发生由酶催化的酶促褐变，所以说，一般在加工过程中马铃薯的褐变主要以酶促褐变为主。酶促褐变是指马铃薯处于异常环境（受冻、受热）下或在受到机械损伤时，酚类物质被多酚氧化酶（PPO）氧化形成醌，醌的多聚化以及与其他物质的结合产生黑色或褐色的色素沉淀，从而导致马铃薯的营养物质流失。酶促褐变的反应原理是马铃薯在正常状态下，细胞内多酚氧化酶与质体、线粒体等细胞器内膜结合，活性很低，当组织完整性被破坏，膜受到伤害后，潜在的多酚氧化酶可被激活，其内源性的酚类物质和酚类衍生物在多酚氧化酶作用下氧化生成醌，后者进一步聚合为黑色产物，从而导致组织变色。因此，如何抑制酶促褐变是马铃薯加工生产的关键环节，而抑制酶促褐变的关键就在于抑制多酚氧化酶的活性。通过对切割后的马铃薯进行护色处理，钝化多酚氧化酶的活性的方法主要有两种：

1. 物理方法

通过加热钝化使酶失活，在生产上用热处理法来控制马铃薯的褐变，一般以采用 75～85 ℃、热处理 50～20 s 为宜。低于 75 ℃，热烫时间长，势必造成营养物质流失过多，尤其是不耐热的水溶性维生素；而高于 85 ℃，则淀粉很容易糊化，影响马铃薯的再次加工，破坏了马铃薯的天然风味与质地。

2. 化学方法

在马铃薯加工过程中加入褐变抑制剂，抑制多酚氧化酶的活性，如亚硫酸钠、柠檬酸及其钠盐、抗坏血酸、巯基化合物等还原性物质，其抑制机理是破坏多酚氧化酶的活性部位中的组氨酸残基，还能延长保存期。防止马铃薯发生酶促褐变，化学护色方法如下：

（1）提取出薯片褐变反应物。

将马铃薯片浸没在 0.01～0.005 mol/L 浓度的氯化钾、氨基硫酸钾和氯化镁等碱金属盐类和碱土金属盐类的热水溶液中；或把切好的鲜薯片浸入 0.25%氯化钾溶液中 3 min，即可提取出足够的褐变反应物，使成品呈浅淡的颜色。

（2）用亚硫酸氢钠或焦亚硫酸钠处理。

亚硫酸氢钠对马铃薯具有显著的抑制作用，且其在马铃薯切片护色中具有防褐变功能。亚硫酸氢钠能够不可逆地与醌生成无色加成产物，又可以不可逆地直接作用于酶，降低其作用于一元酚和二元酚的活力。在实际生产中可将经切片的鲜薯片浸没在 82～93 ℃ 的 0.25%的亚硫酸钠溶液中（加 HCl 调至 pH = 2）煮沸 1 min，然后加工制成色泽很好的产品。

（3）二氧化硫处理。

用二氧化硫气体通过马铃薯，使二氧化硫和空气在一起密闭 24h 后储藏在 5 ℃ 条件下，或是将切片在二氧化硫溶液中浸提后，再用水洗掉二氧化硫及还原糖等，可生产出浅色制品。

（4）复合护色液处理。

抗坏血酸食用安全性高，作为抗氧化剂，能消耗马铃薯表面的氧气，还可能影响活性，是有效的褐变抑制剂。抗坏血酸与其他物质制成复合护色液，使用效果更佳。如配制 1.5% 2-羟基丁二酸、0.3% D-抗坏血酸钠和 0.3% $CaCl_2$ 为主要成分的护色液，及时将鲜切的马铃薯浸入护色剂中浸泡 20 min，以防止鲜切马铃薯发生褐变。

（二）非酶促褐变因素

非酶褐变是一类不需要经过酶的催化而产生的褐变，包括美拉德反应、酚类物质氧化变色、焦糖化褐变和抗坏血酸氧化褐变等。油炸过程中马铃薯块茎中的还原糖遇到高温，与氨基酸反应形成黑色素，发生非酶褐变中的美拉德反应。

（三）控制马铃薯褐变的方法

在马铃薯加工过程中，褐变造成的损失是不容忽视的，通过马铃薯褐变的影响因素的分析，在选用抗褐变的品种进行加工的同时，可以采取相应的措施加以控制，以提高加工产品的品质，增加加工企业的收入。其相应防范措施如下：

（1）了解所选用的马铃薯品种，所选用的马铃薯品种一定要适合所加工产品的属性。尽量选用耐褐变的品种，不同品种的马铃薯抗褐变能力有很大的差别。加工过程中应尽量选择 PPO 活性低、还原糖含量低的加工品种，特别是在油炸类马铃薯片、条的加工过程中，保证制成品的良好色泽应予以充分考虑。

（2）了解种植过程使用肥料的类型，特别是在控制氮肥的使用量方面，保证马铃薯中氮的残留量不超过作物规定的要求。

（3）在收获时要确定糖的含量，并确保使还原糖的量低于 0.15%，同时尽量控制环境温度在 10 ℃ 以上。

（4）原料在储藏过程中注意减少机械损伤，尽量防止原料与酚酶接触。采用适宜的储藏方式能减轻褐变的发生，如采用高温库储藏并使用发芽抑制剂，如氯苯胺灵（CIPC）、过氧化氢衍生物（HPP）、青鲜素（MH）等，化学防腐剂（噻菌灵、四氯硝基苯等）及杀菌剂（涕比灵）等对抑制褐变都能起到一定的作用。

（5）马铃薯加工过程中应使用不锈钢机械，避免原料、半成品与铜、铁等金属接触。马铃薯在油炸时，薯片的大小、厚薄均匀程度、油炸温度和时间等都会影响马铃薯的片色。因此，马铃薯片加工过程质量要求：一是切片要薄 0.12～0.14 cm；二是在油炸前用 77 ℃ 的热水烫仅 30 s；三是油炸温度要低，薯片的内部温度不超过 177 ℃，外部温度不超过 165.5 ℃，因为薯片颜色的形成往往都是在油炸结束时形成的。

四、漂烫

漂烫不仅可以破坏马铃薯中的过氧化氢酶和过氧化酶，防止薯片的褐变，而且有利于淀粉凝胶化，保护细胞膜，并且改变了细胞间力，使蒸煮后的马铃薯细胞之间更易分离。

在马铃薯的速冻工艺中，若烫漂不足，未使酶全部失活，会使马铃薯在冻结储藏中可能比未烫漂时质量下降得更快，且易导致马铃薯褐变；烫漂过度时，不仅造成速冻马铃薯品质低劣，而且由于加热时间长，燃料消耗多，增加了速冻马铃薯的成本。因此，必须掌握适当的烫漂程度，防止马铃薯烫漂的不足或过度。

五、干燥

在马铃薯的加工过程中，干燥是重要的环节，直接影响着马铃薯制品的质量，对马铃薯产业的进一步发展起着关键作用。

（一）热风干燥

热风干燥是工业生产中使用最普遍的干燥方法。热风干燥具有成本低廉、操作简单、设备维修方便等特点，因此大多数蔬菜的干燥加工均采用这种方法。但干燥过程中的高温会使产品的微观结构发生变化，复水性差，营养损失大，口感、色泽、风味均不理想。因此，应尽快改善工艺条件，降低热风干燥过程带来的负面影响。

（二）自然干燥

自然干燥指的是在自然天气下即利用太阳的自然光源进行干燥。露天大晒场方式的应用较为广泛，这与地区的温度、湿度和风速等气候条件有关，且干燥效率直接受天气影响，炎热和通风是最适宜于干燥的气候条件。通常包括晒干、晾干和阴干等三种方法。

自然干燥的优点是方法简单，不需设备投资，费用低廉，不受场地局限，干燥过程中管理较粗放，能在产地和山区就地进行，因此，自然干燥仍是世界上许多地方常用的干燥方法。由于这种干制品长时间在自然状态下受到干燥和其他各种因素的作用，物理化学性质发生了变化，以致生成了具有特殊风味的制品。例如，粉条和粉丝的生产主要利用的就是自然干燥方法，非常适合中小企业和小作坊等个人生产。而缺点则是干燥过程缓慢，时间长；干燥过程和程度不能人为控制；制品容易变色；对维生素类破坏较大；受气候条件限制，如遇阴雨天，微生物易于繁殖；易被灰尘、蝇、鼠等污染。

（三）真空冷冻干燥

真空冷冻干燥技术是将新鲜食品如蔬菜、肉食、水产品、中药材等快速冷冻至-18 ℃ 以下，使物品冷冻后，在保持冰冻状态下，再送入真空容器中，利用真空而使冰直接升华成蒸汽并排出，从而脱去物品中的多余水分，叫真空冷冻干燥。

在马铃薯的干燥技术中，真空冷冻干燥技术与其他干燥方法相比有其独特优势：马铃薯原来的物质结构和外观形态不会被破坏，不会产生收缩和表面硬化现象；在不使用护色剂的前提下，能够在很大程度上保留产品的营养成分和香气；复水后的外观及口感与新鲜食品相近，尤其适用于热敏性物料的干燥；产品脱水率极高，运输和长期储存不会对产品产生太大影响，该方法生产的产品适合调节市场淡旺季。

目前，市场上已有经真空冷冻干燥的果干等产品出售，但该技术干燥时间长、能耗高、设备投资高昂等，导致产品价格较高，降低了产品的市场竞争力。

（四）复合式干燥

复合式干燥技术将多种单一干燥技术相结合，具有多种干燥技术的优点，使单一干燥过程中的某些不足得以改善，可大幅提高干燥效率，缩短干燥时间；但各种干燥技术的结合方式种类繁多，每种方式的干燥效果、干燥过程中马铃薯结构形态的改变和营养物质的流失程度还需进一步研究。

六、油炸

油炸是马铃薯制品加工的主要工序，油炸之后的产品具有松脆可口、风味独特的特点。油炸实际上是食品与油脂在热量、水分方面的传递和转移过程，在高温油内发生脱水、熟化、变性。

（一）油炸原理

油炸食品质构的形成主要分为两个阶段：第一阶段是水分蒸发阶段，在这一阶段中，水分迅速大量蒸发，在食品表面形成了一个硬壳；第二阶段是微孔形成阶段，在这一阶段中，油脂进入原料内部，在原料内部形成大小均匀或不均匀，层次分明或不分明的微孔，微孔的产生为油脂的进入形成了"通道"。

在马铃薯脱水的过程中，水从物料中心渗透到边缘，填充从外表面已蒸发的水分，油炸物的含水量由中心到边缘递减，同时，油从外向内依次取代已脱除的水分。因此，油炸马铃薯制品的油炸时间及含油量与其初始含水量成正比。

油炸过程中，马铃薯制品进入油炸机后，在自重作用下沉入油底，薯片则被循环油冲击成离散状态。在高温油中，马铃薯制品吸收大量热能，温度很快上升，其表面的水分迅速气化，离开油面，带走热能。煎炸油温度可以高达 180 ℃，而马铃薯制品温度仅为 100 ℃，即水在常压下从液态变为蒸汽的相变温度。当有水分存在时，马铃薯制品表面会形成一层蒸汽膜，不会因脱水过度而使温度过高导致炸焦。这相当于当有水蒸气膜存在时，该部位就不会炸焦。因此，马铃薯制品应保持一定的含水量。

（二）煎炸油的使用

在煎炸生产中，油脂主要是一种传热介质，同时它也为产品提供了营养、酥脆性、风味等其他特性。油脂品种为常见的油脂，包括动物油脂和植物油脂。马铃薯制品煎炸用油应具备以下条件：

（1）氧化稳定性高，过氧化物生成的诱导期长；

（2）酸值上升慢；

（3）烟点高；

（4）发泡率低；

（5）无杂质，无不良气味；

（6）颜色深化率低；

（7）适合市场对风味特点的需求。

（三）油炸控制方法

油炸虽然能使食品具有较好的风味和独特的质构，但是存在潜在的致癌物质，也就是丙烯酰胺。在马铃薯的加工过程中尤其是油炸工艺，丙烯酰胺的来源主要由四种：一是丙烯酰胺可能来自食物中的单糖在加热过程中的非酶降解；二是它有可能来自油脂在高温加热过程中释放的甘油三酸酯和丙三醇，即油脂加热到冒烟后，分解成丙三醇和脂肪酸，丙三醇的进一步脱水或脂肪酸的进一步氧化均可产生丙烯酰胺；三是食物中蛋白质氨基酸如天门冬氨酸的降解；四是来自于氨基酸或蛋白质与糖之间在高温加热过程中发生的美拉德反应，蛋氨酸、丙氨酸等多种氨基酸均可通过此反应产生丙烯酰胺。丙烯酰胺具有较强的渗透性，可经消化道、呼吸道、皮肤、黏膜快速进入体内，引起慢性中毒，对动物的神经、生殖以及遗传均具有毒性作用，是一种潜在致癌物。

煎炸油在高温下煎炸薯片的过程中会发生一系列反应，产生许多挥发和非挥发性降解物等有害物质如丙烯酰胺等，造成煎炸油的劣化。煎炸油的劣变反应主要有水解、氧化、聚合等形式。煎炸油的劣变控制方法如下：

（1）控制原料水分。由于食品中所带入煎炸体系中的水分将导致煎炸油酸值升高、煎炸油品质变差，导致发生水解反应，因此可以选用含水量低的马铃薯做原料或对煎炸的食品进行预干燥，降低原料中的水分。这样一方面可以使食品的煎炸时间缩短而导致煎炸过程中产生的有害物质减少，另一方面，由于食品所含水分少从而使煎炸油的水解反应少。即在煎炸之前对煎炸食品进行脱水处理对于减少煎炸过程中产生的有害物质是有利的。

（2）加入抗氧化剂。在油炸前加入抗氧化剂。因抗氧化剂具有防止或延缓煎炸油氧化的作用，从而减少煎炸过程中有害物质的产生。

（3）控制油温。在煎炸过程中，高温催化导致煎炸油劣变加速。例如，水解反应常需在高温高压及催化剂存在下进行。煎炸油在高温催化作用下油部分水解，生成甘油和脂肪酸，甘油在高温下失水生成丙烯酰胺。另外，高温下煎炸油中的氧化聚合以及热聚合反应加速，产生更多的对人体健康不利的聚合产物。因此，在满足工艺要求的前提下，适当调低油炸温度，避免高温油炸，油温控制 150 ℃ 左右，温度不能过高，如果油温超过 200 ℃，煎炸时间不要超过 2 min。

（4）减少油炸时间。在油炸工艺允许的条件下，减少生产前、后的无负荷加热时间，尽可能缩短油炸时间，油炸时间越长，营养成分损失得越多，同时还会产生油脂氧化、热聚合、氧化聚合等对健康有害的物质，产品的风味和品质都会受到影响。因此，煎炸油不能长时间煎炸，要及时更换或者部分更换新鲜油。

（5）真空油炸。真空煎炸是将真空技术与油炸脱水作用有机地结合在一起，在负压和低温状态下以热油为传热媒介，使果蔬组织内部的水分在短时间内急剧蒸发。因此，在真空条件下操作，其一方面避免了煎炸油与空气的接触，降低了煎炸过程中氧化反应的发生，即减少油脂氧化产物的量，另一方面，在真空状态下，水的沸点降低，使其在低温下完成脱水操作，从而降低煎炸温度。煎炸温度的降低以及避免热油与氧气的接触，基本上可以避免丙烯酰胺的形成，对于控制在煎炸过程中产生对健康有害物质都是有利的。同时，最大限度地保存煎炸油中的营养物质、天然色泽及自身风味。

（6）油脂过滤。在煎炸过程中，由于煎炸食品产生的碎屑在煎炸锅中积累，而对生产以及健康产生不利影响。一方面，碎屑中的淀粉、蛋白质等长时间高温加热，导致其结焦，颜色变深，从而影响煎炸油的色泽以及煎炸食品的色泽、风味等。另一方面，碎屑中的淀粉、蛋白质等的长时间加热会产生有害物质，同时这些有害物质将催化煎炸油反应，从而产生更多的有害物质，对健康产生不利影响。因此，在煎炸一段时间后，煎炸油要通过过滤装置进行过滤，去除煎炸油中的食品碎屑，然后通过循环系统重新进入到煎炸锅中继续进行煎炸。尽可能地去除油脂中的杂质，如薯渣等，有助于延长煎炸油的使用期。

（7）油炸设备。采用换热器方式加热煎炸油，紊流流态设计油流。

七、膨化

除了油炸食品，膨化食品也越来越受欢迎。膨化食品是利用加热及改变体系压差的方法，将原料加工成一种多孔呈膨松状的食品。马铃薯营养丰富，淀粉含量高，已成为生产膨化食品的主要原料之一。与谷物膨化食品相比，薯类膨化食品表面光滑，形态多样，口感细腻，越来越受到广大消费者，尤其是追求新奇的年轻人和儿童的喜爱。据专家分析，马铃薯膨化食品将成为 21 世纪的热门食品之一。马铃薯膨化食品的原料主要有：马铃薯颗粒粉、马铃薯雪花粉、马铃薯淀粉、变性淀粉以及辅料如盐、乳化剂等。

（一）膨化加工方法

膨化食品的加工方法主要有两类：一类是利用高温，如油炸膨化、热空气膨化、微波膨化等；另一类是利用温度和压力的共同作用，如挤压膨化、真空低温膨化等。由于挤压膨化可实现连续化、自动化的操作生产，产量大而稳定，现已被广泛应用于食品工业中。

1. 微波膨化

微波膨化的原理是微波能量到达物料深层并转换成热能，使物料深层水分迅速蒸发形成较高的内部蒸汽压力，迫使物料膨化，若物料质构不能承受这个压力，将依靠气体的膨胀力带动组分中高分子物质的结构变性，造成体积膨胀。薯类微波膨化一般受直链与支链淀粉的含量、淀粉老化以及调味料如蔗糖、食盐、油脂的影响，影响食品膨化的效率和所需时间。

与油炸膨化技术和挤压膨化技术相比，微波膨化技术有其自身的优点：

（1）升温速度快，热能利用率高。微波加热过程中微波能够深入到物料内部而不靠物体本身的热传导进行加热，通过微波能与物料直接相互作用从而使表面与内部一起加热，温度升高的速度快，而且微波加热设备本身不耗热，热效率高，节约能源。

（2）杀菌、保鲜、产品质量高。微波杀菌是利用电磁场效应和生物效应起到对微生物的杀灭作用。微波膨化过程由于加工时间短，节能省时，营养成分保存率高，且膨化、杀菌、干燥同时完成。

（3）易于自动控制，设备体积小。

2. 挤压膨化

挤压膨化技术是当物料通过供料装置进入套筒后，利用螺杆对物料的强制输送，通过压延效应及加热产生的高温和高压，使物料在挤压筒内被挤压、混合、搅拌、破碎、加热、蒸煮、杀菌、膨化及成型为一体，能够实现一系列单元同时并连续操作的新型加工技术。其工艺简单、能耗低、成本低，无"三废"产生，能够保留物料的营养成分，具有多功能、高产量、高品质的特点。

（1）直接挤压膨化食品，方便食品、休闲食品及儿童膨化食品多属此类。该类食品多以玉米、小麦、大米、杂豆、高粱、薯类为主要原料，配以各种不同的辅料，经混合、挤压、成型而得到各种形状、不同风味的膨化食品。挤压过程中，采用高温瞬时加热使谷物淀粉糊化和蛋白质变性，从而使产品易于消化吸收，且营养素损失少、口感好，同时还消除了食品中的抗营养物质，如抗胰蛋白酶和其他传染微生物、寄生虫。

（2）挤压膨化再制食品，先由挤压机将谷类、豆类、薯类原料进行膨化，使其中含有的纤维素、木质素等不易被人体吸收的成分彻底微粒化，并产生部分分子降解和结构变化，使其水溶性增强，避免其口感粗糙。然后将膨化物磨成粉状，配以天然调味素（如海鲜素、香菇素、肉素），即可生产出具有海鲜味、香菇味、肉味的膨化食品。

3. 真空低温膨化

真空低温膨化系统主要由压力组和一个体积比压力罐大 5~10 倍的真空罐组成。原料经预处理后，干燥至水分含 15%~25%（不同的原料要求的含水量不同）。然后将原料置于压力罐内，通过加热和加压，使原料内部压力与外部压力平衡，然后突然减压，使物料内部水分突然气化、闪蒸，使果蔬细胞膨胀达到膨化的目的。

与油炸膨化食品和挤压膨化食品相比，真空低温膨化食品具有如下优点：

（1）营养丰富。真空低温膨化食品由于加工温度低、时间短，从而保留了原料中绝大部分营养成分。

（2）便于人体消化吸收。与普通热风干燥相比，真空低温膨化干燥能够产生均匀的、显著的蜂窝状结构，便于人体消化吸收。

（3）复水迅速。由于真空低温膨化食品呈蜂窝状结构，所以复水时，在单位时间内吸收水分多，复水迅速。

（4）储藏期长。真空低温膨化产品不含油，从而避免了油脂氧化现象；同时，产品含水量在3%以下，所以产品保质期较长。

（二）膨化控制关键步骤

1. 挤压膨化

挤压膨化是膨化食品生产过程中的关键步骤，造成危害的因素有：挤压温度、螺杆转速、进料速度。严格控制工艺参数包括挤压温度 130-150-170 ℃、螺杆转速 100 r/min、进料速度 550 g/min。

2. 冷却

出挤压膨化机的制品的温度和水分较高，经冷却可使温度和水分降低，制品获得理想的质构。造成危害的因素有冷却方法和冷却时间等。

3. 有害物质的控制

膨化食品的有害物质除了丙烯酰胺外，还需要控制以下两种：

（1）铝。对于油炸型膨化食品来说，加工过程中必须加入发酵粉（膨松剂）才能使产品达到膨化的效果，才能令产品的口感更加松脆。目前，市售的发酵粉多为以硫酸铝钾与碳酸氢钠等为主的复合膨松剂，这种膨松剂膨松质量较好；另外由于硫酸铝钾价格低廉，可以降低生产成本。然而，过多使用这种复合膨松剂正是造成产品中铝含量超标的根源。

（2）铅。膨化食品中铅污染主要来自生产设备、包装、调料和添加剂。膨化食品中铅超标最为严重的是挤压型膨化食品，因为在加工过程中物料放于挤压机中，通过压延效应和加热产生的高温、高压，使物料在金属设备中被挤压、混合、剪切熔融、杀菌和熟化，而在高温高压情况下，设备中的铅很快被气化并与产品充分接触，从而造成产品中铅超标。此外，一些油炸膨化食品中油脂含量较高，会将包装中的铅等重金属元素溶出而污染食品；另外，企业对调料、添加剂等验收不严格使用铅含量超标的调料或添加剂也会导致膨化食品中含有过量的重金属铅。

八、包装和运输

（一）包装

食品包装，已经成为食品不可分割的重要组成部分，作为现代食品工业的最后一道工序，目的是对内装食品起保护作用，让食品在适宜的期限内保质、保鲜，让人们放心食用。接触食品包装容器及材料制品的安全卫生是当前国际社会普遍关注的问题，找出其具体的危害因素，并通过有效的预防控制措施，对各个关键环节实施严格的监控，从而实现对包装容器及材料安全危害的有效控制。

（1）加强接触食品包装容器材料的验收。对接触食品包装容器及材料产品进行验收时除检测铅、锌、镉、锑、钡、钛外，还应对邻苯二甲酸酯、二氨基二苯甲烷、甲醛、正己烷提取物、高锰酸钾耗量、蒸发残渣、重金属、甲醛等进行检测，并要求出示官方机构检验检疫证明，发现不符合标准要求的应拒收。

（2）目前，我们对接触食品包装容器及材料在生产过程中控制病原体的方法是在 200 ~ 300 ℃高温炉、红外线烘箱中进行加工制作，也就是把接触食品包装容器及材料放在高温炉内、红外线烘箱中，在一定的温度下，保持一段时间，即杀灭接触食品包装容器及材料中的病原体，同时也控制了水分含量。病原体一般不容易生存，如果水分过量，储存不当，就容易产生病原体、细菌，所以红外线烘箱、高温干燥就是控制接触食品包装容器及材料的关键因素。

（3）控制接触食品包装容器的物理危害比较复杂，一般要从加工卫生、产品卫生、包装卫生、检验能力、检验设备、存放环境及容器以及运输过程中的交叉污染等过程方面加以控制，特别要注意对原料仓储环境加以改善，以避免原料的污染。

（4）在接触食品包装容器及材料收购中，只有从源头严格把关，加强控制，才能保证接触食品包装容器及材料产品的安全卫生。一方面，要选择诚信度高，有完善的质量体系作保证，有与生产能力相适应的检验机构、检验设备及原料的生产企业；另一方面，要求接触食品包装容器及材料的生产企业应配备相应的检测食品质量的仪器或采用送样检测，加强跟踪监督管理和建立相应的 HACCP 体系。只有不断完善本企业的验收、生产和卫生管理制度，严格遵守相关法律法规，才能将接触食品包装容器及材料污染食品的潜在危险消灭在萌芽状态，确保食品的安全卫生。

下面以膨化马铃薯制品为例，重点剖析膨化食品包装的关键控制点：

膨化食品结构紧密、含水量少、比较松脆，为了保持产品品质，其包装材料绝大部分选用热封性良好、防透湿度高的复合塑料包装材料。食品包装用树脂本身是无毒的，但其残留的单体和降解产物毒性较大，同时加工过程中加入一些助剂，或非法使用一些助剂（如增塑剂、稳定剂等），以及加工工艺和生产设备简陋，都会使塑料树脂中残留的单体超量或产生有毒有害物质，如氯乙烯、苯、双酚 A、游离甲醛、有机溶剂等。膨化食品多为油脂型，油脂更容易将包装材料中的有毒有害成分转移到食品中，造成食品中含有致癌物质。给袋装膨化食品"充气"，其主要目的是防止膨化食品被挤压、破碎，充装氮气还可以延长产品保质期。欧美国家法规规定，膨化食品一律充装氮气，因为氮气清洁、无毒、干燥，能保证膨化食品长期不变色、不变味。我国目前无强制性规定，大中型企业采取充氮气的方式，对于销往高原地区的产品采用半充气的方式；还有不少厂家为了节省运输及包装费用，采用自然封口的方式。但由于空气的含水量比氮气高，易造成袋内膨化食品吸潮，口感不酥脆，并且自然封口的食品保质期相对于充装氮气的食品要短，因此，氮气品质的好坏、空气的洁净程度直接影响到产品品质。

（二）保存和运输

食品在储存和运输过程中，交通运输工具（车厢、船舱）等应符合卫生要求，应具备棚盖、防雨防尘设施。运输作业应防止污染，装运过程中要轻装、轻放、防雨、防晒，不使产品受损伤，不得与有毒、有害物品同时装运。运输工具应建立卫生管理制度，定期清洗、消毒，保持洁净卫生。产品保管应设置与生产能力相适应的场地和仓库，并符合卫生、储藏要求，地面应平整，便于通风换气，有防鼠、防虫、防蚊、防蝇设施，同时设置专人管理，建立管理制度，定期检查质量和卫生情况，按时清扫、消毒、通风换气。各种原材料应按品种分类分批储存，每批原材料均应有明显标志。同一库存内不得储存相互影响风味的原材料。

九、微生物控制

由于马铃薯含有丰富的营养物质，而且在马铃薯的加工过程中涉及去皮和切片，在缺少表面组织的保护后，与外界的接触面积增大，容易受到微生物的侵袭，导致产品腐烂变质，以及马铃薯细胞营养液的外漏，因此，在马铃薯的加工过程中，微生物的控制是至关重要的步骤之一。

（一）马铃薯及马铃薯制品的微生物控制

在加工过程中可选取食品级的二氧化氯作为杀菌剂，因为二氧化氯在常温下为气态，水溶液具有较强的氧化还原性，有较好的抑菌杀菌效果，且残留物为少量的氯化钠和水，无毒副作用。一般杀菌剂浓度严格控制在 200 mg/L，杀菌时间 5 min。每隔 0.5 h 检测杀菌剂的浓度和杀菌时间，如果杀菌剂浓度偏低或杀菌时间太短，应及时调整杀菌剂至 200 mg/L，并将产品按规定时间重新杀菌，如果偏高或杀菌时间太长，应稀释杀菌剂至浓度要求，并将产品按规定时间重新杀菌。必要时对杀菌后的产品进行清洗。

另外，还可采用其他杀菌技术，如臭氧、辐照、紫外、红外和高强度脉冲等技术，都能有效地杀灭微生物，减少马铃薯的腐败变质，延长产品货架期。

（二）环境的微生物控制

首先，食品一般都是机械化流水线生产，产品与人员接触机会较少，但当机械出现故障或平时工人检查生产线上产品质量时，就会接触到产品，这时，如果不注意，就会造成产品局部的微生物污染。其次，有许多食品的表面都喷洒固体调味料，使产品口味更多、更好，而固体调味料外购（运输）、使用过程中都容易被污染，以致细菌指标超标；我国对固体调味料没有具体标准规定。再次，产品在包装运输、销售等环节中如保管不当，也容易使产品中的细菌繁殖。总之，膨化食品在生产过程中，每一个环节都会受到外来污染，只有严格要求和控制，才能保证产品的质量。

第四节　马铃薯的质量缺陷

我国马铃薯原料的质量缺陷情况比较严重，直接影响了一系列马铃薯原料的利用率和制品的质量，影响了人民的身体健康，因此马铃薯的质量缺陷与预防不容忽视。在大规模的生产过程中，如果马铃薯原料有缺陷，将使得马铃薯的外观品质变差，甚至直接影响马铃薯制品的安全，生产者必须花费时间和费用来除去缺陷部分，并进行修整，以保证制品的质量。

一、马铃薯质量缺陷原因

根据马铃薯质量检测方法和指标进行分析，导致马铃薯块茎产生外部和内部质量缺陷的主要原因有以下几方面：

（一）马铃薯物理缺陷

在马铃薯生产中，引起物理缺陷的主要是收获、运输、储藏和储藏后运出等过程造成的机械损伤。如果在原料预处理时不将缺陷部分去除，则在加工产品上就有黑斑或大面积的变黑。采用化学方法可以精确检测出表面损伤程度，在剥皮后可以看到黑斑和其他变色部分，如内部黑点、压伤、收获时的破裂和擦伤。一个擦伤黑斑通常深度不超过 0.6 cm，而破坏性擦伤如裂伤或在周边有一系列带污染的裂伤，则伤害部分有可能会深入马铃薯的内部。这些种类的缺陷都会给生产者造成经济上的损失甚至产量的损失。

（1）表面碰伤。在收获或装卸等操作过程中，由于撞击到硬物表面而造成的损伤，通常形成于损伤发生后 24 h 以后，去皮后方可见皮下呈现黑色果肉，或者果肉组织已破碎或局部粉碎，同时因薯皮开裂还会给细菌侵染提供机会。

（2）内部损伤。块茎在受到硬物撞击后的 24～48 h 内就会形成皮下果肉内的深色斑，这是马铃薯受到冲击后发生紊乱生化反应表现出在被冲击部位色素积累的结果。尽管不同品种对损伤的反应程度不同，但对所有品种而言，在收获时失水或土壤水分不足都更易发生内部损伤现象。

（3）碎裂开缝。马铃薯收获时受到锐利物体或硬物撞击而被割伤或刮伤，如收割时与收割机的接触等，造成有较深的深入薯肉内部的裂缝，易引发内部组织感染。

（二）马铃薯病理缺陷

马铃薯内部和表面的一些细菌、真菌和病毒等都是由种子带来的，主要表现是马铃薯的枯萎和腐烂。有些病害存在于马铃薯块茎内部，能通过等级检查而不被发现，但当对这些马铃薯进行加工处理时，如在马铃薯剥皮时会发现内部的病害和缺陷，去除这些缺陷时必将带来严重的质量损失。即使在正常的储藏过程中，由于马铃薯被病菌感染还会使马铃薯干枯，为避免这种情况发生，应仔细挑选出被感染的块茎。

（1）腐烂。通常是马铃薯块茎受到损伤后，因细菌侵染造成，在块茎表面产生一定深度和面积的腐烂区域，且呈湿润状态。

（2）干腐。细菌或真菌以马铃薯块茎表皮作为侵染入口而形成的浅表面腐烂区域，后因局部水分蒸发而形成干腐，多呈黑色和白色。

（3）疮痂病。通常在块茎初始成形时若土壤湿度低则较易发生，主要是由真菌引起的表面粉末状结痂。

（三）马铃薯生理缺陷

（1）黑心。马铃薯块茎在储藏期间，由于处于缺氧的环境中，因产生厌氧呼吸造成内部组织腐烂变黑，主要以黑灰色、略带紫色和黑色的内部污点为特征。控制马铃薯黑心的方法是保持马铃薯的合适储藏温度，不宜过高或过低，适当进行通风，增加氧气浓度。

（2）褐斑（棕色斑点）。马铃薯在高温状态下快速生长后，接着进入一个缓慢生长期而形成的内部棕褐色或棕红色斑。磷的缺乏或某些病毒的侵染也会形成该种病征。

（3）冷害。为了延长储藏时间，马铃薯常置于低温（0～1.1 ℃）下储藏，在此温度下大多数马铃薯都易遭受冷害，块茎呈现微红或大斑点症状。根据马铃薯总固形物含量的不同，冰点的变化在-2.1～0.06 ℃。遭受冷害的块茎在解冻时迅速崩溃，变得柔软和水化。

（4）空心。空心即为块茎的中间空洞，灌溉或种植条件不适是主要原因，与马铃薯块茎增长过快有关，一般发生在较大的块茎中。

（5）表皮变绿。块茎在生长、收获、运输和储藏过程中，由于受阳光、散射光或其他光线影响，发生块茎的表皮、薯肉全部或者部分变绿现象，一般在轻微去皮后可明显检测到。发绿马铃薯含有龙葵素，对人体有害，不能食用。

（6）二次生长。由于种植条件不适宜，使马铃薯出现生长停止后的再生长现象，看似两个马铃薯块茎个体的结合。

（7）生长裂痕。通常在生产过程中当出现一段时间干旱后遇到雨季或肥料过度充分时，引起块茎内部组织快速生长和膨胀，由于生长期内部压力造成块茎快速生长表现为沿块茎长轴方向延伸的愈合沟槽。丝核菌或其他某些病毒也有可能导致裂痕的产生。

（四）虫眼或鼠咬

由于田间动物或昆虫咬噬，造成马铃薯块茎表面出现缺陷。昆虫包括蚜虫、叶蝉、盲蝽、畸虫和线虫。通过合理的栽培措施和杀虫剂的使用，可以有效控制这些病虫害。在生产过程中，如果不除去被病害和昆虫所伤的块茎，则会在最终产品中显现出来，影响产品的质量，有时会被消费者认为是劣质产品。

二、马铃薯损失检测

（一）马铃薯原料损伤的检测

1. 试剂和设备

邻苯二酚（1%）、小刀、马铃薯去皮机。

2. 操作方法

（1）选择有代表性的样品（最低 10 个块茎）。

（2）清洗块茎。

（3）将块茎浸入邻苯二酚溶液中 1 min。

（4）取出块茎并使其干燥。

（5）根据马铃薯块茎有无暗红或紫色的斑点，确定受损伤马铃薯的数目和程度。

（6）根据下列方法评价马铃薯损伤的程度：

破皮——小刀削一次，去除所有可见的损伤部分；

轻微擦伤——用小刀削两次，去除所有可见的损伤；

严重擦伤——用刀削两次以上，去除所有可见的损伤；

由于用邻苯二酚来检查擦伤，只能检出块茎表面的损伤，这种方法不能反映块茎的总体损伤或其他类型的损伤；而内部损伤，（黑心）只能在剥皮和切块后检出。

（二）去皮和缺陷的损失测定

去皮和加工过程中的修整和拣选必然会带来一些原料的损失，测定这些指标对计算最终产品的回收率和监测原料质量有意义。

1. 原料和用具

台秤，削皮器，容器（可以装 5 kg 的水），小刀，5 kg 洗净的马铃薯。

2. 测定方法

（1）空容器称重。

（2）在容器内装入 5 kg 洗净的马铃薯，称重。

（3）将马铃薯放在空的削皮器中削皮，将削皮后的马铃薯立即用水清洗干净。

（4）擦净马铃薯表面的水分，称重，然后立即将马铃薯放到水中浸泡。

（5）根据下式计算去皮损失率：

$$去皮损失率 = \frac{m - m_1}{m} \times 100\%。$$

（6）将去皮后的马铃薯从水中取出，放到工作台上，用小刀修整去除残余的薯皮和缺陷部分。

（7）称重，根据下式计算修整损失率：

$$修整损失率 = \frac{m_1 - m_2}{m_1} \times 100\%，$$

式中，m 为洗净后的马铃薯质量，m_1 为去皮后的马铃薯质量，m_2 为修整后的马铃薯质量。

薯片中缺陷的判断，可以参考薯皮、薯片上的黑斑、绿色斑点、薯片内部的变色和其他无害的外来物质。检测薯片的缺陷并根据缺陷大小分为大于 0.6 cm 和小于 0.6 cm 两大类，根据缺陷大小和程度判断薯片质量。如果缺陷大小小于 0.6，则认为属于轻伤，实际生产中只是数出有缺陷薯片的个数，而不是数出每个薯片上缺陷的数量。薯片上有鼓泡，也被认为是缺陷，鼓泡缺陷率是指有鼓泡的薯片占总薯片的百分数。薯片上鼓泡与马铃薯的栽培有关，主要与栽培的环境条件有关。

缺陷粉类	程度	
	较轻	严重
薯片上有明显可见的变色部位，缺陷部位等于或小于 0.6 cm	√	
薯片上有明显可见的变色部位，缺陷部位大于 0.6 cm		√
损坏部位包括带皮、内部变色或无害的外部损伤，对薯片质量产生较明显影响，缺陷部位等于或小于 0.6 cm	√	
损坏部位包括带皮、内部变色或无害的外部损伤，对薯片质量产生较明显影响，缺陷部位大于 0.6 cm		√

三、防范措施

（一）完善种薯繁育体系，推广应用优良品种

加快马铃薯原种和一、二级良种扩繁基地的建设步伐，解决目前我国马铃薯主栽品种不突出、品种老化、退化现象较为严重的问题。利用我国马铃薯种植区域较多，具有马铃薯原种、良种扩繁的得天独厚的优越自然气候条件，极适合于进行马铃薯种薯规模化、标准化的生产。发挥利用资源优势，建立良好的原种及各级良种扩繁基地，在稳定扶持已有的种薯扩繁基地的基础上，加快种薯扩繁基地的建设步伐。采取财政投入资金扩繁原种，原种以下各级良种的扩繁推行借种、借贷还种、以种换种、贷款贴息等滚动扶持方式，以逐步提高我国脱毒马铃薯良种的覆盖率，打造重要地区的马铃薯种薯扩繁及商品薯生产基地。同时强化马铃薯种薯的产地检疫和调运检疫，种子管理部门要对种薯进行全程跟踪监测，严把准入关和

调运检测关，确保种薯质量优质安全。

（二）改善生产管理措施，提高产品质量水平

在应用专用型马铃薯品种选育和脱毒种薯繁育等技术基础上，积极引进新品种、新技术、新成果，推广应用一些品种优、产量高、市场效益好的新品种，调优结构，搞好服务，提高科技含量。目前，马铃薯生产、储藏环节发生的病害主要有晚疫病、早疫病、病毒病、环腐病等，因此，应在生产上大力推广应用脱毒种薯、土壤消毒、药剂拌种、轮作倒茬等标准化生产技术，从根本上遏制马铃薯病虫害的发生，减轻马铃薯病害的危害程度。根据马铃薯对水、肥、土和自然环境的要求，不断优化马铃薯丰产优质栽培技术，提高马铃薯的产量和质量。

（三）加强质量检测体系建设，保障优质产品进入市场

进一步实行高标准化水平建设，克服生产上多为自留种或串换，以及生产应用的脱毒种薯经过扩繁几代后很难达到脱毒和要求的现象；产后混收、混储、混运、混销的行为较为普遍，克服导致产品标准化程度低的现象。主产地需成立马铃薯作物质量检测站，完善设备，提高检测能力，把好种薯及商品薯的质量关。认真落实把马铃薯种薯纳入主要农作物种子管理范围的要求，实行种薯生产、经营许可证制度，提高市场准入的门槛。在种薯生产基地上必须建立严格的病害检测制度和质量检测制度，加强马铃薯脱毒产地检疫和调运检疫工作，坚决杜绝不合格种薯用于生产和流入市场。建立马铃薯产业追溯体系，出现质量问题可以分段追溯，并可实现双向追溯。

（四）抓收获储藏环节，减低损失程度

要重视抓收获、储藏环节的工作，将物理伤害降到最低，避免产生不必要的质量、经济损失。在马铃薯收获时要注意避免雨天、冰雹天，选择阴天和晴天进行规范采收。收获后按薯块大小进行分级，去掉烂薯、病薯、破薯，在阴凉处薄摊10天后再入库储藏或调运。种薯入库后同样应注意散光、薄摊储藏，以抑制腋芽生长，保持顶芽优势。种薯储藏期间，严禁煤火熏烤，忌潮湿，若遇湿度过大天气，待天晴后薄摊晾晒。因马铃薯块茎含水量高（约75%），呼吸作用旺盛，化学成分不断变化，因此，应有一个适宜的环境储藏条件，以确保储藏安全。加工环节如遇腐烂、冻伤和各种病虫害的一般不能储存，要立即加工；如情况特别的要临时储存，应放置在阴凉、通风、清洁、卫生、避光的场地，严防日晒、雨淋、冻害、冷害、有毒物质和病虫危害，防治挤压等机械损伤，避免块茎受散射光影响变绿。长期储藏时按品种、等级分类堆放，堆码时要轻卸、轻放，严防挤压和压伤。

有些工厂在生产线上采用一些效率高、效果好的分拣设备来去除有缺陷的原料，比较有效，可完全保证产品的质量。然而，分拣设备的使用增加了生产成本，降低了产品的产率，对有些企业来说很难承担将全部有缺陷的原料丢弃的费用，毕竟有一些产品的缺陷只是影响产品的感官质量，但还具有食用价值。

参考文献

[1] 马莺，顾瑞霞. 马铃薯深加工技术[M]. 北京：中国轻工业出版社，2003.

[2] 卢翠华，等. 马铃薯生产实用技术[M]. 哈尔滨：黑龙江科学技术出版社，2003.

[3] 李学贵. 马铃薯的几种腌制技术. 调味副食品，2010，27(4).

[4] 许克勇，冯卫华. 薯类制品加工工艺与配方[M]. 北京：科学技术文献出版社，2001.

[5] 张娟，李琴，贾志玲. 马铃薯酥皮月饼的工艺. 食品研究与开发，201，35(14).

[6] 陈海峰，刘晴. 马铃薯去皮技术的研究进展. 食品工业，2016，37(10)：229-232.

[7] 曾洁，徐亚平. 薯类食品生产工艺与配方[M]. 北京：中国轻工业出版社，2012.

[8] 杜连启. 马铃薯食品加工技术[M]. 北京：金盾出版社，2007.

[9] 曾宪科. 副产品综合利用与开发：粮食作物[M]. 广州：广东科技出版社，2002.

[10] 何东平，白满英，王明星. 粮油食品[M]. 北京：中国轻工业出版社，2014.

[11] 李平凡，钟彩霞. 淀粉糖与糖醇加工技术：Starch saccaride and sugar alcohol production technology. 北京：中国轻工业出版社，2012.

[12] 曹龙奎，李凤林. 淀粉制品生产工艺学[M]. 北京：中国轻工业出版社，2008.

[13] 关海宁，刁小琴. 龙江地产农产品加工技术[M]. 哈尔滨：黑龙江大学出版社，2013.

[14] 宋照军，袁仲. 薯类深加工技术[M]. 郑州：中原农民出版社，2006.

[15] 韩黎明，童丹，原霁虹. 马铃薯科学与技术丛书　马铃薯资源化利用技术[M]. 武汉：武汉大学出版社，2015.

[16] 杜连启，高胜普，薯类食品加工技术[M]. 北京：化学工业出版社，2010.

[17] 杨希娟. 马铃薯渣开发利用前景分析. 粮食加工，2009，34(6)：68-70.

[18] 尚丽娟. 调味品生产技术[M]. 北京：中国农业大学出版社，2012.

[19] 彭慧元，雷尊国. 2013—2014 年贵州省马铃薯产业发展现状及问题，马铃薯产业与小康社会建设会议论文集[C]. 2014，(07)：166-169.

[20] 汤浩，等. 2013 年福建省马铃薯产业发展现状与建议，马铃薯产业与小康社会建设会议论文集[C]. 2014，(07)：186-188.

[21] 汤浩，等. 2015 年福建省马铃薯产业发展现状、存在问题及建议，2016 年中国马铃薯大会论文集[C]. 2016，(07)：155-158.

[22] 胡新喜，刘明月，熊兴耀. 2013 年湖南省马铃薯产业现状、存在问题及发展建议，马铃薯产业与小康社会建设会议论文集[C]. 2014，(07)：189-191.

[23] 张胜利，等，2015 年吉林省马铃薯产业发展现状、存在问题及建议马铃薯产业与小康社会建设会议论文集[C]. 2016，(07)：53-56.

[24] 汤浩. 福建省马铃薯产业优势及发展对策[J]. 中国马铃薯，2010，24(6)：376-378.

[25] 黄姚英，程爱民，吴清红. 贵州省 2015 年马铃薯品种(系)区域试验[J]. 农民致富之友，2016(5)：150-151.

[26] 潘牧，等. 贵州省马铃薯加工产业的现状、问题及其发展对策[J]. 食品与机械. 2011，27(4)：173-176.

[27] 张立菲. 黑龙江省马铃薯产业发展研究[D]. 中国农业科学院，2013.

[28] 王云龙. 黑龙江省马铃薯产业现状与展望[J]. 产业开发，2014(4)：185-188.

[29] 孙亚伟，等，江苏省马铃薯产业现状问题及研发对策[J]. 安徽农业科学，2016，44(25)：214-215.

[30] 肖旭峰，陈团显. 江西省马铃薯产业化生产的发展思路[J]. 产业论坛，2011. 06：38-39.

[31] 李宝君. 马铃薯的营养价值与药用价值[J]. 吉林蔬菜，2009，05：19.

[32] 曾凡逵，周添红，刘刚. 马铃薯淀粉加工副产物资源化利用研究进展[J]. 农业工程技术，2013(11)：33-37.

[33] 郝琴，王金刚. 马铃薯深加工系列产品生产工艺综述[J]. 粮食与食品工业，2011，18(5)：12-14.

[34] 刘慧，周向阳. 内蒙古马铃薯主食产品及产业开发进展情况分析[J]. 中国食物与营养，2017，23(2)：31-35.

[35] 李树超，等，山东省马铃薯产业发展现状及推进对策研究[J]. 中国农学通报，2015，31(8)：280-285.

[36] 隋启君，等，台湾马铃薯产业情况报告[J]. 中国马铃薯，2017，31(1)：54-58.

[37] 桑月秋，等. 云南省马铃薯种植区域分布和周年生产[J]. 西南农业学报，2014，27(3)：1003-1008.

[38] 宋文馨，等. 马铃薯粉馒头制作工艺研究[J]. 农产品加工，2015(11)：37-39.

[40] 杨婷，等. 马铃薯颗粒粉真空冷冻干燥工艺研究[J]. 食品研究与开发，2017，38(12)：92-96.

[41] 林宇华. 天然海鲜风味土豆泥的工艺研究[J]. 中国调味品，2015，40(7)：120-123.

[42] 陈楠楠，等. 油炸食品中丙烯酰胺的研究进展[J]. 粮食加工，2010，35(4)：55-58.

[43] 朱俊，等. 烫漂时间对速冻马铃薯的影响研究[J]. 天津农业科学，2012，18(5)：39-41.

[44] 孙成军，王效瑜. 马铃薯贮藏期间主要加工品质指标变化研究[J]. 现代农业科技，2008，19：46-47.

[45] 于洪剑，白爱枝，杨晓炜. 马铃薯干燥方法的研究进展[J]. 核农学报，2017，31(4)：0743-0748.

[46] 刘春华，李春丽，尹桂. 马铃薯及其制品中龙葵素的研究进展[J]. 安徽农业科学，2010，38(7)：3519-3520.

[47] 徐海泉，等. 马铃薯及其主食产品开发的营养可行性分析[J]. 中国食物与营养，2015，21(7)：10-13.

[48] 王海艳，等. 马铃薯加工中褐变的影响因素及其应对措施[J]. 黑龙江农业科学，2014，11：121-123.

[49] 陈海峰，刘晴. 马铃薯去皮技术的研究进展[J]. 食品工业，2016，37(10)：229-232.

[50] 李凤云. 马铃薯薯片制品的种类及加工工艺简介[J]. 中国马铃薯，2002，16(5)：311-314.

[51] 周伶俐，胥成刚，周耀建. 马铃薯质量缺陷原因分析及预防措施[J]. 现代农业科技，2010，10：132-134.

[52] 赵煜，等. 马铃薯主食化面条新产品的研究[J]. 食品工业科技，2016，37(7)：232-236.

[53] 潘牧，陈超，雷尊国. HACCP在低温真空油炸马铃薯片生产中的应用[J]. 食品研究与开发，2012，33(12)：208-211.

[54] 孟祥艳. 淀粉老化机理及影响因素的研究[J]. 食品工程，2007，(2)：60-63.